kritik & *utopie* ist die politische Edition im
mandelbaum *verlag*.
Darin finden sich theoretische Entwürfe
ebenso wie Reflexionen aktueller sozialer
Bewegungen, Originalausgaben und auch
Übersetzungen fremdsprachiger Texte,
populäre Sachbücher sowie akademische und
außeruniversitäre wissenschaftliche Arbeiten.

AF135619

Annette Schlemm

CLIMATE ENGINEERING

Wie wir uns technisch zu Tode siegen,
anstatt die Gesellschaft zu revolutionieren

mandelbaum *kritik & utopie*

© mandelbaum *kritik* & *utopie*, wien, berlin 2023
alle Rechte vorbehalten

Lektorat: Paul Beer
Satz: Bernhard Amanshauser
Umschlag: Martin Birkner
Druck: Primerate, Budapest

Inhaltsverzeichnis

9 Einleitung: An die Stelle der Klima(wandel)leugner sind die Klimaklempner getreten

17 Der Kaiser ist längst nackt!

22 Was geht (noch)?

26 Neuere Geschichte des Plan B

33 Grundwissen für Klimaklempner und ihre Kritiker*innen
    37 *(S)RM: Manipulation der (Solar)-Strahlung*
    39 *Albedoerhöhung durch Spiegelung des Sonnenlichts*
    42 *Aerosoleinbringung in die Stratosphäre (SAI)*
    58 *Erhöhung des Reflexionsvermögens der Erde*
    61 *Manipulation der Wolken*
    69 *Zusammenfassung zu Strahlungsmanipulationen ((S)RM)*

76 Weg mit dem Kohlendioxid! (CDR)
    80 *Die drei Leben der Kohlenstoffabscheidung und Versiegelung (CCS)*
    89 *Direktentfernung aus der Luft (DAC(CS))*
    92 *Kalkung bzw. verstärkte Verwitterung in Ozeanen und an Land*
    93 *Verbesserte biologische Produktion*
    95 *Speicherung im Meer*
    108 *Verbesserte biologische Produktion und Speicherung an Land*
    131 *Zusammenfassung zu CDR*

139 Unterm Teppich des versprochenen Climate Engineering

    140 Welche Kritik?

    143 Das System ist der Fehler

    145 Macht

    152 Interessen

    159 Mentalitäten

163 Potentiale

166 Kriterien zur Bewertung von Climate Engineering

171 Probleme, Risiken, Gefahren

    171 Climate Engineering ist keine Technik, sondern eine Politik

    172 Technozentristische Perspektiven auf die Klimaveränderungen

    190 Moral Hazard

    196 Politische Spannungen und geopolitische Gefahren

    197 Gibt es Climate-Engineering-Gerechtigkeit?

203 Was sonst noch schiefgehen kann

    203 „Neben"-Wirkungen

    209 Terminationsschock

    211 Nichtaufhebbare Unsicherheit

218 Wie entscheiden?

    218 Climate-Engineering-Ethik

    222 Ethik des Risikos und der Vorsorge beim Climate Engineering

229 Können wir es besser?

244 Abkürzungen

247 Literatur

286 Anmerkungen

Die Klimaerwärmung findet nicht statt!
Sie findet statt …
Die Klimaerwärmung ist gut!
Sie ist nicht gut …
Die Klimaerwärmung ist nicht durch Menschen gemacht!
Sie ist von Menschen gemacht …
Die Klimaerwärmung wird sich von selbst erledigen!
Sie wird sich nicht von selbst erledigen …
Gegen die Klimaerwärmung können wir eh nix tun!
Wir können was tun …
Es wird zu teuer!
Sonst wird's noch teurer …
Wir können sie rückgängig machen![*]

… und hier beginnt dieses Buch.

---

[*]   Teilweise aus: Mann, Toles 2016: 52.

Einleitung: An die Stelle der Klima(wandel)leugner sind die Klimaklempner getreten[1]

Das Schreiben eines Buches sollte einen nicht unverändert lassen, sonst lohnt sich auch das Lesen nicht. Ich habe viel gelernt beim Schreiben dieses Buchs. Vorher hatte ich eine *Meinung*, jetzt habe ich mehr *Wissen*. Ich bin mit einer harschen kritischen Einstellung gegenüber dem Climate Engineering in den Prozess hineingegangen und viel grüblerischer herausgekommen. Ich brauche die öffentliche Diskussion, um mir selbst mehr Klarheit zu schaffen, und möchte meine bisherigen Erkenntnisse in diese Debatte einbringen, die hoffentlich bald richtig beginnt.[2]

Was ich auf jeden Fall teile mit den meisten, die heutzutage über Climate Engineering forschen, ist die Besorgnis, dass die alleinige Hoffnung auf den Plan A, also die rechtzeitige Minderung der Treibhausgasemissionen, nicht mehr ausreicht. Was nun? Gregory Benford, Physiker und Science-Fiction-Autor, sah schon 1997 voraus: „Im nächsten Jahrhundert wird es zu einem langwierigen Kampf zwischen den Propheten, die eingreifen wollen, und den Moralisten kommen, die alle groß angelegten menschlichen Maßnahmen für untauglich halten.“[3] Wir befinden uns in diesem Jahrhundert. Es gibt selten historische Konstellationen, in denen es um Entscheidungen geht, die nicht nur die nächsten Jahrzehnte oder Jahrhunderte, sondern die nächsten Jahrtausende prägen werden. Ob

9

uns die natürlichen Lebensbedingungen für die Befriedigung der menschlichen Bedürfnisse weiterhin so ko-produktiv entgegenkommen wie in der bisherigen Geschichte der Menschheit, oder ob wir und unsere Nachfahren die Mittel zum Leben widrigsten natürlichen Gegebenheiten wie zerstörten Biosystemen und ständigen Unwetterverhältnissen abringen müssen, wird die Zukunft entscheidend prägen. Jegliche Utopien müssen sich fragen lassen, ob und wie sie im Fall dystopischer Umstände realisiert werden könnten.[4] Utopien, die im Blochschen Sinne abstrakt bleiben, also von den Umständen und Bedingungen abstrahieren[5], sind hier fehl am Platz. Die objektiven Möglichkeiten, auf die sich konkrete Utopien beziehen[6], hängen stark von dem ab, was aktuell über die Naturbedingungen unserer Lebenspraxis entschieden wird. Zu kritisieren sind hier jene gesellschaftlichen Verhältnisse, die derzeit mit einseitigen, nämlich profitorientierten Zwecken und Zielen des Tuns die Möglichkeiten zum vernünftigen Handeln massiv einschränken. Zu kritisieren sind auch die sich daraus ergebenden Ausweichbewegungen und -ideologien, die sich z. B. in technikzentrierten Orientierungen zeigen.

Während viele Menschen noch nicht ganz glauben wollen, dass der Klimawandel in den nächsten Jahrzehnten weiter voranschreiten und auch ihr Leben durchrütteln wird, gibt es inzwischen entscheidende Wandlungen bei vielen, die maßgeblich die Steuerräder unserer Wirtschaft drehen. Widersprüchlich ist deren Verhalten allemal. Bill Gates, der nicht mehr direkt als Firmenchef, aber als maßgeblicher Investor an vielen Steuerrädern dreht, ist ein gutes Beispiel dafür. Er gehört zu den 10 Prozent der reichsten Menschen, die 36–45 Prozent der Treibhausgasemissionen verantworten.[7] „Wenn diese 10 Prozent nicht mehr Emissionen verursachen würden als die 90 Prozent der übrigen

Weltbevölkerung, dann wären die weltweiten CO_2-Emissionen um ein Drittel niedriger."[8] Aber es wird noch verrückter: Gates verdient auch direkt an fossilen Energien. Er ist Großaktionär bei dem Logistikunternehmen *Canadian National Railway*, das große Gewinne mit dem Transport von Rohöl aus den kanadischen Teersanden[9] macht, wovon Gates' Investmentfond *Cascadia* und die *Bill-und-Melinda-Gates-Stiftung* im Jahr 2019 190 Millionen US-Dollar abgreifen konnten.[10] Gleichzeitig ist Gates einer der Hauptinvestoren der Firma *Carbon Engineering*, die Techniken[11] zur direkten Entnahme von CO_2 aus der Luft entwickelt.[12] Gates unterstützt auch die Entwicklung von Techniken, bei denen Schwefeldioxid in die Stratosphäre injiziert werden soll, um die atmosphärenkühlende Wirkung von Vulkanen technisch nachzuahmen. Damit ist klar, dass Gates auf das Climate Engineering setzt, um auch da zu verdienen, wie auch weiterhin mit dreckiger fossiler Energie, wobei er seinen Lebensstandard nicht in Frage stellen lässt. Hier gilt das Motto: „Schwefel predigen und Erdöl trinken".[13] Wahrscheinlich glaubt er[14], damit eine Win-Win-Win-Situation zu haben, und finanziell gesehen kommt er damit unter den gegebenen gesellschaftlichen Verhältnissen leider durch.

Diese Absichten laufen allen vernünftigen Bemühungen entgegen, die auf eine Senkung der Treibhausgasemissionen und die Lösung anderer ökologischer Probleme drängen. Auch mit den Senkungen der Treibhausgasemissionen ist mehr verbunden als lediglich ein Wechsel der Energieträger von fossilen zu sich erneuernden. Im aktuellen IPCC-Bericht werden „transformatorische Änderungen der Produktionsprozesse"[15] gefordert, d. h. eine „Koordinierung der gesamten Wertschöpfungskette"[16] und damit „disruptive Veränderungen in der Wirtschaftsstruktur"[17]. Im neuen Bericht an den *Club of Rome* mit dem Titel „Earth for all. Ein Survivalguide für unseren Planeten"[18] werden als die wichtigsten der notwendigen „Fünf Kehrtwenden" das Ende der Armut und die Beseitigung der eklatanten Ungleichheit genannt[19], was im IPCC-Bericht völlig ausgeblendet wird. Um diese Konsequenz weiträumig umgehen zu können, wird nach langer Leugnung des anthropogenen Klimawandels in den USA umgeschaltet: Das US-Energieministerium startete kürzlich die Initiative *Carbon Negative Shot*, die „dabei helfen soll, die größten verbleibenden Hindernisse bei der Bewältigung der Klimakrise zu überwinden und das Ziel der US-Regierung, bis 2050 keine Kohlenstoffemissionen mehr zu verursachen, schneller zu erreichen"[20]. Eine „entscheidende Rolle" spielt dabei die Abscheidung von Kohlendioxid (CDR, s. u.), angeblich „parallel zu einer aggressiven Dekarbonisierung"[21], die aber nicht als ausreichend angesehen wird.

Wenn man mit diesem gesellschaftlichen Horizont auf das Climate Engineering schaut, wird dessen Begrenztheit in bloßer Technokratie offensichtlich. In einigen Schriften der Protagonisten offenbart sich auch, dass es ihnen mehr um ein technisches Herumfummeln an der Strahlungsbilanz der Erde als etwa um die Lösung des Problems des anthropogenen Klimawandels geht. Edward Teller, Roderick Hyde und Lowell Wood begannen im Jahr 2002 einen Beitrag für eine Konferenz mit der Behauptung, „der CO_2-Gehalt in der Luft in den geologischen Aufzeichnungen [sei] eine der schwächsten Determinanten für die globale und jahreszeitlich gemittelte Temperatur"[22]. Tatsächlich stieg in der Quartären Eiszeit die Temperatur in den Eiszeitspitzen zeitlich *vor* der CO_2-Spitze, weil die Warmzeiten nicht von CO_2, sondern von zyklischen Erdbahnbewegungen (Milankovic-Zyklen) verursacht waren.[23] Was sagt das über die gegenwärtige Situation? Die von Teller, Hyde und

Wood verwendete Argumentation ist eigentlich typisch für jene, die den anthropogenen Klimawandel leugnen wollen.[24] In einem Text, den der Klimawandelleugner Fred Singer[25] mitverfasst hat, wird behauptet, dass die „wissenschaftliche Basis für eine Treibhaus-Erwärmung zu unsicher ist, um derzeit drastische Maßnahmen zu rechtfertigen"[26]. Und sollte das mit dem Klimawandel doch stimmen, gibt es ihrer Meinung nach eine einfache Lösung: „Wenn die Erwärmung des Treibhausgases jemals zu einem Problem werden sollte, gibt es eine Reihe von Vorschlägen zur Entfernung von CO_2 aus der Atmosphäre. [...] Wenn alles andere scheitert, gibt es gibt es immer noch die Möglichkeit, ‚Jalousie'[27]-Satelliten in die Erdumlaufbahn zu bringen, um die Sonneneinstrahlung, welche die Erde erreicht, zu verändern."[28] Solche Positionen gibt es auch jetzt: Auf einer Anhörung des Komitees für Wissenschaft, Raumfahrt und Technologie meinte der für die Leugnung des menschgemachten Klimawandels bekannte Lamar Smith: „Anstatt den Amerikanern undurchführbare und kostspielige Regierungsaufträge aufzuzwingen, sollten wir auf Technologie und Innovation setzen, um den Klimawandel zu bewältigen."[29] Die Gleichzeitigkeit der Leugnung des menschengemachten Klimawandels und des Vorschlags von Climate Engineering scheint widersprüchlich zu sein. Ist es nicht unlogisch, den Klimawandel zu leugnen und sich gleichzeitig für ein Climate Engineering zur Abschwächung des Klimawandels einzusetzen?

Je mehr sich die Erkenntnis durchsetzt, dass die *Minderung*sbemühungen um Treibhausgasemissionen viel zu langsam voranschreiten und eine *Anpassung* an den stattfindenden Klimawandel nicht in ausreichendem Maß möglich ist, werden wir damit leben müssen, dass nicht nur ihre Protagonist*innen, sondern mehr und mehr Menschen, die sich um die Zukunft der Klimaentwicklung sorgen, auf den Plan B setzen werden: das Climate Engineering. Das „Argument der Verzweiflung"[30] könnte äußerst wirksam sein. Climate Engineering „*bezieht sich auf eine breite Palette von Methoden und Technologien, die darauf abzielen, das Klimasystem gezielt zu verändern, um die Auswirkungen des Klimawandels zu mildern.*"[31] In den IPCC-Berichten und an vielen Stellen wird das Climate Engineering noch Geoengineering genannt. „Geoengineering"[32] umfasst jedoch mehr und fokussiert deshalb nicht auf das, was uns am Climate Engineering interessiert. „Geoengineering" umfasst auch andere Eingriffe in die Umwelt, wie die Errichtung von Stauseen oder die Transformation von Landabschnitten zur Veränderung des Wasserhaushalts oder des Nährstoffhaushalts auf lokaler Ebene.[33] Weil vor allem der Begriff des Geoengineerings auf große Ablehnung stößt, werden inzwischen für dieselben Absichten neue Worte wie „Klima-Intervention"[34] oder „Kohlenstoffmanagement"[35] verwendet.

Während die Klimabewegung die Gefährdungen durch den Plan B lange verschlafen hat, werden wir in den nächsten Monaten und Jahren mehr und mehr damit konfrontiert werden. Fast nicht bemerkt wurde z. B. die Stärkung des Plans von „technischen Senken" durch die CO_2-Abscheidung und Speicherung aus Bioenergiepflanzen (BECCS) und die direkte CO_2-Abscheidung aus der Luft mit Kohlendioxidspeicherung (DACCS) im neuen *Modernisierungspaket für Klimaschutz und Planungsbeschleunigung*.[36] Dazu soll die Bundesregierung neben Emissionsminderungszielen künftig auch „für die Jahre 2035, 2040 und 2045 ein Ziel für Negativemissionen festlegen", angeblich erstmal nur für die Restemissionen, also unvermeidliche Emissionen. „Negativemissionen" sind weitgehend das Ergebnis des Einsatzes von Climate-Engineering-Technologien.

Ich sehe die Gefahr, dass wir mittlerweile so sehr mit dem Rücken zu Wand stehen, dass uns kaum etwas Anderes übrig zu bleiben scheint. Aber auch dann sollten wir wissen, worum es geht, und darum kämpfen, mitreden und mitentscheiden zu können. Dazu braucht es Wissen. Vieles wird ständig neu erforscht und entwickelt werden; die wesentlichen Grundzüge der diskutierten Technologien und die damit verbundenen Versprechen und Gefährdungen, die hier vorgestellt werden, werden uns aber noch lange Zeit hinweg begleiten. Bei aller hoffentlich deutlich werdenden Skepsis und Kritik lege ich Wert darauf, die Methoden des Climate Engineering sachlich darzulegen. Ich hoffe, zu viel Techno-Bubble vermeiden zu können, und übersetze auch englische Fachbegriffe.[37] Es liegt mir auch nicht, nur wohlfeile Empörung in Texte zu gießen, sondern mich interessieren die Fragestellungen von ihrem sachlichen Gehalt her.

Dieses Buch kann nicht rein naturwissenschaftlich-technisch bleiben, sondern muss das Verhältnis von Menschen zur Natur und ihr Handeln darin als „gesellschaftliches Naturverhältnis" betrachten. Es ist nie nur ein natur-technisch-sachlicher Zusammenhang, sondern die Beziehungen zwischen (außermenschlicher) Natur und den Menschen werden von Menschen innerhalb jeweils besonderer gesellschaftlicher Verhältnisse gestaltet, in denen unterschiedliche Menschengruppen unterschiedliche bis gegensätzliche Interessen haben und in denen sie über eine unterschiedliche bis gegensätzliche Entscheidungs- sowie Handlungsmacht verfügen.[38] Dies gilt für unser alltägliches Tun hinsichtlich der Folgen des drohenden Kollapses wegen der Zerstörung ökologischer Grundlagen und des Klima Umbruchs[39] genauso wie für den Plan, diese Gefahren gezielt abzuwenden. Deshalb wird die gesellschaftliche Einbettung nach einer ausführlichen Vorstellung der einzelnen Techniken des Climate Engineering in den Mittelpunkt der Ausführungen gestellt.

Der Kaiser ist längst nackt!

Während der Proteste rund um die UN-Klimakonferenz in Kopenhagen 2009 gab es ein Plakat, auf dem das zerknirscht-zerknitterte Gesicht einer früher als Klima-Kanzlerin bezeichneten Angela Merkel zu sehen war, zusammen mit dem Schriftzug: *„2020: Pardon. Wir hätten den katastrophalen Klimawandel stoppen können … aber wir habens nicht getan."*[40] Vor mehr als einem Vierteljahrhundert und auch später wurde immer wieder versprochen, dass demnächst, ganz in Kürze, nun endlich … die Treibhausgasemissionen ihr Maximum erreichen würden, um dann nur noch zu sinken. Aus dem Jahr 1992 stammt die erste von mir in Vorträgen aufgegriffene Abbildung, die das „In-den-Knick-Kommen", also die Wende vom jährlichen Anstieg der Emissionen zu ihrem Sinken, für das Jahr 1995 vorsieht.[41] Damals begann auch der Hype um die „nachhaltige Entwicklung". Ehrlicherweise müssen wir zugeben, seither nichts Wesentliches erreicht zu haben. Die von Menschen verursachten Treibhausgasemissionen waren im Jahr 2019 um 54 Prozent höher als im Jahr 1990.[42] Statt „in den Knick" zu kommen, stiegen die Emissionen weiter an. Neuere Bilder erhofften den Knick um das Jahr 2020 herum, und wir wissen, dass dies wiederum nicht verwirklicht wird (abgesehen von einer „Delle" im Corona-Jahr). Die zusätzlich emittierten Treibhausgase sind nun in unserer Atmosphäre, und vor allem das CO_2 wird dort noch über Jahrhunderte hinweg wirksam bleiben.[43] Der Zusammenhang zwischen der Menge des CO_2 und der dadurch angetriebenen globalen Erwärmung ist linear, d.

h. je mehr CO_2 sich in der Atmosphäre befindet, desto höher wird die global-durchschnittliche Temperatur steigen.[44] Auch wenn die anderen Treibhausgase grundsätzlich nicht zu vernachlässigen sind, gilt: Je mehr CO_2 sich in der Atmosphäre befindet, desto wärmer wird es durchschnittlich global. Wenn wir wissen, wieviel Temperaturerhöhung wir zulassen wollen und können, können wir daraus das „CO_2-Budget" berechnen, das wir als Menschheit noch emittieren dürfen, bevor ein bestimmter Temperaturwert erreicht ist. Aus diesen Überlegungen folgt, dass wir bei einem Knick im Jahr 1995 die Emissionssenkungen viel „gemächlicher" hätten angehen können. Je mehr Zeit verstreicht, je mehr CO_2 aus dem Budget sich bereits in der Atmosphäre befindet, desto weniger Zeit bleibt uns, die (Fast-) Null-Emissionen zu erreichen. *Je später wir „in den Knick kommen",* *desto härter müssen wir bremsen* und *hätten wir bremsen müssen.* Das zeigt sich in der Steilheit der abfallenden Kurve. Seit einigen Jahren ist zu sehen, dass es, um unter 1,5 Grad zu bleiben, so steil nach unten gehen müsste, wie es kaum vorstellbar ist (mehr als 6 % pro Jahr). Allein die Umstellung auf sich erneuernde Energien braucht rein sachlich-physikalisch Zeit, schon zur Herstellung der technologischen Komponenten (das merken wir jetzt gerade schmerzlich z. B. bei den Lieferengpässen von Wärmepumpen) und bei der Ausbildung von Fachkräften. Auch sorgfältige Planungen z. B. der ökologischen Auswirkungen, des Netzausbaus für sich erneuernde Energien und Infrastrukturen, der Austausch der gesamten Fahrzeugflotte bzw. die Umstellung des Mobilitätsnetzes, der entsprechende Umbau von Häusern und Infrastrukturen gehören dazu. Vor etwa zwei Jahren antwortete eine Klimawissenschaftlerin auf die Frage, ob die 1,5 Grad noch zu schaffen wären: „Ja, *geophysikalisch* ist das noch möglich."[45] Mit dieser Antwort hat sie die realen Zeitauf-

wendungen verschwiegen; sie hat sich auf ihr Fachgebiet zu-
rückgezogen und damit eine verhängnisvolle Fehleinschätzung
bestärkt. Denn die Losung „Wir schaffen die 1,5 Grad!" ist seit
einigen Jahren nur noch ein „Pfeifen im Walde", das uns vom
Blick auf die traurige Realität ablenkt. Sie soll uns vor Panik
und Entsetzen und wohl auch vor Hoffnungslosigkeit schützen. Behandeln wir uns da aber nicht wie die Kinder, von denen Heinrich von Kleist einst meinte: *„Wenn man dem Kinde
ein Licht zeigt, so weint es nicht."*[46]? Oder wie jene, die erst das
Kind brauchen, das sagt: *„Der Kaiser ist doch nackt"* – in un-
serem Falle: „Für 1,5 Grad ist's zu spät!" Während ein Wissenschaftler vor zehn Jahren noch davor warnte, dass sich „die Tü-
ren der Klimaziele" bald schließen[47], sind sie nun zugeschlagen.
Stocker hatte damals das Jahr des Beginns der Emissionssenkungen, die jeweiligen Klimaziele und die dafür notwendigen
Reduktionsraten (um wieviel Prozent die Emissionen pro Jahr
gesenkt werden müssen) zueinander in Bezug gesetzt. Für das
1,5-Grad-Ziel hat sich die Tür schon 2020 geschlossen. 2 Grad
wären noch zu erreichen, wenn die Emissionen ab ca. 2025 mit
5 Prozent pro Jahr gesenkt würden, dieser Wert erhöht sich mit
rapider Geschwindigkeit bis auf 10 Prozent, wenn der Knick erst
kurz vor 2035 kommt, und ca. 2035 ist auch diese Tür geschlossen.[48] Inzwischen ist zu beobachten, dass auch in der Klimabewegung häufig die Meinung vertreten wird, dass wir es wohl
nicht mehr schaffen können. Während ich die ersten Seiten zu
diesem Buch schreibe, erfahre ich, dass nun auch der UN-Ge-
neralsekretär António Guterres meint, die 1,5 Grad seien nur
noch „auf wundersame Weise" erreichbar.[49] Das verhindert aber
nicht, dass wir uns weiterhin auf Mahnwachen die Füße platt
treten und unsere Zeit im Ringen mit Stadträt*innen um einen Maßnahmeplan zur Senkung der Treibhausgasemissionen

in der eigenen Stadt versitzen. Damit bestätigen wir, dass die ehrliche, wenn auch traurige Wahrheit uns nicht etwa lähmt, sondern dass wir zu den drei Vierteln jener gehören, die zwar kaum noch Hoffnungen auf das Vermeiden schlimmster Folgen des Klima-Umbruchs und anderer ökologischer Verwüstungen haben, aber trotzdem aktiv bleiben, um den erträglichsten und humansten Umgang damit zu erreichen und trotz alledem so viel wie möglich an schlimmen Folge zu verhindern.[50] Was folgt daraus, dass das *CO$_2$-Budget für eine gerechte Lösung bereits aufgebraucht* ist? Eine gerechte Lösung beinhaltet ja auch, dass die früh industrialisierten Länder mit einer enormen Emissions-„Schuld" gegenüber den anderen Ländern ihre Emissionen viel eher und stärker reduzieren müssten als jene, die sich noch aus materieller Not herausarbeiten.[51]

Im Unterschied zu dem Teil der Klimabewegung, in dem zu stark und falsch-hoffnungsvoll „im Wald gepfiffen" wird, werden anderswo Tatsachen geschaffen, die auf ein Umschwenken auf einen Plan B hindeuten. Jene, die auch früher schon ehrlich waren in Bezug auf die schlechten Aussichten, haben sich schnell darauf orientiert, den Plan B nicht völlig abzulehnen: M. Granger Morgan führte schon 2008 auf einem Workshop des US-amerikanischen Rats für auswärtige Beziehungen über das Thema Geoengineering aus: „Ich verstehe das so, dass es zwar eine sehr schlechte Idee wäre, zuzulassen, einzelnen Nationen oder anderen Einheiten zu erlauben, einseitig Geo-Engineering durch Veränderung der Albedo[52] der Erde zu verändern, aber es wäre auch unklug, diese Option komplett vom Tisch zu nehmen. Wenn wir eine große und sehr ernste Klimaüberraschung erleben, muss die Welt als letzten Ausweg vielleicht kollektiv etwas mit Geo-Engineering zur Veränderung der Albedo beitragen."[53] Der Vorsitzende des Weltklimarats

(IPCC), Hoesung Lee, hat bereits 2016, kurz nach der Pariser Verkündung des 1,5-Grad-Ziels, festgestellt, dass dieses ohne „Klimaeingriffe auf planetarischer Ebene" wohl nicht zu schaffen sein werde.[54] Mit Lee treffen wir auf jemanden, der früher maßgeblich für die Ölfirma *Exxon* gearbeitet hat – solch eine Konstellation gibt es leider öfter. Schon vor zehn Jahren wurde gemahnt: „Da die Welt bereits so viel Zeit verloren hat und es nicht so aussieht, als würden in absehbarer Zeit ernsthafte Anstrengungen zur Verringerung der Emissionen in den großen Volkswirtschaften unternommen werden, wächst das Interesse an der Möglichkeit, die Erwärmung durch technische Eingriffe in den Planeten auszugleichen: ein Konzept, das als Geoengineering bezeichnet wird."[55] Der Zug der Hoffnung, das Klima ohne diese Techniken „zu retten", „ist abgefahren", wie der Wissenschaftler Andreas Oschlies in einer ARTE-Dokumentation mitteilt.[56] Aus meiner Erfahrung mit dem Fortschreiten des Klima-Umbruchs und seiner Ursachen muss ich diese Aussage teilen. Aber damit habe ich nun ein Problem: Der eben geschilderte Sachverhalt ist meist das Einstiegsargument für Protagonisten des Climate Engineering, dem ich sehr kritisch gegenüberstehe. Aber dieselbe Lageeinschätzung muss nicht zu den gleichen Folgerungen führen. Manche sehen aufgrund der Lage inzwischen „(Bio-)Geoengineering als ein[en] Schlüssel zur Nachhaltigkeit"[57] an. Wir müssen uns darauf einstimmen, was da begonnen wird und was das für uns alle und die Zukunft der Menschheit bedeuten kann.

Was geht (noch)?

Auch in der Klimabewegung werden die wissenschaftlichen Analysen nur selten gründlich gelesen. Sonst könnte niemand behaupten, im IPCC-Bericht von 2018, in dem es um das Erreichen des Ziels geht, die globale durchschnittliche Temperaturerhöhung unter 1,5 Grad zu halten (verkürzt „1,5 Grad-Ziel"), wäre die Hauptbotschaft, es sei noch zu schaffen. Ja, dem Bericht nach ist es noch zu schaffen. Aber nicht mehr mit jenen mauen Vorschlägen, wie sie innerhalb der Nachhaltigkeitsdebatte seit Jahrzehnten propagiert werden. Sondern nur noch mit „drastischen Maßnahmen"[58].

In diesem Bericht werden vier „illustrative Modellpfade" vorgestellt, mit denen das 1,5-Grad-Ziel noch zu schaffen wäre.[59] Im ersten Szenario führen „soziale, gewerbliche und technologische Innovationen" zu einem bis 2050 um 32 Prozent geringeren Energiebedarf. Auch die Aufforstung zur Reduktion des CO_2-Gehalts in der Atmosphäre wird hier eingeplant. Die Kernenergie soll bis 2050 auf 150 Prozent des derzeitigen Werts wachsen. Im zweiten Szenario soll es „nachhaltig" werden, hier bleibt die Kernenergie mit 98 Prozent vom jetzigen Wert erhalten, die sich erneuernden Energien sollen um 1327 Prozent wachsen, aber es wird als notwendig angesehen, bis 2100 insgesamt 348 Gigatonnen[60] CO_2 abzuscheiden und zu speichern (CCS-Technologie). Im dritten „Mittelwegs"-Szenario wird bei einem Anstieg des Energiebedarfs um 21 Prozent der Anteil der Kernenergie auf 501 Prozent erhöht, die Nutzung der sich erneuernden Energien wächst um 878 Prozent bis 2050, und bis 2100 müssen insgesamt 687 Gigatonnen CO_2 abgeschieden und gespeichert werden. Beim vierten Szenario steigt der Energiebedarf um 44 Prozent, was u. a. mit einem Wachstum der Kernenergie um 468 Prozent bis 2050 und einer CO_2-Abscheidung und Speicherung von 1218 Gigatonnen bis 2100 ermöglicht werden soll.

Sind Sie jetzt ein klein wenig erschrocken? Die einberechnete Kernkraft allein ist schon gefährlich, aber der Posten „CO_2-Abscheidung und Speicherung" sollte besonders zu denken geben. Da das erste Szenario mit der Senkung des Energieverbrauchs und den sozialen und wirtschaftlichen Innovationen[61] nicht wirklich von den maßgeblichen Kräften vertreten wird[61] und die Phantasie nicht über eine Bepreisung des CO_2 hinausgeht, bleibt diese Szenarienübersicht: Ohne Kernkraft und ohne technologische Maßnahmen, CO_2 aus der Luft zu entfernen und zu speichern, wird es nicht (mehr) gehen. Das heißt nicht: „Wir schaffen das! (auf vertretbaren Wegen)", sondern: „Wir schaffen das nur noch mit eigentlich unverantwortlichen Mitteln." Die Kernkraft soll hier nicht weiter diskutiert werden; es ist schlimm genug, dass sie von der EU als „nachhaltig" deklariert wird. Ich hoffe aber, die Errungenschaften der Aufklärung über deren Gefahren bleiben erhalten, und außerdem scheint es sich auch bei Investoren herumgesprochen zu haben[62], dass sie eine schlechte Option ist.

Was sich aber einschmuggelt in die Debatten, sind Lösungen zur Entfernung von CO_2 aus der Atmosphäre, um dem Problem des zu hohen CO_2-Gehalts zu begegnen. Nicht zufällig wird in den Szenarien des 1,5-Grad-Berichts eine Technologie explizit benannt und eingerechnet, die ziemlich „natürlich" und damit harmlos wirkt, nämlich die Nutzung von Bioenergie mit CO_2-Abscheidung und -speicherung (BECCS).[63] Diese

Lösungen kommen nun als dritte Säule des Klimaschutzes zu der *Minderung* der Treibhausgasemissionen und den Maßnahmen zur *Anpassung* an die Klimawandelfolgen hinzu. Die Verteidigungslinie verschiebt sich damit immer weiter. Früher wurden die Maßnahmen zur Anpassung kritisch betrachtet, weil sie dazu dienen könn(t)en, die Minderungsbemühungen weniger notwendig erscheinen zu lassen.[64] Inzwischen ist klar, dass eine solche Anpassung notwendig ist, weil die Minderung der Treibhausgasemissionen bisher tatsächlich zu gering war. Nun erleben wir denselben Rückzug bei der versprochenen nachträglichen Entfernung zumindest von CO_2 aus der Atmosphäre. Auch im aktuellen IPCC-Bericht von 2022 sind in den optimistischen Szenarien[65] jeweils über 400 bis 700 Gigatonnen CO_2-Entfernung bis 2100 eingerechnet.[66] Wer darauf hofft, dass das einfach so funktionieren wird, könnte hart enttäuscht werden: Der Wissenschaftliche Beirat der Europäischen Akademien betonte, dass die Technologien dafür nicht ausreichend bereit sind und auch grundsätzlich nicht in der Lage sein dürften, diese letzten Hoffnungen der Menschheit zu erfüllen.[67]

Trotzdem scheinen wir darauf setzen zu müssen. Denn „angesichts der Trägheit des physikalischen Klimasystems, unserer Energieinfrastruktur und unseres politischen Systems gibt es keine praktische Möglichkeit, durch Emissionsreduzierungen das Tempo des Klimawandels zu verringern oder das Klimarisiko erheblich zu reduzieren. Emissionssenkungen können die Erde in diesem Jahrhundert nicht mehr abkühlen …".[68] Deshalb sagt auch Jan Minx vom Mercator Research Institute on Global Commons and Climate Chang*e* (MCC): „Wenn es uns nicht gelingt, CO_2 in großem Maßstab aus der Atmosphäre zu holen, werden wir die Netto-Null nicht erreichen. Und ohne *Carbon Dioxide Removal*[69] werden wir die 1,5-Grad-Grenze nicht halten können."[70] Wir sind also in einer doppelten Bredouille: Wir haben die Reduktionen der Treibhausgasemissionen so lange verschlampt, *dass wir uns jetzt einerseits wünschen müssen, dass Climate-Engineering-Maßnahmen funktionieren, obwohl wir von ihnen* – wie wir noch sehen werden – *viel zu befürchten haben, und dass wir gleichzeitig hoffen müssen, sie einsetzen zu können, und befürchten müssen, dass sie zu spät kommen und nur unzureichend helfen können.*

Immer wieder wird versichert, die Überlegungen zum Plan B würden die Reduktionsbemühungen (Plan A) nicht mindern. Aber wir machen genau das: Heutzutage kann noch versprochen werden, die 1,5 Grad seien noch zu schaffen, aber es wird nicht gleichzeitig dazu gesagt, dass dies schon ein fast unerfüllbares Maß an Climate Engineering erfordern würde, und man kann in die unverantwortlichen und unhaltbaren Versprechen noch viel (angeblich später zurückzuholendes) CO_2 reinstopfen, das jetzt und noch längere Zeit emittiert werden wird. Nur die Natur wird darauf nicht hereinfallen …

Protagonisten des Climate Engineering wie Nathan Myhrvold setzen ihre Ambitionen deutlich in den Kontext, dass viele Gedanken zum Schutz des Klimas entweder viel zu vereinfacht oder so drastisch sind, dass sie politisch gegenüber einer wählenden Bevölkerung nicht durchsetzbar sind. Das richtet sich deutlich gegen die Hoffnungen, wir könnten es noch mit Plan A schaffen. Auch wenn man ihm in seiner Skepsis wohl Recht geben muss, muss man seine Schlussfolgerungen nicht teilen.

Neuere Geschichte des Plan B

Das „Hineinschmuggeln" des Plan B, also des Climate Engineering, in die Debatten neben der Emissions*reduktion* (Plan A) und der *Anpassung* an den Klimawandel (Plan C[71]) war bisher recht erfolgreich – weit und breit gibt es kaum eine Thematisierung dieser skandalösen Entwicklung. Lange Zeit waren Climate-Engineering-Themen vermieden worden, u. a. weil man sich nicht dem Vorwurf aussetzen wollte, die Emissionsminderungsbemühungen zu torpedieren. Im Jahr 2006 erschien jedoch ein Artikel des Nobelpreisträgers Paul J. Crutzen über eine Möglichkeit, die Erde vor der heizenden Sonnenstrahlung abzuschirmen.[72] Dieser hat den „Damm gebrochen" und vielfältige wissenschaftliche Arbeiten zu diesem Thema ausgelöst. „Innerhalb der Klimawissenschaften hat sich Climate Engineering in relativ kurzer Zeit von einem futuristisch-visionären Randthema zu einer seriös zu prüfenden klimapolitischen Handlungsoption und einem möglichen dritten Strategieelement neben den bisherigen Reduktions- und Anpassungsstrategien entwickelt."[73] Dies fand mehr und mehr Eingang in die letzten IPCC-Berichte. In der Bundesrepublik gab es 2011 die erste ausführliche Orientierungshilfe zu diesem Thema[74], und der Bundestag beschäftigte sich seit 2012 mehrmals damit.[75] Die dafür angefertigten Fachberichte sind recht gute Nachschlagewerke zum Thema. Die damit angestrebte „öffentliche Diskussion" und „politische Willensbildung"[76] sind seither jedoch nicht weit vorangeschritten, obwohl die desolate Bilanz bei der Reduktion der Treibhausgasemissionen mehr und mehr

Sachzwänge zugunsten der Climate-Engineering-Optionen zu schaffen scheint.

In einer Arbeit über das Climate Engineering durch die Heinrich-Böll-Stiftung, die ETC Group und die NGO[77] Biofuelwatch wurde befürchtet, dass durch die IPCC-Berichte eine „Normalisierung des Geoengineerings"[78] stattfinde. Climate Engineering ist nicht mehr als undenkbar und unnötig zurückzuweisen, sondern es wird „als ‚weitere Option' neben der Abschwächung und Anpassung an den Klimawandel"[79] bewertet. In den Tausenden Seiten der IPCC-Berichte ist es nicht so einfach, diese Entwicklung nachzuverfolgen, weil diese Thematik nur an sehr verstreuten Stellen eine Rolle spielt. Deutlich ist aber, dass sie immer stärker ernsthaft diskutiert wird.[80] Im IPCC-Bericht von 2001 wird das Thema noch mit der Bemerkung abgetan, dass es „wissenschaftliche und technische Fragen" aufwerfe, „sowie zahlreiche ethische, rechtliche und Gerechtigkeitsprobleme"[81]. Gewarnt wird explizit vor „Risiken für unvorhergesehene unvorhersehbare Folgen" und auch davor, dass es nicht möglich wäre, die regionale Verteilung von Temperatur und Niederschlag zu steuern.[82] Sechs Jahre später, also 2007[83], hatte sich an dieser Einschätzung nichts verändert: „Geo-Engineering-Optionen, wie die Düngung der Ozeane, oder CO_2 direkt aus der Atmosphäre zu entfernen, oder das Sonnenlicht durch Einbringung von Material in die obere Atmosphäre zu reduzieren, bleiben weitgehend spekulativ und unbewiesen und bergen das Risiko unbekannter Nebeneffekte."[84] In einer Abbildung (S. 16) sind jedoch für die Zeit ab ca. 2070 schon „negative Emissionen" zu sehen, die nicht weiter diskutiert werden. Im IPCC-Bericht von 2013/2014[85] werden dem Thema schon eine eigene Info-Box und zwei Kapitel (6.5, 7.7) gewidmet, und es wird dabei zwischen Maßnahmen, bei denen die Einstrahlung der Sonne so manipuliert werden soll, dass es kühler wird (SRM: Solar Radiation Management[86]), und der Entfernung von CO_2 (CDR: Carbon Dioxide Removal) unterschieden. Im Text werden die Begrenzungen und Gefahren dieser Techniken deutlich genannt: „CDR-Methoden, die in den Kohlenstoffkreislauf eingreifen, sind wahrscheinlich keine Option für eine schnelle Verhinderung des Klimawandels."[87] Methoden zur direkten Veränderung der Strahlungsbilanz (SRM) kommen demnach noch weniger in Frage, vor allem auch, weil sie eine „räumliche und zeitliche Neuverteilung von Risiken bedeuten"[88]. Allerdings wird von ihren Protagonisten betont, sie könnten recht schnell wirksam werden, was sie für den Notfall unwiderstehlich machen könnte. Es wird zugestanden, dass die „Vorbereitung auf mögliche extreme Klimarisiken […] den Einsatz von Geo-Engineering-Techniken als letztes Mittel zur Reaktion auf Klimanotfälle"[89] einschließen könnte, und es wird festgestellt, dass „eine kleine, aber wachsende Zahl von Wissenschaftler*innen sie ernsthaft in Betracht zieht"[90]. Vor allem jene, die katastrophale Folgen des Klimawandels erwarten, bringen diese Maßnahmen immer stärker ins Gespräch.[91] Die Bundesregierung antwortete auf eine Kleine Anfrage im Jahr 2012 noch: „Projekte, die auf die technische Machbarkeit einzelner Geoengineering Verfahren ausgerichtet sind, hält die Bundesregierung für voreilig."[92] In einem Bericht zur Technikfolgenabschätzung des Climate Engineering wird damals schon vermerkt: „Es ist angesichts der sehr kontrovers diskutierten Technologien erstaunlich, dass diese Entwicklung bisher nicht auf eine noch größere gesellschaftspolitische Resonanz gestoßen ist."[93]

Parallel zu diesem Trend, den Climate-Engineering-Optionen in den IPCC-Berichten eine immer größere Bedeutung beizumessen, berichten Hansson und Anshelm von einer interessanten Verschiebung: Demnach dominierten in englischsprachigen Massenmedien die Schriften einer „Geoclique"[94], d.h. einer kleinen Gruppe von Wissenschaftlern, die das Climate Engineering stark propagierten.[95] Zwischen 2006 und 2010 gab es nur in zwei Prozent der Aussagen Kritiken an diesen Technologien.[96] 65-70 Prozent der untersuchten politischen Dokumente, die bis 2013 in den USA und Großbritannien veröffentlicht wurden, befürworteten Climate Engineering! Später, als das IPCC mit dem 5. Sachstandsbericht (AR5) begann, das Thema ernst zu nehmen, stieg die Kritik daran in der Öffentlichkeit, und auch Wissenschaftler*innen machten vermehrt auf Risiken aufmerksam.

Im Pariser Klimaabkommen 2015 wurde das Ziel festgeschrieben, dass „der Anstieg der durchschnittlichen Erdtemperatur deutlich unter 2 °C über dem vorindustriellen Niveau gehalten wird und Anstrengungen unternommen werden, um den Temperaturanstieg auf 1,5 °C über dem vorindustriellen Niveau zu begrenzen."[97] Was der IPCC als mögliche Szenarien ermittelte, wurde bereits beschrieben. Ganz klar wurde im Allgemeinen nicht kommuniziert, was das bedeutet. Dass wir damit bereits das Beibehalten oder sogar die Vervielfachung der Kernkraft und auch Maßnahmen des Climate Engineering mit „eingekauft" haben, wenn wir nicht den Energieverbrauch deutlich reduzieren, wurde kaum thematisiert. Das ist auch durchaus sinnvoll, denn wie der Atmosphärenforscher Daniel Cziczo sagt: „Es ist ‚völlig unlogisch', die Menschen anzuweisen, die Kohlenstoffemissionen zu reduzieren, während man eine Option vorantreibt, die es ihnen ermöglicht, diesen Rat zu ignorieren."[98] Wir werden auf die Problematik dieses „moralischen Risikos" noch öfter zurückkommen.

Zur gleichen Zeit begannen sich in unsere Klimasprache Begriffe wie „Netto-Null" und „Negativemissionen" einzunisten. Auch im IPCC-Bericht und der „Zusammenfassung für Entscheidungsträger" von 2018[99] sehen wir auf Seite 10 noch ein Diagramm, bei dem die Emissionen ab 2020 „in den Knick" kommen und bis ca. 2050 auf Null abfallen. Gemeint ist hier „Netto-Null", wie in der Beschriftung richtig steht. Erst auf Seite 17 wird der Pferdefuß gezeigt, nämlich die enormen Mengen an CO_2, die ab ungefähr 2050 ständig der Atmosphäre *entzogen* werden müssen, also *negative* Werte darstellen, um auf „Netto-Null" zu kommen. Die aus der Atmosphäre wieder beseitigten früheren Emissionen sind die „Negativ-Emissionen". Netto-Null bedeutet, dass es ein *Gleichgewicht* zwischen den noch vorhandenen Emissionen und den technischen CO_2-Entfernungen aus der Atmosphäre gibt, wobei noch über eine lange Zeit hinweg das derzeit zu viel emittierte CO_2 *zusätzlich* entfernt werden muss. Dabei kann jetzt schon berechnet werden, dass die Entfernung von CO_2, z. B. durch die Abscheidung und Speicherung von Kohlendioxid aus Bioenergiepflanzen (BECCS: Bio Energy Carbon Capture and Storage), gegen Ende des Jahrhunderts größer sein müsste als alles, was in allen globalen Wäldern und Landflächen gebunden wird.[100] In einer Drucksache der Bundesregierung wird ausdrücklich gefordert, dass „künftige negative Emissionen […] nach Auffassung des SRU[101] vorrangig oder sogar ausschließlich zum Ausgleich nicht vermeidbarer Restemissionen eingeplant werden, nicht aber, um das CO_2-Budget von vornherein zu vergrößern und den notwendigen Reduktionspfad zu verlangsamen."[102] Aber genau das nicht Gewollte geschieht derzeit. In jeder Aussage, dass die 1,5 Grad noch zu schaffen seien, steckt es – wenn nicht ausdrücklich auf die Senkung des Energieverbrauchs, also das oben genannte erste Szenarium, gesetzt wird. Im IPCC-Bericht von 2018 steht: „Eine Überschreitung und Abhängigkeit von zukünftig großflächigem Einsatz von Kohlendioxidentnahme (CDR) kann nur vermieden werden, wenn die globalen CO_2-Emissionen lange vor 2030 zu sinken beginnen (hohes Vertrauen)."[103] „Lange vor 2030" ist JETZT. Aber es ist überhaupt nicht absehbar, dass es gerade jetzt gelingen sollte, „in den Knick" zu kommen.

Außerdem weiß niemand so genau, was wir in der nötigen Geschwindigkeit noch tun könnten, um eine unvertretbare globale Erwärmung aufzuhalten. Im Zeitraum zwischen Dezember 2021 und März 2022, in dem wir längst mitten in dem radikalen Knick der Emissionssenkungen sein müssten, wurden 940 Millionen US-Dollar zusätzlich in Aktien von Firmen im Bereich der fossilen Energien investiert, während nur 138 Millionen US-Dollar in Richtung von Unternehmen im Bereich von sich erneuernden Energien gingen.[104] Eine gesellschaftspolitische Revolution steht nicht in Aussicht, und innerhalb der kapitalistischen Wirtschafts- und Lebensweise sind die oben genannten industriellen Transformationen und die im Bericht an den Club of Rome genannten Kehrtwenden nicht denkbar, geschweige denn umsetzbar. Es stimmt auch, dass viele Klimabewegte viel zu vereinfachte Vorstellungen davon haben, was zu tun sei. Deshalb hat einer der Befürworter des Climate Engineering, der übrigens auch an neuen Kernenergiekonzepten arbeitet, nicht ganz unrecht: „Die ärgerlichsten Beispiele sind Leute, die sich gegen die Erforschung von Geoengineering aussprechen, weil sie meinen, wir wüssten bereits, wie wir das Klimaproblem lösen können. Für sie ist das Klimaproblem eine beschlossene Sache, wir haben es nur noch nicht umgesetzt. Ich halte das für absurd, aber es gibt auch kluge Leute, die so argumentieren."[105] Wissen wir, wie wir das Klimaproblem anders angehen könnten? Alles, was wir in den letzten 30 Jahren dazu zu wissen glaubten, ließ sich nicht umsetzen. Und viele Barrieren, die verhindern, dass Armut und Ungerechtigkeit beseitigt werden und eine vernünftige Industriepolitik gemacht werden kann, werden – wie der sprichwörtliche „Elefant im Raum" – gar nicht angesprochen, weil sie mit der kapitalistischen Struktur unserer Wirtschaft und Gesellschaft zu tun haben. Was nun?

Grundwissen für Klimaklempner und ihre Kritiker*innen

Die Technologien des Climate Engineering haben gegenüber z. B. der Kernenergie die Besonderheit, dass sie sehr vielfältig sind und nicht über einen Kamm geschoren werden können. Ein ganz allgemeines und abstraktes „No Climate Engineering" kann nicht befürwortet werden, denn Maßnahmen wie sorgfältiges Aufforsten und die Wiederherstellung von Mooren und Mangrovenwäldern, die zu einem erweiterten Climate-Engineering-Begriff gehören, können nicht in Bausch und Bogen verdammt werden. Allerdings darf der „grüne Anstrich" vieler CE-Maßnahmen, so die Tatsache, dass als erste dieser Maßnahmen vor allem die harmlos erscheinende CO_2-Abscheidung und Speicherung aus Bioenergiepflanzen (BECCS) genannt wird, uns nicht einlullen.

Das Climate Engineering (dort „Geoengineering" genannt) wird vom Weltklimarat „definiert als der bewusste, groß angelegte Eingriff in das System Erde, um unerwünschten Auswirkungen des Klimawandels auf den Planeten entgegenzuwirken"[106].

Der Klimawandel[107] bezieht sich darauf, dass die Emissionen von Treibhausgasen durch menschliche Aktivität die natürlichen Verhältnisse auf der Erde dermaßen beeinflussen, dass ihre Auswirkungen gefährlich werden. Auch ohne die Menschen gibt es eine Erwärmung der Atmosphäre durch den natürlichen Treibhauseffekt. Sonnenstrahlung, die auf die Erde trifft, ist kurzwellig und sehr energiereich.[108] Die Erde strahlt diese Energie wieder zurück, aber dabei verschiebt sich die Wellenlänge ins Langwelligere, d. h. sie enthält (pro Einheit, d. h. pro Photon) weniger Energie. Die natürlich vorhandene Atmosphäre enthält viel Wasserdampf und auch natürlich vorhandene Treibhausgase wie CO_2. Diese lassen die (kurzwellige) Sonnenenergie in Richtung der Erdoberfläche gut durch, sind aber für die (langwellige) Rückstrahlung weniger durchlässig, so dass diese zurück auf die Erde reflektiert wird und diese erwärmt. Die Treibhausgase legen sich also wie eine Decke um die Erde, so dass sich die Erde durch diesen natürlichen Treibhauseffekt global-durchschnittlich von ca. -18 Grad auf ca. 15 °C erwärmt. Wenn wir als Menschen jedoch zusätzlich weitere Treibhausgase wie CO_2, Methan usw. emittieren, wird diese Decke noch dicker und mehr langwellige Strahlung wird auf die Erdoberfläche zurück reflektiert und erwärmt diese zusätzlich.[109] Seit ich Vorträge über den anthropogenen, also durch Menschen zusätzlich verursachten Klimawandel halte, musste ich den Wert für die schon erreichte Temperaturerhöhung von 0,7 über 0,95 bis hin zu aktuell 1,1 Grad erhöhen. Für mich bedeutet das inzwischen, im Sommer bei zu heißen Bedingungen nicht mehr rausgehen zu können. Wie weit wird das noch gehen? Welchen Wert werden meine Enkelinnen erleben müssen?

Wenn wir diese Erwärmung reduzieren wollen, ist der erste Schritt natürlich eine Minderung der Treibhausgasemissionen. Aber es scheint, als würden wir das nicht in ausreichendem Maß schaffen.[110] Deshalb wird überlegt, die Folgen der zu hohen Emissionen noch anders abzumildern. Dies kann von zwei Seiten her geschehen: Erstens kann versucht werden, die energiereiche Sonneneinstrahlung zu blockieren, um deren wärmenden Effekt zu mindern. In IPCC-Sprache sind dies Maßnahmen, die sich „auf die absichtliche Veränderung des kurzwelligen

Strahlungshaushalts der Erde" beziehen, „um den Klimawandel zu verringern"[111]. Die kurzwellige Strahlung[112] ist jene, die von der Sonne auf die Erdoberfläche wirkt. Diese Techniken versuchen also, die „Sonneneinstrahlung zu managen", und werden mit SRM (Solar Radiation Management) abgekürzt. Zweitens kann, wenn sich schon einmal zu viel CO_2 in der Atmosphäre befindet und der erhöhte Treibhauseffekt zu einer Erwärmung der Atmosphäre führt, versucht werden, das CO_2 der Atmosphäre wieder zu entziehen. Das soll geschehen mit „eine[r] Reihe von Techniken, die darauf abzielen, CO_2 direkt aus der Atmosphäre zu entfernen, indem entweder (1) natürliche Kohlenstoffsenken vergrößert oder (2) Verfahrenstechniken zur Entfernung von CO_2 genutzt werden, um die CO_2-Konzentration in der Atmosphäre zu verringern."[113] Diese Techniken werden unter dem Begriff „Kohlendioxid-Entfernung" mit der Abkürzung CDR (Carbon Dioxide Removal) zusammengefasst.

Nicht in diese beiden Gruppen gehören Techniken wie die Abscheidung von CO_2 direkt nach Verbrennungsprozessen und dessen Speicherung (CSS: Carbon Capture and Storage) und auch die Biokraftstofferzeugung (ohne CSS), obwohl diese Technik bei vielen Climate-Engineering-Techniken eine große Rolle spielt. Außerdem fällt auch die Reduktion von Emissionen aus Entwaldung und Degradierung nicht direkt in dieses Feld.[114]

Die Versuche, die Folgen des anthropogenen Klimawandels zu mindern, beruhen einerseits auf naturwissenschaftlich bekannten Zusammenhängen, andererseits jedoch sind diese aufgrund der vielseitigen Wechselbeziehungen oft nicht eindeutig erfassbar. Hinzu kommt, dass Menschen in unterschiedlichen Regionen unterschiedliche Vorstellungen über erwünschte und unerwünschte Folgen haben können. Die Verteilung der Folgen kann auf diese Weise die Klimaungerechtigkeit nun auch bezüglich der Verteilung von Vorteilen und Schäden noch verstärken.

Das Wissen über diese komplexen Prozesse ist zum Teil noch sehr unterentwickelt, auch weil bisher nur einzelne Forscher*innen und Firmen an diesen Fragen interessiert waren. Das ändert sich mittlerweile, was man auch aus der deutlichen Ausdehnung des Bereichs innerhalb der IPCC-Berichte schließen kann. Das Wissen, dass Plan A (Emissionsreduktionen) und Plan C (Anpassung an den Klimawandel) nicht ausreichen werden, spornt auch jene an, die grundsätzlich skeptisch gegenüber Climate-Engineering-Maßnahmen sind. Wir müssen genauer wissen, was wir warum ablehnen müssen oder befürworten können. Deshalb ist es gut, dass die letzten IPCC-Berichte dazu recht aussagekräftig sind. Meine Darstellungen beziehen sich überwiegend auf den aktuellsten IPCC-Bericht (von 2021/22[115]) mit den jeweils auf unterschiedliche Themen bezogenen Berichten der Arbeitsgruppe I (WGI: Die physikalischen Grundlagen), der Arbeitsgruppe II (WGII: Auswirkungen, Anpassung und Vulnerabilität) und der Arbeitsgruppe III (WGIII: Minderung des Klimawandels). Zu Fragen der Abscheidung und der Speicherung des CO_2 (CCS) gibt es einen besonderen Bericht des IPCC von 2005 (IPCC CCS). Weitere Quellen werden diese Informationen ergänzen.

Die folgende Darstellung der technischen Möglichkeiten der Klimamanipulation beginnt mit den Versuchen, die Sonneneinstrahlung technisch so zu beeinflussen, dass ihre erwärmende Wirkung verringert wird, also den SRM-Maßnahmen, dem Solar-Radiaton-Management.

(S)RM: Manipulation der (Solar)-Strahlung

Solarstrahlung ist die wichtigste Energiequelle für viele physikalische, chemische, biologische und gesellschaftliche Vorgänge auf der Erde. Es wird, wie der Energieerhaltungssatz es ausdrückt, die gleiche Menge an Energie von der Erde abgestrahlt, wie von der Sonne eingestrahlt wird. Die Sonnenstrahlung bringt eine Bestrahlungsleistung von 342 Watt pro Quadratmeter auf die Erde, und in der Summe (von reflektierter Sonnenstrahlung und Wärmeabstrahlung) strahlt die Erde auch wieder 342 Watt pro Quadratmeter in den Weltraum ab. Dieser Prozess lässt die Strahlung nicht unverändert; in ihm verändert sich die Wellenlänge und damit die Temperatur.[116] Das zeigt sich daran, dass das Maximum der abgegebenen gegenüber der empfangenen Strahlung sich ins Langwelligere[117] verschiebt. Die empfangene Strahlung mit mehr „freier Energie" ist kurzwelliger – sie wird von der Sonnenoberfläche mit der Temperatur von 6000 K[118] abgegeben. Die von der Erde in den „kalten" Weltraum abgestrahlte Wärmeenergie mit einer Temperatur von ca. 300 K ist langwelliger. Ein Photon der Sonneneinstrahlung hat 20-mal mehr Energie als ein abgestrahltes infrarotes Photon.[119] Bei den Maßnahmen zur Veränderung der Sonnenstrahlung soll vor allem die kurzwelligere Einstrahlung manipuliert werden; über Einflussnahme auf spezielle Wolken kann auch die emittierte langwellige Strahlung verändert werden. Gegen eine Erwärmung der Erdoberfläche kann entweder die einfallende Strahlung durch vorzeitige Reflexion an künstlichen Gegenständen oder Wolken zurückgestrahlt werden oder die Abstrahlung der erwärmten Luft erleichtert werden. Letzteres wird nicht zu den eigentlichen SRM-Maßnahmen gezählt, soll aber hier der Vollständigkeit halber erwähnt werden. Es wird geschätzt, „dass eine zusätzliche Reflexion von

1-2 Prozent die zusätzliche Erwärmung einer Verdoppelung der atmosphärischen CO_2-Emissionen energetisch ausgleichen würde"[120]. Solche Überlegungen nennt der Kritiker Raymond Pierrehumbert „Albedo-Hacking"[121].

Sonneneinstrahlung ist vorwiegend als Licht und als Wärme spürbar. Wenn wir die Erde abkühlen wollen, wäre es günstig, nicht so viel Sonneneinstrahlung wie physikalisch möglich auf die Erdoberfläche gelangen zu lassen. Wir suchen deshalb nach Prozessen, welche die kurzwellige Strahlung vor dem Erreichen der Erdoberfläche von ihr weg emittieren (zurückstrahlen) können, diese Techniken werden als Solarstrahlungs-Manipulationen bezeichnet (Solar Radiation Management: SRM[122]). Aus graphischen Darstellungen über die Energie- bzw. Strahlungsbilanz der Erde[123] kann man folgende natürliche strahlungsemittierende Prozesse entnehmen: Reflexion an der Oberfläche, Reflexion an Wolken, an der Atmosphäre selbst und an Aerosolen in der Atmosphäre. Zusätzlich kann man noch reflektierende Elemente wie Spiegel künstlich in den Strahlungsweg einbringen. All das wurde als SRM-Methoden diskutiert: Weiterhin kann die Rückstrahlkraft (Albedo) auf der Erde durch weiße Anstriche oder weiße Planen auf Gletschern erhöht werden, auch durch die Manipulation von Wolken, die Veränderung der Atmosphäre selbst und das Einbringen von Aerosolen. Den verrücktesten Gedanken hatte wohl der Science-Fiction-Autor Gregroy Benford. Ausgehend von der Idee, die Sonneneinstrahlung durch Schwefelstaub abzuschirmen, überlegte er: „Man subventioniert die stromabhängige Industrie auf isolierten Pazifikinseln und liefert ihnen die schmutzigste, schwefelhaltige Kohle. Die Abgasfahnen der Kraftwerke würden weit in den Wind reichen, und die hergestellten Waren könnten die tropischen Ozeanstaaten beleben und sie dafür bezahlen, dass sie weltweit gute Nachbarn sind. Die wohlhabenden Staaten würden dann ihre Schadensbegrenzung weit weg von zu Hause und weit weg von lästigen Nachbarschaftskomitees durchführen lassen, indem sie Arbeitskräfte zu niedrigen Tarifen einkaufen."[124] War das ernsthaft als Alternative zu internationalen Klimaschutzvereinbarungen, die bei der UN-Konferenz in Kyoto 1997 erarbeitet werden sollten, gedacht? Ich hoffe, dass Benford hier nur einen merkwürdigen Humor entwickelt. Aber man weiß nie … In seine Argumentationslogik passt es.

Zwischen Sonne und Erde gibt es viele Gelegenheiten, die Strahlung abzuschwächen. Das kann (in der Reihenfolge von der Sonne zur Erdoberfläche) durch Spiegel im Weltraum zwischen Sonne und Erde geschehen, durch Spiegel, die die Erde in geringem Abstand umkreisen, durch Aerosole und Wolken in der Atmosphäre sowie durch eine erhöhte Reflektivität an Land oder im Wasser. Beginnen wir mit dem technisch Ambitioniertesten.

Albedoerhöhung durch Spiegelung des Sonnenlichts

Es wird angenommen, dass durch das Aufhalten von ca. 1 Prozent des Sonnenlichts die klimaerwärmende Wirkung der Treibhausgasemissionen von 1000 Gigatonnen Kohlenstoff (bzw. 3700 Gigatonnen Kohlendioxid) ausgeglichen werden könnte.[125] Am weitesten von der Erde entfernt wäre ein Spiegel, der das Sonnenlicht schon am Lagrangepunkt abschirmt. Der Lagrangepunkt ist jener Ort zwischen Sonne und Erde, an dem die Sonne die gleiche Anziehungskraft ausübt wie die Erde, in dem also ein Gravitationsgleichgewicht besteht. Er befindet sich 1,5 Millionen Kilometer von der Erde entfernt. So ein Spiegel müsste eine Fläche von 4,5 Millionen Quadratkilometern haben, und die Kosten würden dem entsprechen, was zum Zeitpunkt der Berechnung mit ca. 6 Prozent des Welt-Bruttosozialprodukts ungefähr den Militärausgaben der Welt entsprach.[126]

Allerdings müsste der Spiegel aktiv stabilisiert werden. Damit wird die Hoffnung verbunden, dass „knapp 3.000 Tonnen optimal ausgeführter metallischer Schirm ausreichen, um das Klima gegen die schlimmste Treibhaus-Erwärmung zu stabilisieren"[127]. Allerdings ist dies viel zu optimistisch geplant: „Um den derzeit vorhandenen anthropogenen Treibhauseffekt zu kompensieren, müsste bei einer Positionierung des lichtlenkenden Materials am Lagrangepunkt eine Schirmfläche von insgesamt rd. 2 Mio. km² aufgespannt werden. Diese Fläche wäre jedes Jahr um 36.000 km² zu erweitern, falls die atmosphärische CO_2-Konzentration auch in Zukunft um ca. 2 ppm/Jahr ansteigen würde.[128] Nach heutigem (und absehbarem) Stand der Technik müsste das Material mit Raketen in den Weltraum transportiert werden. Alleine die jährlich notwendige Erweiterung der Schirmfläche[129] würde über 30.000 Raketenstarts pro Jahr notwendig machen sowie Transportkosten von rd. 1.500 Mrd. US-Dollar pro Jahr verursachen.[130] Insgesamt werden Kosten von einer Billion Dollar erwartet, was dem Raumfahrtbudget der NASA für 50 Jahre entspricht, und auch die Kosten für das US-amerikanische Kampfflugzeugprogramm F-35 liegen in dieser Größenordnung.[131]

Um diese Raumfahrtkosten zu reduzieren, könnten die Spiegel oder viele spiegelnde Elemente näher an der Erde platziert werden, und zwar in einer Höhe von ca. 200 Kilometern. Dabei könnten 55.000 Spiegel mit jeweils der Größe von 11 Quadratmetern verwendet werden.[132] Für die Kompensation allein der Treibhausgasemissionen der USA von 1988 wäre ein Schirm mit 500-facher Fläche notwendig.[133] Es wurde auch überlegt, eine Menge ultradünner metallischer Plättchen in einer niedrigen Umlaufbahn oder auch nur der Stratosphäre auszubringen. Sie sollen das Sonnenlicht durch den photoelektrischen Effekt absorbieren. Die absorbierte Energie wird dann thermisch wieder abgestrahlt, wobei etwa die Hälfte ins Weltall entweicht.[134] Noch näher an der Erdoberfläche wären „sehr kleine reflektierende Partikel, die über große ozeanische Gebiete verteilt werden"[135]. Hier gehen die Vorschläge über in jene, die die Rückstrahlkraft der Ozeane und auf Landgebieten erhöhen wollen (dazu mehr weiter unten).

Ein Vorteil solcher weltraumbasierter Methoden gegenüber erdbasierten wird darin gesehen, dass die Kühlung gleichmäßiger über den Planeten verteilt wäre, die Atmosphärenchemie nicht verändert würde und nicht die Gefahr bestünde, dass Material als Verschmutzung auf die Erde rieselt.[136] Allerdings würden natürlich auch die Raketen Rückstände in der Atmosphäre verursachen.

All diese Pläne changieren zwischen Science Fiction und ernsthaft vorgeschlagenen Projekten. „Nur etwa 2 % der Artikel über solares Geoengineering erörtern potenzielle weltraumgestützte Methoden im Detail."[137] Diese Pläne können in den nächsten Jahrzehnten nicht bewältigt werden.[138] Der Aufwand an Material und zum Positionieren ist jedenfalls enorm[139], die Lebensdauer solcher Spiegel oder Materialien begrenzt. Da die Ursache des Klimawandels nicht beeinflusst wird, steigt der Treibhausgasgehalt der Atmosphäre immer weiter, und sobald die Abschirmungsmaßnahmen nicht mehr aufrechterhalten werden können, z. B. durch Krisen auf der Erde, schießt nach der Beendigung der Maßnahmen die Temperatur auf der Erde sehr schnell so hoch, wie es die Treibhausgaswirkung mit sich bringt. Dieses Problem wird „Terminierungsschock" genannt. Es wird auch befürchtet, dass solche Maßnahmen „für die Zerstörung durch böswillige Akteure" anfällig wären.[140] Den weltraumbasierten Konzepten steht auch der Weltraumvertrag entgegen, sollten Nachteile für einzelne Länder entstehen (Gemeinwohlklausel) oder sie zu einer schädlichen Kontamination im Weltall (Weltraumschrott) oder ungünstigen Veränderungen auf der Erde führen (Umweltverträglichkeitsklausel).

Aerosoleinbringung in die Stratosphäre (SAI)

Oft ist die Natur das Vorbild für das, was Menschen tun. Wenn es um die Abkühlung der Erdoberfläche geht, sind Vulkanausbrüche ein gutes Vorbild: Die Aerosole, die vor allem von dem dabei ausgestoßenen Schwefel bzw. Schwefeldioxid gebildet werden, können das Sonnenlicht abschirmen und die Erde kühlen. Wenn sich Schwefel in der Atmosphäre befindet, z. B. in Form von Schwefeldioxid, können daraus Sulfat-Aerosole entstehen. Das sind flüssige Partikel, die leicht von Wolkentropfen aufgenommen werden können. Die Wirkung solcher Partikel zeigte sich z. B. beim Ausbruch des Vulkans Pinatubo im Jahr 1991. Durch die Aerosole sanken die durchschnittlichen globalen Temperaturen im Jahr darauf um 0,5 Grad ab. Auch das „Jahr ohne Sommer" 1816 war durch den Ausbruch eines Vulkans, des Tambora in Indonesien, ausgelöst worden.[141] Wenn das ausgestoßene Schwefeldioxid nur in die Troposphäre gelangt, also unterhalb von ca. 12 Kilometern Höhe bleibt, regnet es sich nach ca. einer Woche als „saurer Regen" aus. Nur wenn das Schwefeldioxid in die Stratosphäre gelangt, bleiben die Aerosole ein bis zwei Jahre lang erhalten und zirkulieren als Wolken um den gesamten Erdball. James Lovelock, der drastisch vor den Folgen des von Menschen verursachten Klimawandels gewarnt hatte, schrieb: „Wir könnten gerettet werden, durch ein unerwartetes Ereignis wie eine Reihe von Vulkanausbrüchen, die stark genug sind, um das Sonnenlicht zu blockieren und so die Erde abzukühlen. Aber nur Verlierer würden ihr Leben auf solch schlechte Chancen setzen".[142] Klimaklempner könnten auf die Idee kommen, das selbst zu machen – und genau so war es. Es wird von einer „naturnachahmenden" Sulfataerosol-Injektion gesprochen.[143]

So neu ist der Gedanke nicht. Schon 1974 war von Michail I. Budyko, einem sowjet-russischen Klimaforscher, überlegt worden, Flugzeuge mit schwefelhaltigem Treibstoff in die Stratosphäre zu schicken, um den abkühlenden Effekt im Fall einer zu starken globalen Erwärmung nutzen zu können; allerdings riet er schon damals wegen nicht vorhersehbarer Folgen eher davon ab.[144] Teller, Hyde und Wood erklären, dass durch die Wirkung der Sulfat-Aerosole auch mehr UV-Licht abgeschirmt werden könnte, was zu Einsparungen im Gesundheitswesen führen könnte.[145] Solche Überlegungen konnten gut an Konzepte zur Veränderung von Wolkenstärke und -eigenschaften aus den 60er- und frühen 70er-Jahren anschließen.[146] Schon 1965 wurde dem Präsidenten Johnson vorgeschlagen, zu erwartende Klimawandelfolgen durch die Beeinflussung der Sonnenstrahlung zu mindern. Patente, die Partikel aus normalen Verkehrsflugzeugen ausschicken wollten, gab es schon früh.[147] Für die Arktis nimmt der Science-Fiction-Autor die Priorität in Anspruch: „Ich bin derjenige, der als Erster vorgeschlagen hat, die Arktis mit Aerosolen abzuschirmen, um sie im Sommer abzukühlen."[148]

Paul J. Crutzen, der für die Wortprägung „Anthropozän" berühmt wurde[149], kam im Jahr 2006 auf den Vorschlag von Budyko zurück, durch das Einbringen von Aerosolen in die Stratosphäre die kurzwellige Sonnenstrahlung am Vordringen auf die Erdoberfläche zu hindern. Die „Injektion von reflektierenden[150] Aerosolpartikeln direkt in die Stratosphäre oder die Injektion eines Gases, das sich dann in Aerosole umwandelt, die Sonnenlicht reflektieren"[151], wird „Stratospheric Aerosol Interventions" (SAI) genannt.[152] In der Stratosphäre (ca. 10 bis 50 km über der Erdoberfläche) sind die Luftströmungen sehr „geschichtet"[153], so dass sich alles in ihr sehr schnell horizontal ausbreitet und eine lange Verweildauer hat. „Wie Wood und Teller betonten, würde die Kühlung des gesamten Planeten mit Aerosolpartikeln nur 1 Milliarde Dollar pro Jahr kosten – fast 100 Mal billiger als die Kosten für die Senkung der CO_2-Emissionen. Was gab es daran nicht zu mögen?"[154] Letztlich betragen, so schätzt Elizabeth Kolbert, die Subventionen für fossile Brennstoffe mehr als das 300-Fache der Kosten für die Entwicklung eines Flugzeugs für das Ausbringen der Aerosole in die Stratosphäre. Deshalb nimmt diese Technik derzeit eine Schlüsselstellung in den Climate-Engineering-Debatten ein. Sie benötigt mit Abstand den geringsten finanziellen Aufwand, vor allem wenn weitere mögliche externe Kosten nicht einbezogen werden.[155]

Als möglicherweise einsetzbare Aerosole werden Sulfate, Kalziumkarbonat oder Titanoxid diskutiert.[156] Auch die Verwendung photophoretischer Kräfte[157] wurde vorgeschlagen.[158] Um mehr Sonnenlicht direkt zu reflektieren und nicht nur zu streuen (was nachteilige Auswirkungen hat), schlägt David Keith[159] vor, spezielle Nanopartikel (eher Scheiben als Kugeln) zu verwenden.

Für das Ausbringen der Teilchen wurden Maschinengewehre, Raketen, Ballons und Flugzeugabgase vorgeschlagen.[160] Wenn eigens dafür konstruierte Flugzeuge das Schwefeldioxid in die Stratosphäre transportieren würden, mit dem Ziel, die durch Menschen verursachte Erwärmung zumindest zu halbieren, würden im ersten Jahr 4.000 Flüge benötigt, mit einer Steigerung von je 4.000 weiteren Flügen pro Jahr käme man im zehnten Jahr auf insgesamt 40.000 Flüge.[161] Elizabeth Kolbert macht darauf aufmerksam, dass dies auch wiederum Treibhausgase emittierte, die dann wieder kompensiert werden müssten.[162] Eine weitere Idee, die Schwefelteilchen in die Stratosphäre zu transportieren, besteht darin, Schläuche mit einer entsprechenden Länge mit Ballons über 10 Kilometer in die Atmosphäre zu tragen, über die dann der Schwefel aus Lagerstätten hochgepumpt wird. Es wird berichtet, dass der Millionär und Super-Erfinder Nathan Myhrvold gemeinsam mit Bill Gates und Warren Buffet einst die Athabasca-Ölsande im Norden von Alberta (Kanada) besuchte, wo es riesige Berge von Schwefel gibt, die als Abfall bei der Ölgewinnung entstehen. „Man könnte also eine kleine Pumpanlage dort oben aufstellen, und mit einer Ecke eines dieser Schwefelberge könnte man das gesamte Problem der globalen Erwärmung für die nördliche Hemisphäre lösen."[163] Inzwischen ist das darauf beruhende Projekt des „StratoShield"[164] der Firma *Intellectual Ventures* (IV), bei der Nathan Myhrvold federführend ist, weit ausgearbeitet. 100.000 Tonnen Schwefeldioxid sollen pro Jahr 30 Kilometer in die Höhe transportiert werden, was mit einem Gartenschlauch möglich wäre. Die dazu benötigte Energie würde, über das Jahr verteilt, nur 1000 kW betragen. Getragen werden die Schläuche von V-förmigen Ballons. 100.000 Tonnen sind nur etwa ein Zwanzigstel von einem Prozent der 200 Millionen Tonnen, die zu 25 Prozent aus Vulkanen und zu weiteren 25 Prozent aus Kohlekraftwerken und Kraftfahrzeugen in die Atmosphäre gelangen.[165] David Keith, der sich mit wissenschaftlichen Forschungen[166] sehr für die Technik der Aerosoleinbringung in die Stratosphäre einsetzt, war 2013 schon der

Meinung, dass wir im Jahr 2020 mit der Anwendung der Techniken beginnen könnten.[167] Allerdings gab es nur wenige ernsthafte Investitionen in diese Techniken und auch keine großen Unternehmen, die sich ihnen widmen (anders als z. B. für die Techniken, CO_2 direkt aus der Luft zu entfernen, s. u.).[168]

Die Injektion von Aerosolen in die Stratosphäre (SAI) ist das Paradebeispiel für die Vision der Abschirmung der Sonnenenergie und auch für deren Gefahren. Alles, was als *Neben*wirkungen diskutiert wird, sind *Aus*wirkungen, die *nicht* nur nebenbei entstehen. Die Protagonisten der Injektion von Aerosolen in die Stratosphäre, Edward Teller, Lowell Wood und Roderick Hyde, sehen in ihren Vorschlägen gar keine unerwünschten Wirkungen. Der Bericht der US-amerikanischen National Academy of Sciences, auf den sie sich beziehen, als würde er ihre Vorschläge gutheißen, zählt einige Bedenken auf. So verweist er auf die mögliche Zerstörung von stratosphärischem Ozon.[169] Auch der aktuelle IPCC-Bericht verweist auf die Gefahr einer sinkenden Ozonkonzentration in der Stratosphäre und an der Erdoberfläche.[170] Die Ozonschicht wird angegriffen, weil die Aerosole chemische Prozesse ermöglichen, die Ozon zerstören. Die gemessenen Werte des Ozons nach dem Pinatuba-Ausbruch bestätigen diese Vermutung.[171]

Wir können also vom Pinatuba-Ausbruch nicht nur lernen, was in der Klimaklempnerei erwünscht ist, sondern auch etwas über die Gefahren. Dazu gehört die überraschende Wirkung des Vulkanausbruchs auf die Großwetterlage: „Doch dann verschob sich der Jetstream und bescherte Nordeuropa einen ungewöhnlich warmen Winter, während der Nahe Osten fror."[172] Außerdem kam es zu einem starken Rückgang der Niederschläge in den Tropen, verbunden mit verringerten Abflüssen aus den Flüssen.[173] Das kann eventuell auf eine „größere Empfindlichkeit der Oberflächenverdunstungsraten gegenüber kurzwelliger Strahlung im Vergleich zu langwelliger Strahlung zurückgeführt"[174] werden. Im neuen IPCC-Report wird deshalb auch davor gewarnt, dass es „zu abrupten Veränderungen im Wasserkreislauf"[175] kommen könne. Vor allem könne es zu verminderten Niederschlägen in Amazonien und Zentralafrika kommen.[176] Computermodelle deuten darauf hin, dass durch SAI Dürreperioden in Afrika und Asien verursacht werden könnten.[177]

Diese Ergebnisse deuten also darauf hin, dass die Wirkungen von Schwefeldioxid-Einbringungen in die Atmosphäre nicht nur eine gewünschte global durchschnittliche Temperaturverminderung bewirken, sondern auch nicht erwünschte Auswirkungen „auf regionaler und saisonaler Ebene"[178]. „Selbst kleine Änderungen im durchschnittlichen Strahlungsantrieb[179] des globalen Klimasystems – entweder durch SWCE[180] oder Treibhausgase (oder eine Kombination davon) – könnten daher zu großen regionalen klimatischen Veränderungen führen."[181] Dies hätte u. a folgende Auswirkungen: eine „Veränderungen der Ernteerträge, Veränderungen der Produktivität von Land- und Ökosystemen, saurer Regen (bei Verwendung von Sulfat), verringertes Risiko von Hitzestress für Korallen"[182]. David Keith fordert deswegen, eventuelle SRM-Einsätze in spezifischer Weise daran anzupassen, was auf jeden Fall weitere Forschung und so viel Wissen darüber wie möglich erfordert. So besteht auch eine große Unsicherheit im Zusammenhang mit den Wechselwirkungen zwischen Aerosolen, Wolken und Strahlung"[183] und wie die Biosphäre auf SRM-Maßnahmen reagiert.[184] Auch muss festgestellt werden, dass die mathematische Modellierung von Klimaprozessen im Zusammenhang mit der Wirkung von Wolken auf eine Erwärmung oder Abkühlung bzw.

Niederschlagsprozesse (noch?) viel zu ungenau ist, um zielgenaue und einigermaßen sichere Vorschläge für Interventionen in diese Systeme abzuleiten.[185]

Es wurde auch schon diskutiert, was geschähe, wenn zu viel gegen gesteuert und sich die Temperatur zu stark abkühlen würde. Dann könnte mit einer künstlichen Injektion von Treibhausgasen der Thermostat wieder angedreht werden. „Allerdings könnten die komplexen und globalen klimatischen Folgen solcher Gegenmaßnahmen katastrophale Folgen haben."[186]

Grundsätzlich gilt für SAI wie für alle SRM-Techniken: Die Beeinflussung der Sonnenstrahlung wirkt nur tagsüber. Dadurch wirkt sie ungleichmäßig über den Tag verteilt – und auch global ungleichmäßig. Vor allem nachts bewirkt sie keine Abkühlung. Die dadurch bewirkten Veränderungen „könnte[n] Auswirkungen auf unsere Ökosysteme und Nutzpflanzen sowie auf die Nutzpflanzen und die Meerestemperaturen haben"[187].

Die Wirkung der Aerosol-Injektion hängt stark von der konkreten Emissionsstrategie ab.[188] Viele Wirkungen können nicht eindeutig bewertet werden. So können durch die Minderung des Hitzestresses (bei einer Klimaerwärmung ohne SRM) die Ernteerträge erhöht werden, aber die Verminderung der Strahlungsleistung kann sich darauf auch negativ auswirken.[189] Es wird z. B. erwartet, dass die Maisernte in China besser ausfalle, die Erdnussernte in Indien dagegen schlechter.[190]

Manche Gefahren beziehen sich auf den Einsatz von Schwefel, das betrifft z. B. den genannten Abbau der Ozonschicht sowie die Tatsache, dass Schwefel, wenn er auf die Oberfläche absinkt, Böden schädigt.[191]

Andere Gefährdungen sind auch bei anderen Stoffen mit der Methode der Injektion von Aerosolen in die Stratosphäre verbunden: Durch die Injektion von Aerosolen aller Art wird das die Erdoberfläche erreichende Sonnenlicht diffuser. Das kann sich in einigen Regionen und für bestimmte Nutzungsformen positiv auf die Photosyntheseleistung auswirken, für andere eher nicht.[192] Auch Wechselwirkungen mit dem Stickstoffkreislauf wirken sich in hohen Breitengraden anders aus als in niedrigen.[193] Auch in den Meeren wird die biologische Produktivität durch die Lichtabschattung beeinflusst.[194] Die Verschiebung von direkter zu diffuser Sonnenstrahlung bewirkt nicht nur einen verstärkt weißen statt blauen Himmel, sie lässt auch die Effizienz von thermischen Solarkraftwerken sinken.[195] Wie bei allen (S)RM-Maßnahmen wird auch die Versauerung der Ozeane, die schon um 30 Prozent saurer sind als vor der Industriellen Revolution[196], nicht aufgehoben.[197]

Geopolitische Probleme können aus der Tatsache erwachsen, dass die Injektionen von Aerosolen in die Stratosphäre grenzüberschreitend wirken. Verschiedene Staaten können unterschiedliche Temperaturen als optimal für ihre Interessen ansehen (vor allem bezüglich der Folgen für die Landwirtschaft).[198] Wer hat dann das Recht, über den „globalen Thermostat" zu verfügen?

Ein weiterer Nachteil der SRM-Maßnahmen ist, dass sie die weiterhin erfolgenden CO_2-Emissionen lediglich maskieren würden. Sollten die SRM-Maßnahmen eingestellt werden (weil die Aufwendungen zu hoch werden oder sie mangels politischer oder wirtschaftlicher Stabilität nicht mehr durchgeführt werden können), bewirken die weiterhin hohen CO_2-Anteile in der Atmosphäre einen sehr schnellen sehr hohen Temperaturanstieg.[199] Wir nannten dieses Problem schon bei der Abschattung durch Spiegel. Dies wird auch „Terminationsschock" bzw. „Abbruchschock" genannt.[200] „Eine hypothetische plötzliche und anhaltende Beendigung von SRM würde einen raschen Anstieg der globalen Erwärmung verursachen, der große Risiken für die biologische Vielfalt mit sich bringt."[201] Dies gilt natürlich nur, wenn ausschließlich auf diese Karte gesetzt wird und die Maßnahmen nicht nur als „Notmaßnahmen" zur Überbrückung in kürzeren Zeithorizonten angewendet werden sollen.[202] Paul J. Crutzen beendete seinen richtungsweisenden Artikel mit den Sätzen: „Das Beste wäre, wenn die Treibhausgasemissionen so weit reduziert werden könnten, dass das Experiment zur Freisetzung von Schwefel in der Stratosphäre nicht durchgeführt werden müsste. Derzeit scheint dies ein frommer Wunsch zu sein."[203] Das liegt nicht zuletzt daran, dass vor allem die Methode der Injektion von Aerosolen in die Stratosphäre (SAI) ein Lieblingsprojekt bestimmter Förderer dieser Methoden ist. „Angesichts seiner Fähigkeit, die Geschwindigkeit des Wandels zu verlangsamen und die Dringlichkeit der Dekarbonisierung zu verringern, ermöglicht es SAI, wohlhabenden, mit Unternehmen verbundenen Philanthropen, eine gemäßigte Klimapolitik zu unterstützen, anstatt umwälzende, systemische Veränderungen, die ihre eigene Konzentration von Reichtum und Macht direkt bedrohen würden."[204]

Einige Experimente wurden schon vorgenommen, andere durch Proteste verhindert. Dabei gibt es oft Verwirrung über das Ausmaß und den Zweck unterschiedlicher Forschungsphasen.[205] Am Anfang stehen grundsätzliche naturwissenschaftliche Überlegungen, ob es geeignete Wirkungsmechanismen für das angestrebte Ziel gebe. Dem folgen „Experimente im Computer", d. h. die mathematische Modellierung der Zusammenhänge, bei denen die vermuteten, einprogrammierten Wirkungszusammenhänge in aufeinander folgenden Zeitschritten „aufeinander losgelassen" werden und die Wirkung beobachtet wird. Zum Test werden häufig reale Vorgänge nachsimuliert. Bei der Simulation der Wirkungen des Ausbruchs des Vulkans Pinatubo unterschied sich das errechnete Ergebnis deutlich vom wirklichen. Bei der Fehlersuche wurde erkannt, dass sich das Sulfat in der Atmosphäre anders verhält als zuerst angenommen.[206] Ein anderes Beispiel: Als in den Messdaten aus der Antarktis erstmals Hinweise auf das Ozonloch erschienen, wurden diese durch das die Daten analysierende Computerprogramm zuerst als Instrumentenfehler interpretiert, weil die Möglichkeit des Ozonabbaus nicht einprogrammiert war.[207] Für die Auswertung solcher Forschung ist es wichtig zu wissen, dass in Untersuchungen, die in der Fachliteratur veröffentlicht werden, nicht immer reale Phänomene oder Planungen für Handlungen verwendet werden, sondern oft nur das Prinzip selbst geprüft werden soll und die verwendeten oder als Ergebnis erhaltenen Werte nicht wirklichen Beschreibungen oder Planungen entsprechen.

Die Klimawissenschaft war durch die Aufgabe, regelmäßig IPCC-Berichte zu veröffentlichen, Vorreiterin einer koordinierten Bearbeitung solcher Modellierungsfragen. Vor allem entwickelte sie Mechanismen für einen systematischen Vergleich von unterschiedlichen Modellen verschiedener Forschergruppen[208], was auch auf die Modellierungen zur Untersuchung von Climate-Engineering-Interventionen übertragen wurde.[209] Solche Forschung wirkt noch nicht auf die natürliche Realität ein, aber auf die Erwartungen, d. h. die Hoffnungen und Befürchtungen der Forschenden. Es wird auch davor gewarnt, dass selbst die bloße Erforschung ohne direkte Auswirkungen auf die Natur einen politischen Effekt hat, der darin besteht, „die dringenden, transformativen Vorschläge, die von der Bewegung für Klimagerechtigkeit ausgehen, abzuschwächen"[210].

Häufig werden für die Modellierung von Teilzusammenhängen und auch die Einschätzung von Potentialen und Gefahren mehr Informationen benötigt, als vorhanden sind. Dazu müss(t)en Experimente unternommen werden, die nicht den angestrebten Effekt (Strahlung manipulieren, CO_2 entfernen und speichern) erfüllen müssen, sondern wo es z. B. um mehr Wissen über das Verhalten von Aerosolen im Allgemeinen geht, wo z. B. die „mikro-physikalische Entwicklung von Aerosolen in der Stratosphäre" geklärt werden soll, „die keinen Einfluss auf das Klima der Erde haben werden"[211]. Oder es soll nur die Möglichkeit erkundet werden, Ballons in bestimmten Luftschichten zu stabilisieren. Bei solchen Forschungsexperimenten im Freien ist die Wirkung also „so gering [...], dass kein messbarer Effekt auf die Umgebung entsteht"[212]. Ein Grenzwert könnte darin bestehen, dass der Strahlungsantrieb nicht größer als 0,000.001 Watt pro Quadratmeter sein darf.[213] Ich nenne diese Experimente „Experimente erster Ordnung". Solche Forschungen scheinen wenig problematisch zu sein: „Diese Phase beinhaltet keinen Eingriff in das Klimasystem, egal in welchem Maßstab, und birgt daher kein Risiko für unbeabsichtigte klimatische Folgen."[214] Zu dieser Phase gehören Experimente in Russland: Hier wurden Untersuchungen über die Wirkungsweise von Aerosolen auf Sonnenlicht durchgeführt.[215] Die Aerosolwolken wurden bodennah durch Fahrzeuge und in recht geringer Höhe (bis 200 Meter) durch Hubschrauber in der Luft ausgestoßen. In diesen Versuchen ging es vorwiegend darum, die Methoden zu optimieren und die Messgeräte zu testen. Außerdem zeigen sie, „wie es prinzipiell möglich ist, Sonnenstrahlung durch künstlich erzeugte Aerosolformationen in der Atmosphäre mit unterschiedlicher optischer Dicke zu kontrollieren"[216]. Ganz so unkritisch sieht Pat Mooney von der *ETC Group* diese Forschungen nicht. Er macht darauf aufmerksam, dass Yuri Izrael für seine Ablehnung des Kyoto-Protokolls, für seine Skepsis gegenüber dem menschengemachten Klimawandel *und* für seine Begeisterung für Climate Engineering bekannt ist.[217]

In anderen Feldexperimenten geht es um die beabsichtigte Wirkung von Interventionen. Dann besteht die Absicht darin, „eine Wirkung zu erzielen", wobei „die Maßnahmen sich tatsächlich messbar auf die globale oder weiträumige Temperatur (oder andere Faktoren) auswirken"[218]. Der erreichte Strahlungsantrieb könnte hier bei über 0,01 Watt pro Quadratmeter angenommen werden (ebd.), dies könnten „Experimente zweiter Ordnung" sein.

Bei diesen Experimenten müssen die Wirkungen groß genug sein, um sie innerhalb der natürlichen Veränderlichkeit des Klimas erkennen zu können, d. h. das Signal im Rauschen muss erkennbar sein.[219] Das Experiment muss so klein wie möglich sein, aber auch so groß, dass diese Unterscheidung möglich ist.[220] Auf der Internationalen Konferenz über Klimainterventions-Techniken in Asilomar 2010 wurde festgestellt: „Alle waren sich einig, dass kleine ‚Prozess'-Experimente, wie z. B. das Testen von Geräten zum Versprühen von Aerosolen in der Stratosphäre, erlaubt sein sollten, da nicht zu erwarten ist, dass solche Experimente irgendwelche Auswirkungen auf das Klima haben. Aber was ist mit bescheidenen Feldexperimenten, wie dem Versuch, Partikel über einer Region der Arktis zu versprühen oder Wolken über einem Teil des Ozeans aufzuhellen?"[221]

Kritisch wird dazu vermerkt: „Um eine signifikante Auswirkung auf das globale Klima zu haben, müssten sie [die Experimente, AS] so groß sein und über einen so langen Zeitraum anhalten, dass sie nicht mehr als Experimente bezeichnet werden können. Experiment und Einsatz wären nicht mehr zu unterscheiden, und die Auswirkungen und Nebenwirkungen könnten nicht mehr rückgängig gemacht werden."[222] Dem wird das Argument entgegengebracht: „Wir glauben nicht, dass ein stichhaltiges Argument vorgebracht werden kann, dass die Experimente an sich mehr direkte Risiken bergen als Tausende von anderen Aktivitäten, die jeden Tag durchgeführt werden."[223]

Nach den Forschungsphasen schließt sich dann, wenn eine Anwendung vorgesehen ist, ein überwachter Einsatz an. Danach folgt der langfristige Einsatz, verbunden mit der technischen Instandhaltung, und als letzte Phase ist ein eventueller Rückzug aus der Technik zu ergänzen.

Es scheint eine deutliche Linie zwischen den Experimenten erster Ordnung und denen zweiter Ordnung zu geben. Letztere gehen schon in einen echten Einsatz der Technik über. Wenn man diesen nicht grundsätzlich ausschließt, muss zwischen unterschiedlichen Risiken abgewogen werden: „Bei jeder Entscheidung über den Einsatz muss zwischen der potenziellen Risikominderung durch weitere Forschung und den zunehmenden realen oder wahrgenommenen Risiken durch zunehmenden Klimastress"[224] unterschieden werden.

Ein anderes Argument gegen die ungefährlichen Experimente erster Ordnung besteht darin, dass es üblicherweise einen Drall in Richtung eines einmal begonnenen Weges gibt bzw. dass der Hang, der betreten wurde, rutschig ist, und ein weiteres Abrutschen, sprich Fortführen des eingeschlagenen Weges, fast automatisch erfolgt. Dieses Argument wird auch Slippery-Slope-Argument genannt (dt. rutschiger Hang). Bei der Injektion von Aerosolen in die Stratosphäre (SAI), die seit einigen Jahrzehnten diskutiert und untersucht wird, scheint dies empirisch nicht vorzuliegen.[225]

Bei dieser Methode gab es den größten Rummel um geplante oder begonnene Versuche. Bei dem geplanten *SPICE*-Experiment sollte es „wahrscheinlich keine erkennbaren Auswirkungen auf die Umwelt"[226] geben. Trotzdem spricht die *ETC Group* von einem „trojanischen Schlauch"[227]. Das *SPICE*[228]-Projekt war vom britischen Forschungsrat initiiert worden. Wir erinnern uns an den Vorschlag, Schwefeldioxid über Rohre oder Ballons in die Stratosphäre zu transportieren. Das *SPICE*-Experiment „befasst sich mit den Mitteln, der Wirksamkeit, den Auswirkungen und der Art und Weise der Umsetzung des stratosphärischen Aerosol Ansatzes für SRM"[229]. Es sollten vor allem „die Bewegungen von Rohr und Ballon unter verschiedenen Windbedingungen"[230] mit einem nur einen Kilometer langen Rohr beobachtet werden. Damit war „kein größeres Risiko für Menschen oder die Umwelt verbunden"[231], aber schnell kam heftige Kritik auf. Diese bezog sich vor allem auf das Bedenken, diese Technik würde den Fokus von den notwendigen Emissionssenkungen der Treibhausgase ablenken. Die größte Angst begründete sich für viele darin, „dass es richtig laufen könnte"[232]. Das Experiment wurde 2012 von den Beteiligten ad acta gelegt, unter anderem, weil unabgesprochen Patente angemeldet worden waren. Trotzdem brachte das nicht durchgeführte Experiment interessante Resultate: vor allem soziologische! Das Experiment war bewusst öffentlich gemacht worden, es löste Kontroversen aus, bei denen sich die wichtigsten Argumente pro oder contra Clima Engineering herauskristallisierten. „Obwohl ursprünglich als technischer Test gedacht, wurde es zu einem sozialen Experiment."[233]

Ein weiteres Experiment sollte ein größeres Ausmaß haben. Beim *SCoPEx*[234] Experiment, das seit ca. 2014 geplant wird, sollen in 20 Kilometern Höhe durch einen Ballon mit Propeller vor allem Kalziumkarbonatteilchen freigesetzt werden. Die daraus entstehende Wolke hat einen Durchmesser von ca. 100 Metern und wäre einen Kilometer lang.[235] Dabei sollen unter anderem die Reflexionseigenschaften der Partikel und ihre Auswirkungen untersucht werden. Die Daten werden für die Präzisierung der Modellierung gebraucht, noch nicht direkt für die Untersuchung echter Auswirkungen der Injektion von Aerosolen in die Stratosphäre (SAI); dafür ist die Menge viel zu klein.

Zuerst soll nur gefrorenes Wasser versprüht werden, später sollen dann „winzige Mengen" Kalziumkarbonat oder Sulfate verwendet werden. Zwei Protagonisten machen darauf aufmerksam, dass dies weniger Material ist, als ein Verkehrsflugzeug in einer Minute emittiert.[236] „Die Größe der chemischen Störungen bei SCoPEx ist winzig im Vergleich zu chemischen Störungen, die durch einige Minuten Flug eines kommerziellen Passagierflugzeugs verursacht werden."[237] Die Akteure wollen das Experiment von wichtigen Umwelt-NGOs und anderen zivilgesellschaftlichen Organisatoren begleiten lassen.

Trotz dieser Vorgehensweise wird das Vorhaben scharf kritisiert. Der Kritiker Raymond Pierrehumbert gibt zu, dass die im Versuch vorgesehenen Maßnahmen „kein physikalisches Risiko" darstellen, meint aber: „Mit der Durchführung von Feldversuchen wird eine dünne rote Linie überschritten, jenseits derer der Weg zu immer größeren Feldversuchen und schließlich zum Einsatz führt."[238] In einem Offenen Brief gegen dieses Experiment wurde die Befürchtung geäußert, dieses Experiment würde „den politischen Führern eine falsche, aber verlockende Möglichkeit [geben], die Konfrontation mit den Kohlenstoffgiganten zu vermeiden"[239].

Es war versprochen worden, „nur mit transparenter und überwiegend staatlicher Finanzierung"[240] und „überwiegend mit öffentlichen Mitteln"[241] zu arbeiten. Reichen für „überwiegend" 60 Prozent? Denn Bill Gates finanziert 40 Prozent.[242] Das sieht für Pierrehumbert nach einem „Greenfinger"[243]-Szenario aus, „in dem ein wohlmeinender, wohlhabender Einzelner beschließt, die Welt auf eigene Faust zu retten."[244]

In einem Offenen Brief legt eine Gruppe von Organisationen und besorgten Menschen dar, dass beim *SCoPEx*-Experiment vor allem die UN-Konvention über die biologische Vielfalt (CBD) nicht erfüllt sei.[245] Schwerer wiegt jedoch die Kritik des Offenen Briefs daran, dass dieses Projekt wie alle Climate-Engineering-Projekte letztlich „die Interessen der klimaschädlichen Kräfte, wie z. B. der Industrie für fossile Brennstoffe, fördert"[246]: „Die Entwicklung und Förderung von Solar Geoengineering untergräbt den politischen Willen und die Einigkeit, die notwendig sind, um der Lobby der fossilen Brennstoffe und anderer klimaschädigender Industrien die Stirn zu bieten, während der Druck für echte Klimalösungen wächst."[247]

Rechtliche Regelungen für solche Climate-Engineering-Maßnahmen gibt es noch nicht, deshalb muss geschaut werden, welche anderen Regulierungen gegebenenfalls greifen. „Sofern konkrete nachteilige Auswirkungen auf die Umwelt nachweisbar sind, verbietet das Übereinkommen über weiträumige grenzüberschreitende Luftverunreinigung das Einbringen von Partikeln in die Stratosphäre."[248] Besonders für das Ausbringen von Schwefel gibt es Höchstgrenzen, die im Protokoll zur Bekämpfung von Versauerung, Eutrophierung und bodennahem Ozon festgelegt sind.[249]

Bisher wurden Versuche, das Experiment in Tucson (Arizona) oder New Mexico durchzuführen, wegen Protesten unter anderem von indigenen Organisationen abgesagt.[250] Wegen breiter öffentlicher Kritik wurde der Start des Experiments in Schweden erst von 2018 auf 2022 verschoben und vor allem auf Grund von Protesten des Rats der Saami[251] inzwischen abgesagt. Auch hier war eines der schärfsten Argumente die Angst, dass die Experimente „die notwendigen Bemühungen der Welt um eine kohlenstofffreie Gesellschaft gefährden könnten"[252].

Erhöhung des Reflexionsvermögens der Erde

Je mehr Sonnenstrahlung auf die Oberfläche der Erde trifft, desto stärker erwärmt sie diese. Die Menge des auftreffenden Sonnenlichts kann durch Reflexion vermindert werden, die Rückstrahlkraft (Albedo) muss hierzu erhöht werden. In den zwanzig Jahren zwischen 1998 und 2017 wurde festgestellt, dass sich die Albedo der Erde verringert hat[253], was die Erwärmung natürlich befördert. „Die niedrigen Wolken brennen regelrecht weg und reflektieren damit weniger Solarstrahlung."[254] Es wird vermutet, dass die anthropogene Erderwärmung im östlichen Pazifik dazu geführt hat, dass sich die Menge an tiefliegenden Wolken, welche zur Reflexion beitragen, verringert hat.

Bei diesen Maßnahmen gilt im Unterschied zu den genannten Sonnen-Abdunklungstechniken: „Nicht die Sonne abdunkeln, sondern [die Erde] und das Wasser aufhellen"[255]. Dies kann geschehen durch „Erhöhung der Albedo des Ozeans durch Schaffung von Mikroblasen; Hinzufügen von reflektierendem Material zur Erhöhung der Albedo in der Wüste; Weißer Anstrich von Gebäudedächern zur Erhöhung der Reflektivität der Dächer; Erhöhung der Albedo von landwirtschaftlichen Flächen durch Direktsaat oder Veränderung der Albedo von Pflanzen, Hinzufügen von reflektierendem Material zur Erhöhung der Albedo von Meereis."[256] Nicht unernst spinnt der Science-Fiction-Autor Gregory Benford: „Eine bessere, weit verbreitete Akzeptanz […] könnte zu einem Albedo-

Chic führen – zur pompösen Zurschaustellung weißer Dächer, zum mediterranen Look, zu versilberten Autos, zur Rückkehr des Eiscreme-Anzugs in Modekreisen."[257]

Änderungen der Albedo am Boden (GBAM)

Neun Prozent der Sonnenstrahlung wird von der Erdoberfläche zurückgestrahlt. Das Rückstrahlvermögen ist für unterschiedliche Oberflächen sehr verschieden: Wald besitzt eine Albedo von 5 bis 8 Prozent, Ackerflächen um die 30 Prozent und Schnee 80-90 Prozent.[258] Es liegt nahe, die erwärmende Wirkung von Sonnenstrahlen durch eine Aufhellung der Böden zu verringern. Dies kann geschehen durch „aufhellende Dächer, Änderungen im Landnutzungsmanagement (…), Erhöhung der Albedo in der Wüste, Abdeckung der Gletscher mit reflektierenden Folien"[259].

Das Weißen von Hausdächern oder Straßen ist hier das eindrücklichste Beispiel, kann aber höchstens das lokale Klima verändern.[260] Dabei sind auch der Ressourcenverbrauch und mögliche Umweltprobleme bei der Herstellung der Farben zu beachten.[261] Ein wirksameres Konzept ist das Abdecken von Wüsten mit Polyethylenfolie, die 80 % des Sonnenlichts reflektieren soll[262], was natürlich die dortigen Ökosysteme zerstört, kostenintensiv ist und die Umwelt bei der Folienherstellung und -entsorgung belastet.

Es wird auch vorgeschlagen, hellere Pflanzen zu verwenden, zu züchten oder gentechnisch zu erzeugen.[263] Wie sich das auf die Photosyntheseleistung auswirkt, wurde noch nicht untersucht. Im aktuellen IPCC-Bericht wird auf die damit verbundene „veränderte Photosynthese, Kohlenstoffaufnahme und Auswirkungen auf die biologische Vielfalt"[264] hingewiesen. Eine Aufforstung (siehe unten bei den CDR-Maßnahmen) in den wärmer werdenden Regionen der nördlichen Gebiete würde jedoch, obwohl sie die CO_2-Speicherung beförderte, auch eine Verringerung der Albedo mit sich bringen. Eine Computerstudie macht darauf aufmerksam, dass eine Albedoerhöhung auf einer großen räumlichen Skala wahrscheinlich zu niedrigeren Niederschlägen führen würde.[265]

Albedoveränderung der Ozeane (OAC)

Fast 72 Prozent der Erdoberfläche sind von Ozeanen bedeckt. Sie werden sehr stark durch die Sonnenstrahlen erwärmt. Wenn wir eine allgemeine Abkühlung bewirken wollen, wäre es gut, wenn die Meere weniger Sonnenenergie absorbieren und mehr reflektieren würden. Wenn hier technisch nachgeholfen wird, geht es um eine Veränderung der Reflexionskraft der Ozeane, englisch: Ocean Albedo Change (OAC). Das kann zum Beispiel durch die künstliche Bildung von Bläschen mittels besonderer Belüftungsanlagen in Schiffen an der Meeresoberfläche geschehen.[266] Im IPCC-Bericht wird von einer „Erhöhung der Oberflächenalbedo des Ozeans (z. B. durch Schaffung von Mikrobläschen oder Aufbringen von reflektierendem Schaum auf der Oberfläche)"[267] berichtet. Einmal erzeugte Bläschen sollen eine Lebensdauer von Monaten bis Jahren haben. Allerdings sind die Machbarkeit und die Auswirkungen noch nicht untersucht.[268] Aber es ist zu erwarten, dass es dadurch zu einer „Veränderung der Land-Meer-Unterschiede bei Temperatur und Niederschlag" und zu „regionalen, niederschlagsbedingten" Veränderungen kommt.[269] Auch hier würde es, wenn eine einmal durchgeführte Maßnahme wieder abgebrochen würde, zu einem Terminationsschock kommen (ebd.). Auch eine Beeinträchtigung von Lebensformen, die vom Licht im Meer abhängig sind, ist zu erwarten.

Manipulation der Wolken

Wolken sind ein wichtiges Element im Klimasystem. Insgesamt kühlen sie die Erde mehr, als sie diese erwärmen, und zwar um 5 Grad.[270]

Das „Wettermachen", das seit den 1940er-Jahren angestrebt wird, bezieht sich vorwiegend auf die Manipulation der Wolkenbildung und ihres Verhaltens. Dazu kommen vor allem „Cloud Seeding[271]-Techniken" zum Einsatz, um Wolken gezielt abregnen zu lassen, damit sie Paraden oder Olympische Spiele nicht verregnen. Dabei wird Silberjodid in die Wolken gesprüht. Diese Technik war oft nicht viel mehr als eine Erweiterung der Waffenforschung. In den 1940er-Jahren führte die Entdeckung, dass das „Impfen" von Wolken mit Silberjodidkristallen Regen erzeugen konnte, dazu, dass amerikanische Militärstrategen davon träumten, eines Tages Kriege mit Wirbelstürmen und Gewittern zu führen. Während des Vietnamkriegs versuchte das US-Militär mit Hilfe von Cloud Seeding, die Niederschlagsmenge über dem Ho-Chi-Minh-Pfad zu erhöhen – ein geheimes Programm, das die Vereinten Nationen dazu veranlasste, „umweltverändernde Techniken" als Waffen zu verbieten.[272]

Aufhellung von Meereswolken (MCB)

Nicht alle Sonnenstrahlen erreichen die Erdoberfläche, viel Sonnenenergie wird von Wolken zurückgestreut oder reflektiert. Es wurde vermutet, dass bei der beobachteten Verringerung der irdischen Albedo die Verringerung tief liegender Wolken eine Rolle spielen könnte.[273] Von der auf die Erde einfallenden Sonnenstrahlung wird etwas über 22 Prozent von Wolken und Aerosolen in der Atmosphäre in den Weltraum zurück reflektiert, bevor der Rest die Erdoberfläche erreicht. Vor allem Stratocumuluswolken reflektieren mehr Sonnenstrahlung, als sie als Wärme absorbieren. Über den Ozeanen ist der Kühlungseffekt deutlich stärker, denn Ozeane (ohne Wolken) absorbieren 99,3 Prozent der einfallenden Sonnenstrahlung. Insgesamt wird mehr als ein Fünftel aller Meeresoberflächen von Wolken gekühlt, wobei sich dieser Effekt mit zunehmender globaler Erwärmung verringert.[274] Abgase von kommerziellen Frachtschiffen[275] haben die gegenteilige Wirkung: Die von ihnen ausgestoßenen kleinsten Partikel verringern die Sonneneinstrahlung. Es klingt erst einmal widersinnig, die Wolken durch mehr Verschmutzung mit Aerosolen aufzuhellen. Aber an den dadurch entstehenden kleineren Teilchen kann aufgrund der größeren gebildeten Oberfläche mehr Sonnenlicht reflektiert werden. [276]

Etwa ein Viertel des durch Menschen verursachten zusätzlichen wärmenden Strahlungsflusses wird bereits durch die Wirkung der Schiffsabgase kompensiert.[277] Dieser natürliche Effekt soll mit „Marine Cloud Brightening" (MCB) verstärkt werden. Dies kann dadurch erreicht werden, dass Meersalz-Aerosole über den Meeren in Wolken gesprüht werden.[278] Gemeint sind hier Wolken in der Grenzschicht unter zwei Kilometern Höhe in der Troposphäre, vor allem in Stratocumuluswolken, die im Wesentlichen „das Wetter machen". Die Salzpartikel in der unteren Atmosphärenschicht dienen als Kondensationskeim für Wasserdampf, wodurch sich mehr Wolken bilden. Warum wird das auf Meereswolken beschränkt? Es gibt über Land bereits viele künstliche Partikel und es wird angenommen, dass die Wolken deshalb bereits mehr Strahlung reflektieren als ohne sie. Außerdem kann man die Salzpartikel über den Ozeanen viel besser erzeugen und verstreuen.

Herausragende Vertreter dieser Idee sind John Latham[279] und Stephen Salter[280], die vorschlugen, windgetriebene Schiffe zu nutzen, um Salzwassertropfen in die Atmosphäre zu bringen. Es wurde geschätzt, dass zum Ausgleich einer Verdopplung der CO_2-Emissionen etwa 1500 Sprühschiffe notwendig wären.[281] Ein Experiment hierzu wurde um 2010 vom *Silver Lining Project* in San Francisco vorbereitet, finanziert u. a. aus der von Bill Gates aus privaten Mitteln finanzierten FICER[282]-Stiftung. Nach kritischen Medienberichten und Protesten[283] „verschwanden alle Spuren des Projekts und seiner wissenschaftlichen Mitarbeiter von der Website des Silver Lining Project", und es wurde die Bezeichnung *Marine Cloud Brightening Project* gewählt.[284] Hierfür wurde ein umfangreiches Forschungsprogramm entwickelt[285], das verspricht, neben einer Abkühlung der Erde auch regional und lokal z. B. die Hurrikanbildung zu verhindern sowie das polare Eis oder auch die Korallenriffe zu schützen.

Das Projekt *Eastern Pacific Emitted Aerosol Cloud Experiment*[286] (E-PEACE) wurde 2011 vor der kalifornischen Küste durchgeführt.[287] Untersucht wurde die Wirkung verschiedener künstlich erzeugter Aerosole auf marine Schichtwolken, wobei die Aerosole u. a. aus Schiffsabgasen stammten oder mit auf Schiffen installierten Rauchgeneratoren erzeugt wurden. Emittiert wurden normale Schiffsabgase, Partikel aus zusätzlichen Rauchgeneratoren und gemahlene, beschichtete Salzpartikel.[288] Die Versuche zeigten, dass künstlich erzeugte Aerosole unter bestimmten Bedingungen zwar eine Erhöhung des Rückstrahlvermögens der Wolken herbeiführen können, deren genaue Wirkung jedoch von komplexen Rückkopplungsmechanismen bestimmt wird. Ein wichtiges Versuchsergebnis ist, dass homogen verteilte, einlagige Wolkenschichten mit einer Maximalhöhe von etwa 500 Metern notwendig wären, wenn mit auf Schiffen produzierten Aerosolen ein signifikanter Effekt auf die Strahlungsbilanz erzeugt werden soll.[289] Im Ergebnisbericht zu diesen Experimenten wird darauf verwiesen, dass Veränderungen in den Ökosystemen durch die Teilchen und mögliche Gesundheitsbeeinträchtigungen noch untersucht werden müssen.[290] Obwohl das alles mit vorhandenen Techniken durchgeführt werden kann, wird festgestellt, dass es aufgrund ungenügenden Wissens über die „Wechselwirkungen zwischen Aerosol, Wolken und Strahlung"[291] noch verfrüht wäre, diese Techniken für das Climate Engineering in Betracht zu ziehen.

Vor der Westküste Chiles wurde das VAMOS *Ocean-Cloud-Atmosphere-Land Study Regional Experiment*[292] (VOCALS-REx) durchgeführt, wobei die Veränderung von Wolken durch von Schiffen emittierte Aerosole mit Computersimulationen ausgewertet wurde.[293] Es wurde auch ermittelt, dass einerseits durch die Aerosole sich kleinere und mehr Tröpfchen in den Wolken bildeten, was eine reflektierende und damit abkühlende Wirkung zeitigt. Andererseits ist der Wassergehalt dann geringer, was zu geringeren Niederschlägen führt. „Wir schätzen, dass der beobachtete Rückgang des Wolkenwassers 29 % des globalen Klimaabkühlungseffekts ausgleicht, der durch den aerosolbedingten Anstieg der Wolkentröpfchenkonzentration verursacht wird."[294]

Im Jahr 2020 wurde, angeblich um das Great Barrier Reef zu schützen, dort ebenfalls Meerwasser über Düsen in die Luft gesprüht.[295] Dieser Anwendungszweck fand sogar Eingang in den letzten IPCC-Report, wo in die Definition dieser Technik explizit eingefügt wurde: „regionale Option zur Verringerung der Meeresoberflächentemperatur [...] in Korallenriffen"[296]. Gegen diese Versuche im Great Barrier Reef protestierte ein Bündnis von 200 Umweltgruppen.[297]

Es bestehen noch „große Unsicherheiten im Zusammenhang mit der Mikrophysik der Wolken und den Wechselwirkungen zwischen Aerosol, Wolken und Strahlung"[298]. Dies wird von den Protagonisten der Aufhellung der Meereswolken als Grund für ihre Forschungen genannt. Bekannt ist, dass die Wirkung der Aerosole wohl begrenzter als gewünscht ist. Es wird erwartet, dass die „Aerosole wahrscheinlich die Tageshöchsttemperaturen etwas abkühlen, die Tiefsttemperaturen aber nicht verringern werden"[299]. Für die Gesundheit der Menschen ist das eine schlechte Nachricht, da hierfür die Abkühlung in der Nacht wichtig ist. Zu erwarten sind auch „Veränderungen der regionalen Ozeanproduktivität, Änderungen der Ernteerträge, reduzierter Hitzestress für Korallen, Veränderungen der Produktivität von Ökosystemen an Land, Ablagerung von Meersalz über Land"[300]. Außerdem steigt dadurch die Lebensdauer des Treibhausgases CH_4.[301]

Trotzdem gibt es umfangreiche Pläne, unbemannte satellitengesteuerte „Segel"-Schiffe einzusetzen. Hohe, sich drehende Zylinder sollen in sogenannten Flettner-Schiffen einen Auftrieb zum Segeln erzeugen. Auf so einem Schiff würden dann durch eine Düse mit Milliarden von extrem kleinen Löchern Meereswassertröpfchen ausgesprüht.[302] Kostengünstig wäre es auch: „Es ist möglich, dass 50 Sprühbehälter, die jeweils etwa 1 bis 2 Millionen Pfund kosten, die thermischen Auswirkungen eines einjährigen Anstiegs des weltweiten CO_2-Anteils aufheben könnten"[303].

Obwohl David Keith behauptet, die Meereswolkenaufhellung hätte nur lokale Auswirkungen[304], finden Salter und Gadian in Modellrechnungen recht starke überregionale Veränderungen z. B. der Niederschläge. Untersuchungen „zeigen, dass die Kontrolle der Albedo den Niederschlag weit von der Sprühquelle entfernt, sogar auf der gegenüberliegenden Hemisphäre, sowohl erhöhen als auch verringern kann."[305]

Es wurde auch gezeigt, dass einige Regionen mehr Niederschläge erhalten könnten, während andere – z. B. das Amazonasgebiet – mit weniger Niederschlägen auskommen müssten: „Diese Ergebnisse zeigen, dass zwar einige Gebiete von Geoengineering profitieren, es aber auch Gebiete gibt, in denen die Reaktion sehr nachteilig sein könnte"[306].

Wie wir gesehen haben, wurden „im Feld" ohnehin auftretende Schiffsemissionen untersucht, aber auch in Experimenten weitere Aerosole emittiert (E-PEACE und am Great Barrier Reef). Umweltschutzorganisationen und indigene Gruppen stellen sich diesen Experimenten entgegen.[307] Außerdem gilt: „Selbst wenn der Nachweis der Wirksamkeit erbracht werden könnte, stünde einem unilateralen Vorgehen das in internationalen Gewässern geltende Gebot der gegenseitigen Rücksichtnahme entgegen."[308]

Manipulation der langwelligen Strahlung: Cirrus Cloud Thinning (CCT)

Eine weitere als Climate Engineering konzipierte Manipulation von Wolken gehört nicht zu denen, bei denen das einfallende Sonnenlicht am Erwärmen der Oberflächen gehindert wird, sondern bei der ein Ausdünnen der Zirruswolken (CCT: Cirrus Cloud Thinning) die Abstrahlung der Wärme von der Erde in den Weltraum erleichtern soll.[309] Dass dergleichen funktioniert, zeigte das Flugverbot in den USA nach dem 11. September 2001. In der Nacht war es viel kälter als sonst – weil es keine von Flugzeugabgasen verursachten Zirruswolken gab.[310] Zirruswolken halten üblicherweise nachts[311] die Abstrahlung der Wärme von der Erde zurück.

Als Climate Engineering sollen die Zirruswolken, die die Wärmeausstrahlung behindern, ausgedünnt werden. Dies ist

bisher die einzige Technik, die dem „Thermischen Strahlungsmanagement" (Thermal Radiation Management: TRM) zuzuordnen ist. Dabei werden entweder Schwefel- oder Salpeter-
säure-Aerosole oder Bismuttrijodid als Eiskerne in die obere
Troposphäre verbracht, wodurch sich die Lebensdauer der Zirruswolken verringern und ihre optische Tiefe kleiner werden
soll.[312] Das kann sogar mit normalen Flugzeugen geschehen.[313]
Diese Technik wurde schon 1965 in einem Report über die Ver-
besserung der Umwelt in den USA vorgeschlagen: „Die Absorption und Abstrahlung von Infrarotstrahlung durch hohe Zirruswolken (oberhalb von fünf Meilen) neigt dazu, die Atmosphäre
in der Nähe der Erdoberfläche zu erwärmen. Unter bestimmten
Umständen führt die Injektion von Kondensations- oder Ge-
frierkernen zur Bildung von Zirruswolken in großen Höhen."[314]
Dieser Report bezieht sich auf Forschungen von Syukuro Manabe und Robert F. Strickler, die herausgefunden hatten, dass
Zirruswolken in unterschiedlicher Höhe jeweils unterschiedliche – erwärmende und abkühlende – Wirkungen haben können[315], was sich nach dem 11. September 2001 eindrücklich be-
stätigte. Zirruswolken befinden sich in ca. 8-10 Kilometern
Höhe, auch Kondensstreifen der Flugzeuge bilden zirruswol-
kenartige Strukturen. Dabei bindet sich Wasserdampf an Ruß-
partikel, aus denen Eiskristalle in der kalten Atmosphäre entstehen. Inzwischen wurden Experimente mit unterschiedlichen
Treibstoffen vorgenommen; so können alternative Treibstoffe,
die vollständiger verbrennen, weniger Ruß emittieren, was die
Bildung von Kondensstreifen minimiert.[316]

Bei einer gezielten Anwendung von Techniken zur Verringerung von Zirruswolken wird u. a. eine Linderung der Dürre
in der Sahelzone[317] angestrebt. Vorgeschlagen wird die Technik
der Verringerung der Zirruswolken auch im Bereich der Arktis,

um das Schmelzen des arktischen Eises zu verlangsamen. Allerdings zeigt sich bei Untersuchungen in Klimamodellen, dass die Veränderungen der Zirkulation und des Niederschlags dabei auch in Regionen stattfinden können, in denen gar keine Klimaänderungen geplant waren.[318]

Noch heute bestehen „große Unsicherheiten im Zusammenhang mit den Prozessen der Zirruswolkenbildung, der Zirrusmikrophysik und der Interaktion mit Aerosolen"[319]. Der Wissensstand ist sehr beschränkt: „Die Forscher wissen nicht einmal, welche Substanzen Zirruswolken effektiv anfachen würden und welche technologischen Herausforderungen auftauchen"[320]. Als Vorteil dieser Technik im Vergleich zu denen, die den Anteil der kurzwelligen Strahlung zu reduzieren versuchen, wird erwartet, dass es keine Reduzierung der Niederschlagsmenge gibt, und auch die sonst zu erwartende Temperaturerhöhung in der Arktis tritt hier nicht auf.[321]

Das IPCC nennt als mögliche Folgen des CCT für menschliche und außermenschliche natürliche Systeme die „veränderte Photosynthese und Aufnahme von Kohlenstoff"[322]. Der Ausschuss für Bildung, Forschung und Technikfolgenabschätzung (ABFT) warnt, dass „starke Veränderungen im lokalen und globalen Klima zu erwarten"[323] seien. Letztlich kann es – vor allem bei einer Überdosierung des Aussäens von Eiskernen – auch passieren, dass sich durch die eisbildenden Partikel eher mehr Zirruswolken bilden, welche eine Wärmeabstrahlung verhindern. Dies legen neuere Untersuchungen nahe.[324] Vor allem variiert die Wirkung in Abhängigkeit von der Region und der Saison. Zu befürchten sind auch große regionale und saisonale Veränderungen der Niederschläge.[325] Vor allem die Veränderungen im Verhalten der großen Monsune wären für viele Regionen gefährlich. Bei den regionalen Ergebnissen ist die Aussagekraft der Klimamodelle recht gering, weil sich die Ergebnisse in den unterschiedlichen Modellen stark unterscheiden. In der zuletzt zitierten Studie betonen die Autor*innen ausdrücklich: „Alle unsere Modellsimulationen gehen von der naiven Annahme aus, dass Climate Engineering in Form von Zirruswolkenausdünnung machbar ist, aber in Wirklichkeit ist sehr wenig über die Machbarkeit der Zirruswolkenausdünnung bekannt.“[326]

Zusammenfassung zu Strahlungsmanipulationen ((S)RM)

Bei manchen Techniken kann das Ziel, die Abkühlung der Erde, grundsätzlich erreicht werden (Sonnenspiegel im Weltall, Injektion von Aerosolen in die Stratosphäre (SAI)). Simulationen zu verschiedenen SRM-Methoden zeigten, „dass SRM einen Teil der Auswirkungen der zunehmenden Treibhausgase auf das globale und regionale Klima ausgleichen könnte“[327]. Eine durch SRM gekühlte Erde würde die natürlichen CO_2-Senken wieder vergrößern, aber das könnte weitere CO_2-Emissionen nicht ausgleichen oder deren Schäden mildern.

Bei anderen Methoden des (S)RM ist es noch unklar, ob entgegenwirkende erwärmende Wirkungen der Eingriffe dem Gewünschten nicht zu stark entgegenwirken (Ausdünnen der Zirruswolken (CCT)).

Bei all diesen Methoden wird nicht in die Ursache der Erderhitzung eingegriffen. Wenn also weiterhin Treibhausgase emittiert werden, führt ein Abbruch der abkühlenden Maßnahmen zu einem „Terminationsschock“, und innerhalb weniger Jahre erreicht die Temperatur jenen stark erhöhten Wert, den die vorhandenen Treibhausgase verursachen. Neuere Untersuchungen zeigen auch, dass die durch SRM verringerten Temperaturen Auswirkungen auf die Treibhausgasemissionen haben würden. Würde SRM nicht durchgeführt, würden bei entsprechend höheren Temperaturen mehr Treibhausgase aus dem tauenden Permafrost entweichen, und die Versauerung der Ozeane wäre noch stärker.[328]

Die Maßnahmen zur Reduktion der Sonneneinstrahlung wirken nur tagsüber und besonders dort, wo die Sonne (im Sommer) stärker einstrahlt.[329] Schon dadurch ergeben sich große Veränderungen gegenüber dem natürlichen Klimasystem. So könnte es in Äquatornähe kühler werden als ohne Klimawandel und Klimaintervention, aber in Polarregionen trotzdem um 1,8 Grad wärmer sein.[330]

Neben den regional oft sehr unterschiedlichen Effekten bei der Temperatur wirken sich diese Maßnahmen auch auf andere Faktoren wie die Niederschläge aus.[331] Während in Klimamodellen unter Umständen die Parameter so eingestellt werden können, dass sich z. B. bei der Injektion von Aerosolen in die Stratosphäre (SAI) die Folgen global ausgleichen könnten, ist das in der lokal spürbaren Realität nicht gleichermaßen der Fall. Die ausgleichenden Simulationen haben oft wenig mit den Wetterveränderungen zu tun, „die Menschen wirklich spüren und womit sie umgehen müssen"[332].

Bei vielen Maßnahmen wird von ihren Protagonisten angegeben, dass sich die Interventionen einerseits an natürlichen Prozessen (wie bei der Injektion von Aerosolen in die Stratosphäre, analog zu Vulkanen) oder an sowieso stattfindenden Störungen durch menschliche Aktionen (wie bei der Veränderung von Wolken durch die Emission von Schiffen und Flugzeugen) orientieren. Allerdings müssten die Interventionen zu einer globalen Klimaveränderung ein Ausmaß erreichen, das bereits vorkommende Variationen übersteigt. Die Hoffnung, Interventionen könnten auf gewünschte Gebiete beschränkt bleiben (Great Barrier Reef, Arktis …), kann nicht aufrechterhalten werden. Bei den Aerosolen, mit denen die Wolken verändert werden sollen, gibt es Bemühungen, nicht mehr auf die gefährlichen Stoffe wie Schwefel zu setzen; bei den erdbasierten Methoden werden die reflektierenden Materialen (Farbe, Plastik) kaum thematisiert. Folgen für die Ökosysteme, speziell die Photosynthese der Pflanzen und die Wasserverfügbarkeit, sind zu erwarten.

Es zeigt sich bei den seit dem vorletzten IPCC-Bericht (AR 5, 2013/2014) durchgeführten Untersuchungen im Wesentlichen, dass erstens alle befürchteten unerwünschten Wirkungen der Maßnahmen weiterhin nicht ausgeschlossen werden können, wobei wir zweitens sogar noch besser wissen, dass sie mit hoher Wahrscheinlichkeit zu erwarten sind. Aufgrund der nicht intendierten zusätzlichen, vor allem regional sehr unterschiedlichen Wirkungen können SRM-Maßnahmen das gegenwärtige Klima nicht wirklich stabilisieren oder gar zum vorindustriellen Zustand zurückführen.[333]

Der Ausschuss für Bildung, Forschung und Technikfolgenabschätzung (ABFT) schätzt ein, dass ein Strahlungsmanagement „ein völlig neues Klimaregime schaffen [würde], das zwar in Bezug auf die globale Mitteltemperatur dem heutigen Klima entsprechen könnte, in Bezug auf alle anderen Klimavariablen (z. B. regionale Temperaturverteilung, globale Windzirkulation, Niederschlagsmuster) jedoch u. U. fundamental divergiert."[334] Auch die Ozeanversauerung würde nicht beendet.

Je intensiver SRM genutzt würde, desto höher wäre die Wahrscheinlichkeit nicht gewollter Wirkungen und Umweltschäden.[335] Deshalb möchte David Keith[336] den Einsatz darauf beschränken, lediglich die Hälfte der Treibhausgaswirkung zu kompensieren   dann wäre auch die Gefahr nicht gewünschter Auswirkungen nicht so groß.[337]

Alle Diskussionen beruhen derzeit auf Überlegungen zu physikalisch-chemischen Zusammenhängen, die zu großen Teilen mathematisch modelliert werden können und deren Verhalten simuliert werden kann. Häufig sind die Ergebnisse sehr modellabhängig, und die Wissenschaftler*innen betonen: „Das Klimasystem ist komplex und in seinem Verhalten sehr uneinheitlich, und die Störung eines einzelnen Elements kann zu unvorhergesehenen Veränderungen führen."[338] In einer Darstellung der Entwicklung der SRM-Methoden schreiben Candeira und Bala: „Naturwissenschaftler sind unvollkommen und stellen manchmal empirische Behauptungen auf, die weit über die empirischen Daten hinausgehen. Aus irgendeinem Grund scheint das Feld des solaren Geo-Engineerings für diesen Fehler besonders anfällig zu sein. Dies ist in der Regel eine kleine Gruppe von Wissenschaftlern, die eine begrenzte Anzahl von Simulationen einer kleinen Anzahl von Szenarien in einem einzigen Klimamodell durchführt und dann sehr weitreichende Behauptungen darüber aufstellt, was in der realen Welt in einem viel breiteren Spektrum möglicher Szenarien geschehen würde. Wir sind höflich genug, keine konkreten Namen zu nennen."[339] In den Modellen werden grundsätzlich Vereinfachungen vorgenommen.[340] Außerdem muss beachtet werden, dass die Veränderung der Oberflächentemperatur nicht der einzige Wert ist, der für den Klimawandel und damit zusammenhängende Veränderungen in der Natur von Bedeutung ist.[341]

Aufgrund all dieser Probleme werden die Maßnahmen zur Manipulation der Sonnenstrahlung (SRM) im Allgemeinen stärker abgelehnt als jene der Kohlendioxid-Entfernung (CDR s. u.). Im IPCC-Bericht wird festgestellt, dass die noch nicht industrialisierten Staaten, die bereits am stärksten unter dem Klimawandel leiden, eher bereit sein könnten, SRM-Methoden anzuwenden[342], was jedoch die Proteste von NGOs und indigenen Bevölkerungsgruppen[343] negiert. Die Afrikanische Plattform zur Technologiebewertung (AfriTAP) beobachtet, dass die Forschung zu SRM-Techniken, die seit 2018 auch verstärkt in Afrika stattfindet, von einer britischen Initiative finanziert wird, „die von prominenten Befürwortern von Geoengineering-Techniken geleitet wird und behauptet, ‚die SRM-Diskussion in den globalen Süden' getragen zu haben"[344]. Welche Interessen dahinter stecken, wird klar gesehen: „Da Geoengineering-Vorschläge im Großen und Ganzen von nördlichen Ländern mit hohen Emissionen erstellt werden, um eine Reduzierung ihrer eigenen Emissionen zu vermeiden, schaffen sie ‚Forschungsunterstützungsprojekte', an denen Forscher in Afrika beteiligt sind, um die Idee voranzutreiben, dass Geoengineering für den globalen Süden von Interesse ist."[345] Serayna Solanki von der HOME[346]-Bewegung stellt klar: „Das ist wirklich besorgniserregend, dass Forscher aus dem globalen Norden mit dem komplexen Klima über Afrika spielen ...".[347]

73

Die weltraumgestützten SRM-Methoden gelten weiterhin eher als Science Fiction, als dass es konkrete Projekte dafür gäbe. Für das Injizieren von Aerosolen in die Stratosphäre (AIS) gibt es eine große Lobby, die einerseits behauptet, nur Forschung für den Notfall zu betreiben, aber andererseits auch mögliche Gefahren systematisch herunterspielt, sich für eine Ausweitung der Forschung auf Feldtests stark macht und dabei vor allem durch private Geldgeber unterstützt wird.

SRM-Maßnahmen sollten laut neuestem IPCC-Bericht maximal zur Ergänzung von tiefgreifenden Minderungsaktivitäten stattfinden, etwa wenn der Zielwert der maximalen Temperaturerhöhung von 1,5 Grad zeitweise überschritten wird.[348] Da bisher zu viel Zeit bei der Reduktion der Treibhausgasemissionen verstrichen ist, wird bereits mit einer solchen „zeitweisen Überschreitung" („Overshot") gerechnet.[349] Wo genau liegt die Grenze, wann kann wer worüber entscheiden? Sogar bei den Feldversuchen, bei denen recht harmlose Untersuchungen über die Funktionsweise der Technik und das Verhalten von Aerosolen usw. durchgeführt werden sollen, zeigt sich, dass es an ausreichend legitimierten Regularien fehlt; dies würde erst recht bei einem Einsatz gelten. Solange die gegenwärtigen Machtverhältnisse herrschen, kann davon ausgegangen werden, dass sogar gut gemeinte Einsätze schiefgehen werden, weil nicht alle Interessen gleichermaßen berücksichtigt sind. Deshalb sind Forderungen nach Forschungsmoratorien verständlich.

Ein weiteres Problem taucht bei der Strahlungsmanipulation auf: die Gefahr, dass die Aussicht auf scheinbar rettende Techniken die Bemühungen um die Minderung der Treibhausgasemissionen verringern könnte („Moral Hazard", dt. „moralische Gefahr"). Edward Teller und seine Mitstreiter gingen schon 1997 davon aus, dass aus politischen Gründen eine „‚substanzielle' weltweite Reduzierung des Verbrauchs fossiler Brennstoffe in den nächsten Jahrzehnten nicht möglich sein wird"[350]. Sie meinen, dass eine Einigung über das von ihnen vorgeschlagene Climate Engineering „weitaus einfacher zu sein scheint als die Sicherung eines internationalen Konsenses über eine kurzfristige, groß angelegte Verringerung der Energieerzeugung aus fossilen Brennstoffen zu erzielen"[351]. Sie rechnen vor, dass die Kosten für die Emissionsminderung mehr als hundert Milliarden Dollar pro Jahr betrügen, während mit weniger als einem Prozent dieser Summe mittels SRM-Maßnahmen die Auswirkungen der Treibhausgase vermieden werden könnten.[352] Von diesen Autoren wird sogar die Düngewirkung des zusätzlichen CO_2 bei einer Verdopplung des CO_2-Gehalts als Vorteil der

Maßnahmen gepriesen.[353] Wer nicht von der Existenz eines „Moral Hazard" überzeugt sein sollte, sollte diese euphorischen und gefahrenblinden Veröffentlichungen lesen.

Als sinnvolle und verantwortbare Maßnahme aus diesem Bereich bleibt nur die lokale Aufhellung der Lebenswelt übrig, wenn dafür ökologisch unbedenkliche Farbe verwendet wird. Berühmte Mittelmeerorte sind für die weißen Häuser bekannt … Allerdings ist dies auf das Lokale beschränkt und zeitigt keine globalen Auswirkungen.

Weg mit dem Kohlendioxid! (CDR)

Ein Nachteil der Strahlungsmanipulierungstechniken ((S)RM) ist es, dass die Ursache des Klima-Umbruchs nicht beseitigt wird, die in der Emission von Treibhausgasen besteht. Die Climate-Engineering-Maßnahmen, die sich auf die Entfernung von CO_2 beziehen, gehen hier zumindest einen Schritt

weiter. Auch hier können die Versprechen, CO_2 mit den in diesem Kapitel vorgestellten Methoden aus der Luft zu entfernen, dazu führen, dass die Emissionsminderung für zweitrangig angesehen wird. Ich wünschte mir genaue Untersuchungen, wie Menschen nach der Lektüre der scheinbaren Erfolgsberichte über diese Techniken reagieren. Nachempfinden kann ich den entlastenden Effekt der Nachricht, das CO_2 könne wieder aus der Atmosphäre entfernt werden. In meiner Morgenlektüre las ich kürzlich einen Hinweis darauf, wie „wesentlich mehr Treibhausgase aktiv aus der Atmosphäre entfernt werden"[354] können. Hier wird ein „Cleanup für die Atmosphäre" versprochen, in dem mit keinem Wort auf die radikale Senkung der Treibhausgasemissionen eingegangen wird. In dem dieser Meldung zu Grunde liegenden Bericht werden drei Szenarien, um die Ziele des Pariser Klimaabkommens noch zu erreichen, gleichberechtigt nebeneinander genannt: 1. Der Fokus auf die Umstellung auf sich erneuernde Energien, 2. der Fokus auf Kohlenstoffentfernung und 3. der Fokus auf eine Reduktion der Nachfrage. Der Bericht orientiert sich auf das zweite Szenario – wobei die anderen auch solche Maßnahmen beinhalten, aber in geringerem Maße. Die Entfernung von CO_2 aus der Atmosphäre wird erstens für die Kompensation von nicht verhinderbaren Emissionen von Treibhausgasen durch die Menschen (z. B. aus der Landwirtschaft) und zweitens zur Entnahme der darüber hinaus in der Vergangenheit und Gegenwart zu viel emittierten Treibhausgase als notwendig angesehen. Es wird sogar erwartet, dass die Kohlendioxidabscheidung „in den Mittelpunkt der weltweiten Klimaschutzmaßnahmen rücken"[355] werde.

Kohlendioxidentfernung wird mit CDR („Carbon Dioxide Removal") abgekürzt. Bei dieser Variante des Climate Engineering wird CO_2, das sich bereits in der Atmosphäre befindet, dieser wieder entzogen.[356] Daher stammt die oft verwendete Bezeichnung „Negativ-Emissionen". Das geschieht entweder darüber, dass in die biologischen oder geologischen Wege des natürlichen Kohlenstoffkreislaufs eingegriffen wird oder indem das Kohlendioxid auf industriellem Weg chemisch gebunden wird. Verbunden mit der Entfernung des CO_2 ist üblicherweise, dass das CO_2 dann irgendwo gespeichert wird, wo es hoffentlich über Jahrtausende verweilt. Vom IPCC wird das CDR folgendermaßen definiert: „Menschliche Aktivitäten zur Bindung von CO_2 aus der Atmosphäre mit einer dauerhaften Speicherung in geologischen, Land- oder Meeresreservoiren oder in Produkten. Dies schließt die menschliche Verstärkung von natürlichen Abbauprozesse ein, nicht aber die natürliche Aufnahme, die nicht direkt durch menschliche Aktivitäten verursacht wurde."[357]

Definitionen sind wichtig. In einem aktuellen Vorschlag einer *EU-Verordnung für die Zertifizierung der CO_2-Entnahme* wird „Entfernen von Kohlenstoff" als „die Verringerung der Freisetzung von Kohlenstoff aus einem biogenen Kohlenstoffpool in die Atmosphäre"[358] definiert. Das beinhaltet Maßnahmen, die Emissionen reduzieren (Minderungspolitik), und

Maßnahmen zur Entfernung von bereits emittiertem CO_2 aus der Atmosphäre (CDR). Dadurch wird es ermöglicht, CDR-Maßnahmen gegen nicht ausreichend reduzierte Emissionen zu verrechnen.[359] Wir werden im Folgenden sehen, dass diese Unterscheidung bei den sogenannten Kohlenstoffsenken nicht so einfach ist.

Die wissenschaftliche Community hat das In-den-Mittelpunkt-Rücken der CDR-Techniken erkannt und darauf reagiert: Die „wissenschaftliche Literatur zum Thema CDR wächst schneller als zum Klimawandel insgesamt"[360]. Der CDR-Bereich nimmt seit einigen Jahren enormen Aufschwung, was am exponentiellen Wachstum wissenschaftlicher Veröffentlichungen und auch von Tweets dazu erkennbar ist. Die Zahlen von Investitionen und Patentanmeldungen wachsen deutlich.[361] Die Stimmung in den Tweets variiert in Abhängigkeit von der Methode. Bei CDR im Allgemeinen und bei der Bioenergie mit Abscheidung und Speicherung des CO_2 (BECCS, s. u.) halten sich die positiven und negativen ungefähr die Waage, bei der Ozeandüngung (s. u.) überwiegen eindeutig die negativen, bei der beschleunigten Witterung, der Ozeankalkung, Biokohle und vielen anderen (s. u.) die positiven Stimmungen.[362]

Bisher war der Begriff „Gap" (dt. „Lücke") in Klimadebatten vor allem dafür verwendet worden, die Emissionsminderungsbemühungen mit den Erfordernissen der Emissionsminderung zu vergleichen („Emission Gap"). Im Bericht von Smith u. a. wird dieses Wort für eine andere Lücke eingesetzt, nämlich die Lücke zwischen dem Entwicklungsstand von CDR und den zuträglichen Werten von CO_2 in der Atmosphäre („CDR gap"). Daraus ergibt sich die Forderung, diese Lücke zu schließen. Das *Ob* dieser Techniken kann inzwischen gar nicht mehr in Frage gestellt werden. Denn je größer die Emissionslücke ist, desto mehr CDR wird gebraucht, um die Pariser Klimaziele zu erreichen, und desto größer wird auch die CDR-Lücke. Glücklicherweise gibt es tatsächlich CDR-Formen, die nicht grundsätzlich in Frage gestellt werden müssen. Wir sollten die Vorstellung der Möglichkeiten im Folgenden also immer mit der Frage lesen: Wenn ich mitentscheiden könnte[363], was würde ich warum bevorzugen, was müsste ich warum ablehnen?

Durch menschliches Eingreifen, vor allem die (Wieder-)Aufforstung und Forstbewirtschaftung, werden bereits ca. 2 Gigatonnen CO_2 in den Wäldern gespeichert.[364] Nur 0,1 Prozent dieses Wertes, also ca. 0,002 Gigatonnen CO_2, werden bisher durch nichttraditionelle, neue Methoden wie die direkte Kohlenstoffabscheidung und -speicherung (aus der Luft) (DACCS, s. u.) und jene, die nach dem Anbau und der energetischen Nutzung von Biomasse (BECCS, s. u.) erfolgt, erreicht. Bis zum Ende des Jahrhunderts muss die Menge an CO_2, die über neuartige CDR-Techniken abgeschieden und gespeichert wird, dem Dreifachen der konventionell-„natürlichen" Abscheidung und Speicherung entsprechen.[365]

Wenn der Fokus auf die Reduktion der Energienachfrage gelegt wird, müssen im Jahr 2050 fast 5 Gigatonnen CO_2 (pro Jahr) entfernt und gespeichert werden. Beim Fokus auf die sich erneuernden Energien sind es über 7 Gigatonnen CO_2, und beim Fokus auf CDR sind es fast 9 Gigatonnen CO_2.[366] Für die neuartigen Methoden (DACCS, BECCS) heißt das: Um die globale Erwärmung auf 2 Grad oder weniger zu begrenzen, muss ihre Anwendung bis zum Jahr 2030 um das Dreißigfache ansteigen und bis 2050 um das Eintausenddreihundertfache![367] Das bedeutet, dass diese CDR-Techniken in der nächsten Zeit stärker boomen müssen, als wir es bei den Erneuerbaren Energien erlebt haben.

Die drei Leben der Kohlenstoffabscheidung und Versiegelung (CCS)

Viele der Maßnahmen, bei denen CO_2 aus der Atmosphäre entfernt werden soll, benötigen eine Speicherung des abgeschiedenen CO_2. CO_2 kann in Organismen als Kohlenstoff gelagert sein; in sehr langlebigen Bäumen oder Produkten aus Holz bleibt der Kohlenstoff dem Kohlenstoffkreislauf lange entzogen. Auch wenn die Organismen in den Ozeanen auf den Grund sinken und durch Sedimente bedeckt werden, kann der in ihnen gespeicherte Kohlenstoff für lange Zeit „begraben" sein. Bei den meisten Techniken des CDR-Climate-Engineering müssen wir Techniken entwickeln, die das CO_2 nicht nur abscheiden, sondern auch über lange Zeiträume speichern. Die dafür entwickelten Maßnahmen der CO_2-Abscheidung und Speicherung (CCS: Carbon Capture and Storage) sind nicht selbst Climate-Engineering-Techniken, werden aber bei vielen davon benötigt. Wenn der Kohlenstoff in Produkten gespeichert wird, also weiter genutzt wird, wird diese Technik auch als CCU (Kohlendioxidspeicherung und -nutzung, von „Utilization" – (dt. Nutzung)) oder CCUS bzw. CCU/S bezeichnet. Die Bundesregierung schlägt gar die „Etablierung einer CCU/S-Wirtschaft"[368] vor. Interessant ist dabei insbesondere die Erzeugung von synthetischen Kraftstoffen für den Schiff- und Flugverkehr. Nicht berücksichtigt werden dabei meist folgende Nachteile: „Bei CCUS ist das Potenzial für CO_2 als Ausgangsstoff für industrielle Prozesse im Vergleich zu den weltweiten CO_2-Emissionen verschwindend gering. Außerdem sind CCUS-Prozesse mit einem hohen Energiebedarf verbunden, und CCUS-Produkte setzen den Großteil des Kohlenstoffs nach kurzer Zeit wieder frei."[369]

Derzeit verkaufen die CDR-Fabriken, die CO_2 abscheiden, das CO_2 u.a. für die Herstellung von Sprudelwasser und in noch viel größerem Maße dafür, es als Gas mit hohem Druck in Bohrlöcher zu drücken, um mehr Erdöl oder Gas aus dem Boden zu drücken (EOR: Enhanced Oil Recovery, dt. Verbesserte Ölgewinnung).[370] Über ein Viertel aller Patente zum CCUS dreht sich um die Enhanced Oil Recovery-Technik.[371] Vor allem diese Nutzungsart ist ökonomisch rentabel. Die beiden einzigen Großkraftwerke, eines in Kanada und eines in den USA, die CO_2 abscheiden, verkaufen das abgeschiedene CO_2 genau dafür.[372] EOR ist „derzeit das einzige kommerzielle Verfahren, das eine gleichzeitige Nutzung und Speicherung (CCUS) von Mengen im industriellen Maßstab ermöglicht"[373]. Man kann feststellen, dass CCS die „Fossile Industrie in neuer Verkleidung"[374] ist. Eine weitere Verbindung zur traditionellen Energiewirtschaft wird als „Hauptvorteil" angesehen, nämlich die „Kompatibilität mit den bestehenden Infrastrukturen für fossile Brennstoffe"[375]. Bei CCS mit EOR-Nutzung geht es primär darum, „die Lebenszeit eines konventionellen Ölfeldes zu verlängern" und sogar „neue Ölfelder zu erschließen"[376]. Als „Instrument zur Ölförderung"[377] erfüllen CCS und damit auch die Climate Engineering-Techniken, die CCS einsetzen (DACCS, BECCS s. u.), die Befürchtungen, dass Climate Engineering-Maßnahmen die Weiterführung der eigentlich abzuschaffenden Nutzung fossiler Energiequellen ermöglichen („moral hazard"-Argument).

CCS wurde schon interessant, als die Kohleindustrien noch versprachen, bei der Verbrennung der Kohle das CO_2 abzuscheiden und dann zu speichern. Vor allem hierfür wurde zuerst eine Europäische Richtlinie über die geologische Speicherung von CO_2 erlassen (2009/31 EG) und dann auch eine deutsche verabschiedet. „Die Bundesregierung betonte zu dieser Zeit die Möglichkeit, Kohlekraftwerke auch künftig betreiben zu können, ohne den Klimawandel weiter zu forcieren"[378]. Auch im Energiekonzept der Bundesregierung ging es um die „Erzeugung von ‚klimaneutralem' Strom aus heimischer Braunkohle"[379]. „Als ‚Clean Coal'[380] angepriesen galt CCS vor 15 bis 20 Jahren als Hoffnungsträger für eine Laufzeitverlängerung von Kohlekraftwerken, die ausgestattet mit einer CO_2-Abscheidung geringere CO_2-Vermeidungskosten als andere Energieerzeugungsarten haben sollten."[381] Vattenfall war noch 2011 davon ausgegangen, dass sich die Verstromung von Kohle zwischen 2006 und 2030 verdoppeln würde.[382]

Seit 2004 wurden in einem sog. Forschungsspeicher in Ketzin/Havel ca. 67.000 Tonnen CO_2 in porösen Sandstein in eine Tiefe um die 640 Meter injiziert – solche Vorhaben stießen jedoch auf großen Widerstand von Umweltverbänden und der Bevölkerung.[383] 2012 wurde ein Gesetz verabschiedet, mit dem bis Ende 2016 die Genehmigung neuer CO_2-Speicher beantragt werden konnte. Da einige Bundesländer wie Mecklenburg-Vorpommern, Niedersachsen und Schleswig-Holstein ihre Länder von der CO_2-Speicherung ausschließen, gab es in der BRD keine weitere Anwendung von CCS. Für die industrielle Nutzung von abgeschiedenem CO_2 gibt es mehrere Pilotprojekte in Deutschland oder mit deutscher Beteiligung.[384]

Die Bilanz von CCS ist bisher enttäuschend: Von 13 Vorzeigeprojekten sind 10 gescheitert oder haben ihre geplante Kapazität nicht erreicht.[385] „Nahezu 90 Prozent der weltweit vorgeschlagenen Kohlenstoffabscheidungskapazitäten im Energiesektor sind in der Umsetzungsphase gescheitert oder wurden frühzeitig eingestellt."[386] Obwohl die Technik seit 1972 eingesetzt wird, birgt sie viele technische Schwierigkeiten, die nicht mehr bloß als Kinderkrankheiten abgetan werden können.[387] Auch das *Deutsche Institut für Wirtschaftsforschung e. V.* hielt die

„CCS-Technologie [für] gestorben"[388]. „Es hat sich herausgestellt, dass die Umsetzung technologisch zu anspruchsvoll und sehr teuer ist."[389] Am Beispiel eines gescheiterten Projekts in der zweiten Hälfte der 10er-Jahre wird gefragt, „wenn die Ingenieure der Projektträger – der großen Ölkonzerne Chevron, Shell und Exxon – CCS nicht wie prognostiziert zum Funktionieren bringen können, wer kann es dann?"[390]

Man könnte meinen, CCS sei damit erledigt. Die Entwicklung von CCS hängt neben technischen Möglichkeiten auch daran, zu welchem Preis die CO_2-Speicherung abgerechnet werden kann bzw. die Produkte, die es nutzen, verkauft werden können. Der Niedergang von CCS lag zu einem großen Teil an einem zu niedrigen CO_2-Preis. Trotzdem ist international eine „dynamische Entwicklung beim Hochlauf von CCS-Projekten"[391] zu beobachten. Die meisten davon, nämlich 70 Prozent, werden dazu eingesetzt, um durch ein Verpressen des CO_2 in den Untergrund Öl und Gas zu fördern, das sonst nicht erreichbar wäre.[392] Nach dem „Peak Oil" können auf diese Weise noch einige „Förderspitzen" durch mögliche „verbesserte" („enhanced") Förderungsweisen der Reste von Öl und Gas nachgeschoben werden.[393] Von einer Speicherung des CO_2 kann dabei natürlich nicht gesprochen werden.

Da die Treibhausgasemissionen nicht wie geplant reduziert wurden, scheinen sich neue Notwendigkeiten für CCS zu ergeben. Es gibt z. B. keine Reserven mehr für schwer vermeidbare Emissionen (z. B. in der Zement- und Stahlindustrie). Deshalb wird inzwischen diskutiert, dass es wenigstens hierfür CCS-Maßnahmen geben müsse. Es wird geschätzt, dass für die Einhaltung des 1,5-Grad-Ziels die CCS-Kapazität von derzeit ca. 0,04 Gigatonnen CO_2/Jahr auf 7,5 Gigatonnen CO_2/Jahr steigen müsse.[394] Im letzten IPCC-Bericht werden Maßnahmen genannt, wie die für das Beschränken auf eine maximale Erderwärmung von 2 Grad erforderliche „sofortige Senkung der Treibhausgasemissionen in allen Sektoren" erreicht werden könne. Dazu zählen der „Übergang von fossilen Brennstoffen ohne Kohlendioxidabscheidung und -speicherung (Carbon Capture and Storage, CCS) zu sehr kohlenstoffarmen oder kohlenstofffreien Energiequellen, wie erneuerbaren Energien […], nachfrageseitige Maßnahmen und Effizienzsteigerungen, die Senkung von Nicht-CO_2-Emissionen" sowie die Nutzung von „fossilen Brennstoffen mit CCS" und der „Einsatz von Methoden zur Kohlendioxidentnahme (Carbon Dioxide Removal)"[395]. CCS wird inzwischen als eine mögliche „zentrale Technologie" betrachtet, „um die Dekarbonisierungsziele des europäischen Energiesystems zu erreichen"[396]. Schon im IPCC-Bericht von 2014 wurde festgestellt, dass eine Temperaturerhöhung auf zwei Grad kaum mehr möglich wäre, wenn die Kombination von Bioenergie und CCS (BECCS) nur in geringem Maße zur Verfügung stünde.[397] Fast nebenbei wird dort erwähnt, dass Maßnahmen zur Minderung der Treibhausgasemissionen natürlich den Vermögenswert fossiler Brennstoffvoräte sinken lassen und … dass dieser negative Nebeneffekt sich verringern würde, wenn CCS angewendet würde[398]. Daher weht also der Wind!

Durch diese Neubelebung der Technik ergibt sich ein für Innovationen typischer Wellenverlauf: CCS nahm im neuen Jahrtausend Fahrt auf, bis etwa um 2010 die Euphorie kippte und CCS für einige Jahre von der Agenda des Klimaschutzes verschwand. Seit 2013/2014 gibt es jedoch eine Wiederbelebung.[399] Für die Jahre zwischen 2008 und 2017 stellte der Europäische Rechnungshof allerdings fest, dass keines der aufgelegten Förderprogramme „dazu geführt hat, dass CCS in der

EU eingesetzt wird"[400]. Prognostisch jedoch müssen die möglichen Speicherstätten schon konkurrieren, um entweder für die bisher konzipierten CO_2-Speicher für die schwer vermeidbaren Emissionen aus der Industrie eingesetzt zu werden *oder* für das CO_2, das mittels technischer CDR-Methoden wieder aus der Atmosphäre zurückgeholt werden soll.[401] Außerdem muss festgestellt werden, dass CCS nach wie vor einen Flaschenhals in den Climate-Engineering-Methoden darstellt, die darauf angewiesen sind (DACCS, BECCS). Alle Techniken sind trotz finanzieller und rechtlicher Förderung weder großtechnologisch ausgereift noch kommerziell verfügbar, sodass frühestens in einigen Jahrzehnten damit zu rechnen ist.[402]

Die technischen Einzelheiten der Speichermöglichkeiten für CO_2 sollen hier nicht weiter ausgeführt werden, weil sie keine direkte Climate-Engineering-Technik sind. Näheres kann nachgelesen werden im *Sonderbericht Carbon Dioxide Capture and Storage*[403] und im *Evaluierungsbericht der Bundesregierung zum CO_2-Speicherungsgesetz*[404].

Trotzdem seien die Probleme dieser Technik genannt, weil sie bei vielen Climate-Engineering-Projekten berücksichtigt werden müssen. Zunächst ist die Technik so teuer, dass sie sich kommerziell derzeit nur lohnt, wenn das abgeschiedene CO_2 für die Weiterführung der Förderung von Öl und Gas genutzt wird. Auf jeden Fall werden auch erhöhte CO_2-Preise, die ein Anreiz für das Vergraben von mehr CO_2 sein können, von irgendwem getragen werden müssen – letztlich von den Endverbrauchern. Sie zahlen die Herstellungskosten, die Profite und dann auch noch die Entsorgungskosten. Ein sehr großes Problem von CCS ist sein hoher Energieverbrauch. Bis zu 40 % der Kraftwerksleistung geht durch den erhöhten Energieverbrauch wieder verloren.[405] Beim Einsatz in Kraftwerken führt der Energieaufwand deshalb ungefähr zu einem Mehraufwand von 60 bis 100 Prozent an Energieträgern.[406] Das führt zu weiteren Emissionen, wenn die Energie aus fossilen Quellen kommt, und zu entsprechend hohen Aufwänden (Material, Land …), wenn sie aus sich erneuernden Quellen gewonnen wird.

Die direkt mit dem CCS verbundenen Aufwände gibt es auch nicht gratis. „Die Auswirkungen der mineralischen Karbonatisierung[407] sind ähnlich wie die des großflächigen Tagebaus. Sie umfassen die Rodung von Land, die Verschlechterung der lokalen Luftqualität und Beeinträchtigung von Wasser und Vegetation infolge von Bohrungen und Erdbewegungen sowie die Sortierung und Auslaugung von Metallen aus Bergbaurückständen, die alle indirekt auch zu einer Verschlechterung des Lebensraums führen können."[408] Einen großen Umfang an Speicherräumen unter dem Erdboden wird in Deutschland in „salinen Aquiferen" gesehen, d. h. in mit Salzwasser gefüllten Gesteinsschichten. Das dabei herausgedrückte Salzwasser könnte aber das Grundwasser verunreinigen[409], Salzausfällungen wurden bei zwei Projekten bereits beobachtet bzw. vermutet.[410] Das Herausdrängen des Salzwassers ist nicht nur ein möglicher Nebeneffekt, sondern „Verdrängung ist unter realen geologischen Gegebenheiten der einzige relevante Mechanismus zur Raumschaffung für das CO_2"[411]. Dabei kann jeder Liter Salzwasser 1000 Liter Süßwasser verderben. „Nimmt man auf Grundlage der geschätzten deutschen CCS-Speicherkapazitäten (…) eine verpressbare Menge von rund 10 Mrd. Tonnen CO_2 an, so wäre das verdrängte Salzwasser-Volumen etwa 17 Mrd. Kubikmeter oder 17 km³. Bei einem Versalzungspotential von 1:1000 könnten theoretisch bis zu 17 000 km³ Süßwasser vernichtet werden (Bodensee: 49 km³)."[412] Bei einer Speicherung des CO_2 in basischen Vulkaniten können toxische

Metalle wie Blei, Mangan, Cadmium, Strontium und Kupfer mobilisiert werden, die das Grundwasser kontaminieren können.[413] In einem Projekt in Algerien wurden 3,8 Tonnen CO_2, die auf einem Ölfeld abgeschieden wurden, in eine salzhaltige Formation in Zentralalgerien gepresst. Wahrscheinlich war das die Ursache für eine Oberflächenanhebung und Erdbeben, so dass die Verpressung beendet wurde.[414]

Befürchtet werden auch undichte Stellen.[415] Ab 7 % CO_2-Anteil in der Luft wirkt er tödlich auf Mensch und Tier. Im kalifornischen Aliso Canyon gelangten 97.000 Tonnen Methan in die Atmosphäre, die dort gespeichert werden sollten – dasselbe kann auch mit Kohlendioxid geschehen.[416] Auch in Algerien musste ein Speicherprojekt wegen „Bedenken hinsichtlich der Integrität der Versiegelung und verdächtiger Bewegungen des eingeschlossenen Kohlendioxids"[417] beendet werden. Über weitere Beispiele von Lecks wird berichtet.[418] Wenn sich CO_2 in die Ozeane auflöst, führt das zu weiterer Versauerung und Schäden in Ökosystemen.[419] Damit wieder ausgasendes CO_2 nicht die Emissionsminderungsbemühungen zunichte macht, muss es eine Obergrenze für mögliche Leckagen geben.[420] Insgesamt ist ein langfristiges Monitoring der Speicherorte notwendig. Nach mehreren Jahrzehnten, derzeit sind 40 Jahre vorgesehen, soll dann nicht mehr die Betreiberfirma, sondern der Staat für die Sicherheit verantwortlich sein.[421]

Trotz all dieser Probleme bekommt CCU/S von der Bundesregierung nun wieder eine tragende Rolle in der Klimaschutzstrategie zugeschrieben. Aktuell (16.3.2023) wird vom Bundestag festgestellt, „dass die Genehmigung von CO_2-Leitungen zum Zwecke von CCU rechtlich nicht möglich sei" und dass weitere Entscheidungen über CCU/S erst in einer ausgearbeiteten Carbon-Management-Strategie getroffen werden sollen.[422]

Das Bundesministerium für Wirtschaft und Klimaschutz sieht CCU/CCS als „Baustein für eine klimaneutrale und wettbewerbsfähige Industrie"[423], um „unvermeidliche bzw. schwer vermeidbare Restemissionen" insbesondere in „energieintensiven Grundstoffindustrien" durch die Nutzung oder das Speichern von CO_2 kompensieren zu können. Am 24. März fand ein erster „Stakeholder-Dialog" dazu statt, bei dem auch Fridays for Future eingeladen waren. Es war schon länger versprochen worden: „Zivilgesellschaftliche Akteure sowie wissenschaftliche Expertiseträger sollten ausreichend beteiligt werden, um das notwendige Vertrauen in die Entscheidungsträgerinnen und Entscheidungsträger entstehen zu lassen."[424] Offensichtlich geht es dabei um Akzeptanzbeschaffung, keine Mitentscheidungsbefugnis. In Ketzin hatte diese Art „gezielte Öffentlichkeitsarbeit" im Informationszentrum Ketzin den gewünschten Erfolg[425], und in der Altmark führte ihr Fehlen wohl zu Problemen.[426] Vom jetzigen Stakeholder-Dialog berichtete Christfried Lenz, ein CCS-Kritiker von der Bürgerenergie Altmark: „Akteure, die sich bereits seit den frühen 2010er Jahren intensiv mit CCS beschäftigten und Bevölkerung und Politik überzeugen konnten, dass CCS ein Irrweg ist, so dass er in Deutschland nicht beschritten wurde, wurden nicht als ‚Stakeholder' anerkannt und ausgeladen (darunter auch ich als Verfasser dieses Artikels)."[427] Es geht unbeirrt weiter: Die Fraktion von CDU/CSU reichte am 26.3.23 den Antrag „Offensive für CO_2-Speicherung und Nutzung einleiten" ein.[428] Wenn dieses Buch im Herbst 2023 erscheint, soll ein „CCS-Infrastrukturplan" fertig gestellt werden. Die Scientists for Future stützen diese Pläne nicht: „Niemand würde sich in ein neuartiges Flugzeug setzen, wenn beim Start noch nicht klar ist, ob und wie man mit diesem Flugzeug sicher landen kann. Wir sollten uns also als Gesellschaft darüber im Klaren sein, dass es beim Klimaschutz nicht um eine Diät und bei CCS nicht um eine Diät-Wunderpille geht, sondern um eine existentielle ökologische Krise und darum, dieser Krise mit angemessenen und nachweislich sicheren Lösungsansätzen zu begegnen."[429]

Direktentfernung aus der Luft (DAC(CS))

Elizabeth Kolbert besuchte für ihr Buch „Wir Klimawandler" die Firma *Climeworks* in Island und eine Müllverbrennungsanlage in der Schweiz, die beide direkt aus der Luft CO_2 „einfangen". Sie führen Direct Air Capturing (DAC) durch. Wenn das CO_2 gespeichert wird, heißt die Maßnahme auch DA*CCS*. In einem ersten Schritt wird CO_2 durch verschiedene Chemikalien gebunden. Danach werden diese auf ca. 100 °C erhitzt, womit das CO_2 wieder freigesetzt wird, um es in Wasser zu lösen und dieses CO_2-haltige Wasser in den Untergrund zu pumpen. Dort reagiert das CO_2 mit dem Vulkangestein und mineralisiert in einem Kilometer Tiefe als Kalziumkarbonat – oder wird, wie von *Climeworks,* für das Sprudeln von Getränken verkauft. Ein starkes kommerzielles Interesse richtet sich auf die Verwendung des abgeschiedenen CO_2 für die Verpressung in der Erde zur weiteren Ölgewinnung, wie wir bei der Untersuchung von CCS sahen.

Wenn das CO_2 direkt aus der Luft abgeschieden werden soll, ist das eine viel größere Herausforderung als beim CCS zur Reinigung der Abgase von Kohle- und Gaskraftwerken, weil der CO_2-Gehalt hier „mit 0,04 Prozent beispielsweise etwa 300-fach geringer ist als im Rauchgas eines Kraftwerks"[430]. Der Aufwand für eine DAC(CS)-Klimaschutzindustrie ist immens: „Um ein Prozent der globalen Emissionen rauszuholen, bräuchten wir 250.000 Anlagen."[431] Dass der Aufwand so groß ist, lässt sich auch durch die weitere Entwicklung der Technik nicht grundsätzlich ändern, denn dahinter stecken thermodynamische Gesetze. Es ist immer leichter, etwas aus einer Flasche hinauszulassen als es wieder hineinzupressen.[432] Eine Tonne CO_2 aus der Luft zu filtern, kostet etwa 600 US-Dollar.[433] Daraus ergibt sich ein ökonomisches Problem: „Wie baut man eine 100-Milliarden-Industrie für ein Produkt auf, das niemand kaufen will?"[434] Auf jeden Fall wäre es billiger, die Emission von CO_2 in die Atmosphäre zu vermeiden.[435] Auch hier gibt es natürlich das Konzept der Umwandlung von CO_2 in kohlenstoffhaltige Produkte. Die Firma *Carbon Engineering* arbeitet seit 2015 und stellt seit 2017 Kraftstoff aus dem abgeschiedenen CO_2 her („Carbon to Fuel"), der vorwiegend für LKWs, Schiffe und Flugzeuge verwendet werden soll. Dabei soll es einen Kreislauf geben: CO_2 wird in der Luft abgeschieden und zu Kraftstoff umgewandelt, dessen Verbrauch wieder zu Emissionen führt, die wieder abgeschieden werden sollen … Bei dieser angeblichen „Kreislauf"-Führung des CO_2 treten jedoch enorme Umwandlungsverluste auf, und nicht alle Emissionen der durch den Karbon-Sprit erzeugten Emissionen können wieder eingefangen werden.

Der Hintergrund für wichtige Investitionen zeigt den Zweck des Ganzen: Die Tochtergesellschaft einer Ölfirma und *Chevron* finanzieren die Firma *Carbon Engineering*, damit das abgeschiedene CO_2 „sowohl bei der Ölförderung als auch bei der direkten Synthese von Kraftstoffen verwendet werden kann"[436], also zur Aufrechterhaltung zweier Industriezweige, die für eine klima-, umwelt- und menschengerechte Transformation obsolet sind. Auch die Firma *Global Thermostat* hofft auf die Herstellung von synthetischem Kraftstoff oder Kohlefasern bzw. die Nutzung des CO_2 in Sprudelwasser. Mitte 2019 wurde ein

Vertrag mit *ExxonMobil* unterzeichnet, „um die CO_2-Abtrennung mit einem ausdrücklichen Endziel von 1 Gigatonne pro Jahr auszubauen"[437].

Die DAC(CS/U)-Technik fordert zum Abscheiden des CO_2 sehr viel Energie (hinzu kommt noch jene zur Umwandlung bzw. Speicherung). So viel, dass sich der globale Strombedarf verdoppeln würde, selbst wenn nur die übrigbleibenden CO_2-Reste entfernt werden müssten, weil wir größtenteils schon klimaneutral lebten. Damit die CO_2-Bilanz negativ bleibt, darf diese Technik nur mit sich erneuernden Energiequellen betrieben werden.[438] Island ist wegen der thermalen Energie hierfür das geeignetste Land. Aber soll es mit DACCS-Werken vollgepflastert werden, um die Erdatmosphäre frei zu saugen?

Dabei hatten Klaus Lackner und Christopher Wendt schon im Jahr 1995 anscheinend eine Lösung gefunden: sich selbst reproduzierende Fabriken zur Herstellung von Solarzellen, die Energie bis zum Überfluss erzeugen könnten.[439] Damals rechneten sie mit einem Wirkungsgrad der Solarzellen von nur 10 Prozent, während diese heute über das Doppelte leisten. Der damalige Strombedarf der Erde ließe sich ihrer Rechnung nach mit einer Fläche so groß wie Nigeria (heute also die Hälfte davon), aber „kleiner als viele Wüsten"[440] mehrfach decken. Mit der Energie, die dieses Solarzellensystem in fünf Jahren sammelt, könnten etwa 20 Prozent des atmosphärischen CO_2, also das, was (damals) anthropogen dem Klimasystem hinzugefügt worden war, wieder entfernt werden.[441] Dieser Plan ist geradezu ein Lehrbeispiel für das Aufeinanderhäufen von Illusionen funktionierender Technologie bei Ausblendung aller Schranken und Grenzen.[442] Bei Science Fiction ist immer zumindest ein „Wunderelement" enthalten, das es in Wirklichkeit nicht gibt und geben kann.

Kalkung bzw. verstärkte Verwitterung in Ozeanen und an Land

Bei der Kohlenstoffspeicherung in basischem Silikatgestein bei der DACCS-Methode wird das vorher in Wasser gelöste CO_2 durch eine chemische Reaktion in Karbonat verwandelt, also quasi versteinert. Derselbe Prozess findet statt, wenn sich geeignete Gesteine (Kalkstein, Olivin) in einer CO_2-haltigen Umgebung befinden. Das wird auch Verwitterung genannt. Dies geschieht auch natürlich, in historischen Zeiträumen wurde das CO_2 aus den Vulkanausbrüchen immer wieder so gebunden. Allerdings ist klar, dass die menschlichen CO_2-Emissionen in einem historisch derart kurzen Zeitraum stattfinden, dass das natürlich vorhandene Kalziumkarbonat nicht ausreicht, um diese schnell genug zu binden.[443] Nun wird überlegt, diesen Prozess zu beschleunigen, indem derartige Gesteine in gemahlener Form entweder aufs Land oder ins Meer ausgebracht werden, um dort das CO_2 zu binden. Die ersten Überlegungen hierzu gibt es seit den 90er-Jahren[444], als kaum jemand über den Klimawandel sprach. Von wem wurde damals schon über Climate Engineering nachgedacht? Von *Exxon*![445] Ein Schelm, wer Böses denkt.

Je kleiner das Material gemahlen ist, desto mehr Oberfläche ist vorhanden, um das CO_2 zu binden. Vor allem die tropischen und subtropischen Gebiete seien geeignet für diese Technik, weil die hohe Temperatur die Verwitterungsraten steigert. Gleichzeitig wird vermutet, dass die „Kalkung" gleichzeitig Felder düngen könne. Pro Gigatonne des entfernten Kohlenstoffs müssten allerdings ca. 3 Gigatonnen Gestein bewegt und gemahlen werden.[446] Das ist sehr aufwendig, d. h. es benötigt sehr viel Energie und Wasser und setzt insgesamt selbst wieder CO_2 frei. Es scheint ein Vorteil zu sein, dass durch die „Kalkung" im Ozean die Versauerung reduziert würde. Gerade das

Oberflächenwasser der Ozeane ist aber schon mit Kalk übersättigt, eine Untersättigung liegt erst in mehreren tausend Metern Tiefe vor.[447]

Ganz so harmlos, wie diese Methode auf den ersten Blick erscheint, ist sie nicht. Allgemein sind große Auswirkungen auf den Bergbau und die Luftqualität zu erwarten[448], sowie „potenziell erhöhte Emissionen von CO_2 und Staub aus dem Bergbau, Transport und Einsatz"[449]. Vor allem wegen der geringen Größe der Gesteinskörner ergeben sich besondere Gesundheitsrisiken.[450] Auch aus der Wasserversorgung und Energieerzeugung sind potenziell erhöhte Emissionen zu erwarten.[451] Wenn 90 Prozent der Treibhausgasemissionen verschwinden sollten, müsste alle fünf Jahre ein Matterhorn kleingeraspelt werden.[452] Die Menge der Mineralien würde derjenigen der heutzutage abgebauten Kohle entsprechen.[453] Eine ganze Bergbauindustrieinfrastruktur müsste aufgebaut werden: Riesige Steinbrüche und energiefressende Maschinen werden die Ökosysteme belasten …

Verbesserte biologische Produktion

Die bisher genannten CDR-Techniken beruhten vorwiegend auf chemischen und geochemischen Prozessen. Bedeutsam für den Kohlenstoffkreislauf sind jedoch eher Organismen und Ökosysteme. Kohlenstoff ist vor allem in Gesteinen gespeichert, weiterhin aber auch im Wasser, im Boden, in Lebewesen und der Luft. Zwischen den meisten Reservoirs findet ein Austausch statt. Derzeit werden von den Menschen Kohlenstoffe, die in Milliarden Jahren in der Erde gespeichert wurden, als fossile Energiequellen in historisch extrem kurzer Zeit in die Luft geblasen. Die Art von Climate Engineering, die sich um eine Reduktion des Kohlendioxids in der Atmosphäre bemüht, kann nun an fast allen dieser Faktoren aktiv werden.

Bisher ging es in diesem Buch um die chemischen und geochemischen Umwandlungen von Kohlendioxid aus der Luft in
speicherbare Formen. Aber auch die Biosysteme eröffnen viele
Wege, Kohlendioxid aus der Luft in andere Senken umzulei-
ten, sodass sie nicht mehr klimarelevant sind.

Von Pflanzen wird Wasser und aufgenommene Strahlungs-
energie in biologisches Material umgewandelt, und in diesem
wird Kohlenstoff aus dem CO_2 der Luft gespeichert, solange
der Organismus lebt, und im günstigsten Fall wird es mit den
abgestorbenen Organismen z. B. in Ozeansedimenten abge-
lagert und gespeichert. Genau genommen ist das Ganze noch
komplexer und faszinierender: Einerseits wird die biologische
Aktivität durch die Sonnenenergie angetrieben, andererseits
verändern die Lebensprozesse der Organismen die Strahlungsbilanz selbst. Sie verändern die chemische Zusammensetzung
der Atmosphäre direkt und beeinflussen den Wasserhaushalt
und damit auch die Wolkenbildung wesentlich.[454] Wenn keine
menschlichen Einwirkungen zu verzeichnen sind oder diese ein
Ausmaß haben, das für die geo-atmosphärisch-biologischen Zusammenhänge gering genug ist, besitzen diese Wechselbeziehungen die Eigenschaft, ihre Energie- und Material-Austausch-
Flüsse so zu optimieren, dass sie in einem „Fließgleichgewicht"
stabil bleiben. Störungen des Systems lösen Veränderungen
aus, die die Prozesse des Systems immer wieder in diesen stabilen Zustand zurück bringen. In Anbetracht der Begriffs-
prägung „Gaia" durch James Lovelock[455] nennt Axel Kleidon
ein solches Verhalten „gaianisch".[456] Dem Planeten kann es
dabei nicht „egal sein", ob er Leben trägt oder nicht, denn
das Leben hat die „Funktion", dass geochemische und atmosphärische Umwandlungen mit höherer Intensität als ohne
Lebensformen stattfinden. Dieser Ausflug in eher ganzheitli-

che Verhältnisse wird am Schluss dieses Buches noch einmal aufgegriffen werden.

Speicherung im Meer

Ozeane haben ca. 30 Prozent des bisher emittierten CO_2 aufgenommen. Allein im Nordatlantik werden 23 Prozent des globalen ozeanischen anthropogenen CO_2 gespeichert, obwohl er nur 15 Prozent der globalen Meeresfläche ausmacht.[457] Schon ohne Lebewesen eignen sich die Ozeane besonders gut, CO_2 aufzunehmen. CO_2 ist sehr gut löslich und wandelt sich in chemischen Reaktionen um, so reagiert CO_2 mit Wasser und Karbonat zu Hydrogenkarbonat. Dies stellt den „chemischen" Puffer für Kohlenstoff dar. Es könnte auch direkter gehen, der Science-Fiction-Autor Gregory Benford schlug vor, „landwirtschaftliche Abfälle zu sammeln und auf den Meeresgrund zu versenken, von wo sie 1000 Jahre lang nicht mehr zurückkehren sollen"[458].

Die Aufnahme des CO_2 im Wasser scheint nicht unbegrenzt möglich zu sein[459] und führt außerdem zu dessen Versauerung. Aber es gibt eine weitere Möglichkeit, Kohlenstoff in den Meeren zu speichern: Organismen als „biologische Puffer" ermöglichen, dass der Kohlenstoff möglichst dauerhaft in den Bodensedimenten aufgenommen wird. Pflanzliches Meeresplankton baut Kohlenstoff in die Körper ein und sie bzw. jene Organismen, die es gefressen haben, sinken auf den Meeresboden, wo ein Teil davon im Sediment begraben wird.[460] Dies wird auch „biologische Pumpe"[461] genannt. Die Menge des auf diese Weise vergrabenen Kohlenstoffs hängt natürlich von der Menge an Plankton ab. Dessen Vermehrung wird aber begrenzt von der Menge z. B. von Eisen im Wasser als Nährstoff. Hier kann man nachhelfen. Auch bei anderen Prozessen, durch die Kohlenstoff in den Meeren gespeichert wird, können wir eingreifen. Der Weltklimarat IPCC nennt folgende Methoden: „Verbesserte biologische Produktion und Speicherung im Meer, Eisendüngung der Ozeane, Algenzucht und Vergrabung, Blauer Kohlenstoff (Mangroven, Seetangzucht), Veränderung des Meeresauftriebs, um Nährstoffe aus der Tiefsee an die Meeresoberfläche zu bringen"[462].

Im Jahr 2009 stand die Bundesregierung solchen Maßnahmen noch ablehnend gegenüber: „Ansätze zu großtechnische Vorhaben der CO_2-Speicherung in den Meeren im Rahmen von Klimaschutzstrategien (Reduktion von CO_2 in der Atmosphäre) werden von der Bundesregierung nicht gefördert"[463]. Eine einfache Lösung, um gebundenes CO_2 in den Ozeanen gebunden zu lassen, wäre im Übrigen die Reduzierung des Einsatzes von Schleppnetzen, die den Meeresboden massiv schädigen.[464]

Ozeandüngung[465] – Algenblüten für den Klimaschutz?

Wie eben erwähnt, gilt Eisen als ein Mikronährstoff, dessen begrenztes Vorkommen das Wachstum von Plankton und damit auch anderer Meeresorganismen begrenzt. Deshalb wurde überlegt, dass die Zuführung von Eisen die Bioproduktivität in den Meeren steigern könne, um mehr Kohlenstoff zu speichern. Der Erfinder dieses Konzepts verkündete großspurig: „Gebt mir einen halben Tanker voll Eisen, und ich gebe euch eine weitere Eiszeit."[466] Zahlenmäßig könnte das hinkommen: „Unter idealen Bedingungen könnten so durch die Düngung mit 1 t Eisen theoretisch über 80.000 t CO_2 in Algenbiomasse gebunden werden. Dieser sehr vereinfachten Betrachtung zufolge würde eine Schiffsladung Eisen (10.000 t) ausreichen, um die gesamten jährlichen CO_2-Emissionen Deutschlands in die Ozeane zu überführen."[467] Diese idealen Bedingungen gibt es nicht wirklich. So musste erkannt werden: „Diese sehr vereinfachte Betrachtung hat sich mittlerweile als falsch herausgestellt, wie eine Reihe von Feldversuchen zeigte. Auch verschiedene Modellsimulationen bestätigen, dass selbst bei großflächigen (z. B. gesamter südlicher Ozean) und langfristigen (mehrere Jahrzehnte) Eisendüngungen nur ein vergleichsweise geringer Anteil der globalen anthropogenen CO_2-Emissionen in die Tiefsee transportiert werden könnte (ca. 10 Prozent)."[468] „Um einen globalen Effekt zu erreichen, müsste aber mindestens der gesamte Südliche Ozean permanent mit Eisen gedüngt werden."[469]

Seit 1990, als das Thema eines möglichen anthropogenen Klimawandels noch gar nicht in der Öffentlichkeit angekommen war, wurde diskutiert, im Bereich der Antarktis durch die Zufuhr von Nahrung für Meereslebewesen deren CO_2-Konsumtion zu erhöhen.[470] Dass Eisen das Pflanzenwachstum stimuliert, war damals schon nachgewiesen. Weitere Studien dazu wurden u. a. vom Energiekonzern *Exxon* finanziert.[471] Aber schon die ersten Ergebnisse sahen nicht sehr erfolgversprechend aus.[472] Später wurde noch einmal untersucht, ob das Eisen zur Vermehrung von Plankton führe. Dies wurde im Jahr 2000 vom Experiment *EisenEx* positiv beantwortet. Später ging es auch um die Verteilung in die unterschiedlichen Tiefenbereichen. Da konnte nur an wenigen Stellen eine Steigerung des CO_2-Transports in die Tiefe beobachtet werden – und dort, wo es geschah, mit einer geringeren Wirkung als erwartet.[473] „Ein nennenswerter Nettoexport von CO_2 in die Tiefe konnte in keiner der Studien nachgewiesen werden."[474] Beispielsweise zeigte das Experiment *LOHAFEX*[475], bei dem im Jahr 2009 durch das deutsche Forschungsschiff Polarstern mit mehreren Tonnen Eisensulfat ein 300 Quadratkilometer großes Gebiet im subantarktischen Atlantik (östlich von Argentinien) „gedüngt" wurde, dass es nicht zu einem erhöhten Kohlenstoffeintrag in die Tiefen des Ozeans kam, vor allem weil andere Stoffe das Wachstum limitierten (Silizium) und die sinkenden Partikel durch andere Organismen, vor allem Ruderfußkrebse, aufgefressen wurden.[476] Eisen wird auf natürlichem Wege durch chemische Prozesse schnell wieder entfernt. Das Potential muss also als gering eingeschätzt werden, vor allem weil sich die Kreislaufprozesse nicht aufhalten lassen. Hinzu kommen Auswirkungen auf das Ökosystem[477], die nahelegen, „dass OF keine praktikable Emissionsstrategie ist, wenn sie unter Nachhaltigkeitsaspekten betrachtet werden"[478]. Das Eisen führt z. B. zu einer Änderung der Zusammensetzung der Algenarten, weil jene, die besonders von der Düngung profitieren, sich stärker vermehren.[479] Die Organismen, welche Algen fressen, aber Kalkschalen bilden, setzen dabei CO_2 frei, sodass ca. 40 Prozent weniger Kohlenstoff auf den Boden gelangt, als angenommen wurde.[480] Eine große Gefahr ist auch die Bildung toxischer Algenblüten mit der Ausbildung von „Todeszonen": „Im Falle einer großskaligen Meeresdüngung im industriellen Maßstab besteht das Risiko der Entstehung neuer hypoxischer/anoxischer Zonen am Meeresgrund. Die Absenkung partikulärer organischer Materie auf den Meeresgrund zur langfristigen Lagerung atmosphärischen Kohlenstoffs, die erklärtes Ziel der industriellen Meeresdüngung ist, bietet die wesentliche Voraussetzung für die Entstehung von Sauerstoffarmut in diesen Gebieten."[481] Inzwischen wird auch ein Zusammenhang zwischen Vulkanausbrüchen am Ende der letzten Eiszeit, bei denen viel Eisen freigesetzt wurde, und der damaligen Ausbreitung einer enormen Sauerstoffverarmung in den Ozeanen gesehen, die jahrtausendelang anhielt.[482] Bakterielle Aktivitäten bei Sauerstoffmangel führen auch zur Emission des Treibhausgases Lachgas (N_2O). Es sind also erhöhte N_2O-Emissionen zu erwarten, auch eine veränderte Produktion von Dimethylsulfid und Nicht-CO_2-Treibhausgasen sowie mögliche Störungen der marinen Ökosysteme und der regionalen Kohlenstoffkreisläufe.[483] „Eine erhöhte Nährstoffzufuhr verändert die Zusammensetzung des Phytoplanktons und wirkt sich auf das gesamte Nahrungsnetz aus."[484] Besonders toxische Algenarten könnten gefördert werden; bestimmte Kieselalgen bilden ein starkes Nervengift.[485] Wenn sich mehr Kohlendioxid in den tieferen Wasserschichten befindet, erhöht sich dort die Versauerung mit allen negativen Wirkungen für kalkbildende Lebewesen. Algen in den Oberflächen der Gewässer steigern auch die Absorption von Sonnenlicht und damit die Erwärmung. Dadurch verringert sich die CO_2-Löslichkeit sowie die eigentlich gewünschte Aufnahme von CO_2 aus der Atmosphäre.[486]

Damit zeigt sich, dass erstens die erhoffte Wirksamkeit der Eisen-Ozeandüngung nicht gegeben ist und zweitens mit einem großräumigen Einsatz zu viele Gefahren verbunden sind. Zu solchen Erkenntnissen haben auch kleinere Experimente wie *LOHAFEX* geführt. Nach Aussagen des Alfred-Wegener-Instituts gehört dieses Experiment nicht in ein Buch zum Thema Climate Engineering, denn angeblich wurde das „Experiment aus rein wissenschaftlichen Fragen heraus entwickelt [wurde], um die Rolle des Eisens im globalen Klimasystem besser zu verstehen"[487], und die Behauptung wäre falsch, „ das Alfred-Wegener-Institut führe das Experiment als Maßnahme zum Klimaschutz durch und wolle testen, ob durch Ozeandüngung der Atmosphäre Kohlendioxid in großem Maßstab entzogen werden kann. Das ist keinesfalls so."[488]

Das Experiment *LOHAFEX* zeitigte nicht nur naturwissenschaftliche Ergebnisse. Es kann auch daraufhin untersucht werden, wie bestimmte Regulierungsmaßnahmen für solche Experimente[489] diskutiert werden. Die Abgeordneten Undine Kurth u. a. stellten dazu eine Kleine Anfrage an den Deutschen Bundestag[490] und erhielten eine Antwort.[491] Das Experiment war aufgrund von Bedenken aufgehalten worden, um weitere Unbedenklichkeitsgutachten einzuholen.[492] In ihrer Antwort gibt die Bundesregierung zu verstehen: „Für die Bundesregierung stellt Meeresdüngung keine Option für einen vorsorgenden Klimaschutz dar. Die Bundesregierung lehnt die kommerzielle Nutzung von Meeresdüngung ab."[493] Damit antwortet sie

auch auf Bedenken, die vom Bundesumweltministerium geäußert worden waren: „Auch in indischen Medien wird das Projekt teilweise als Einstieg in einen lukrativen Milliardenmarkt gesehen. Für das BMU ist es ein fataler Ansatz, den Klimawandel durch ein Herumdoktern an unseren Meeresökosystemen aufhalten zu wollen. Dieses unwissenschaftliche Denken hat unmittelbar in die Klimakrise geführt und taugt nicht zu ihrer Lösung."[494]

Hinter den Diskussionen und vor allem den Handlungen stehen handfeste Interessen. Aufgeschreckt wurden viele, als im Jahr 2012 der Unternehmer Russ George 100 Tonnen Eisensulfat, also ca. fünfmal mehr als beim *LOHAFEX*-Experiment, vor der kanadischen Westküste auskippte. Es ging ihm angeblich nicht nur um die CO_2-Entfernung, sondern er behauptete, durch die erhöhte Nahrungszufuhr die Lachsbestände fördern zu können. Dazu kooperierte er mit Menschen vom dort lebenden Haida-Stamm. Sie hofften auf mehr Lachse und nahmen für die Finanzierung der Düngung sogar einen Kredit auf, der durch den Verkauf von Emissionszertifikaten zurückgezahlt werden sollte.[495] Da diese Eisendüngung nun wirklich nicht mehr nur zu Forschungszwecken durchgeführt wurde, verstieß sie gegen das Londoner Protokoll zum Meeresschutz. Emissionszertifikate[496] gelten für derartige Aktionen nicht. Vor allem die Vermischung rein wissenschaftlicher mit kommerziellen Interessen – vermittelt über die Hoffnungen auf die Vermarktung von Emissionszertifikaten – wird in einem „Nature"-Beitrag kritisiert: „Wir wissen bereits genug über die Ozeansysteme, um sagen zu können, dass Eisendüngung in großem Maßstab die Ökosysteme der Ozeane stören wird und wahrscheinlich nicht wirksam zur Klimaabschwächung ist. Kleinere Experimente zur Eisendüngung immer wieder im Rahmen des Kontexts des globalen Geo-Engineerings zu rechtfertigen, verzerrt den den Fokus der ozeanographischen Wissenschaft und ermutigt gewinnorientierte Unternehmen, diese Strategie weiter zu verfolgen."[497]

Letztlich zeigt sich in der Auswahl des Experimentalgebietes durch die „Polarstern" beim *LOHAFEX*-Experiment auch eine imperiale Haltung, ein „Öko-Missbrauch des Nordens" in Form einer „Enteignung der Allmende", wie der Australier Paull den Akteuren vorwirft.[498] Er glaubt nicht an den rein wissenschaftlichen Zweck des Unterfangens: „Bei der Ozeandüngung geht es eher um Geld als um wissenschaftliche Untersuchungen. In einer Welt des Kohlenstoffhandels kann ein System zur Bindung von Kohlenstoff eine Geldmaschine sein, insbesondere bei einem System, das das Potenzial hat, massiv ausgeweitet zu werden – wenn man bedenkt, dass die Ozeane mehr als 70 % der Erdoberfläche bedecken"[499]. Abschließend meint er: „Die Verlagerung des Kohlenstoff-‚Problems' vom Land ins Meer ist vielleicht nur eine neue Version den Schmutz unter die Matte zu kehren. In diesem Fall ist Europas Kohlenstoff der ‚Dreck' und das Südpolarmeer die ‚Matte'. Wenn Europa auf jeden Fall an einer solchen Säuberungsstrategie festhalten will, könnte es bitte wenigstens seine eigene Matte finden – anstatt unser Südpolarmeer."[500]

Künstlicher Auftrieb/ Upwelling

In den Ozeanen sind die tieferen Schichten nährstoffreicher als die oberflächennahen Wasserschichten. Deshalb könnte es günstig sein, die Nährstoffe von unten nach oben zu bewegen, um mehr Wachstum von Organismen anzuregen und damit Kohlenstoff zu binden. Große Tiere wie Wale spielten einmal eine bedeutende Rolle beim Transport von Nährstoffen in den Ozeanen.[501] „Die Fähigkeit der Tiere, Nährstoffe von Konzentrationsflächen weg zu transportieren", ist „an Land auf etwa 8 % und in den Ozeanen auf etwa 5 % der historischen Werte vor der Ausrottung gesunken"[502]. Wale brachten große Mengen an Nährstoffen aus tieferen Wasserschichten nach oben und ließen durch ihre Fäkalien oberflächennahen Lebensformen Nährstoffe zukommen.[503] „Bei Phosphor (P), einem wichtigen Nährstoff, beträgt die Aufwärtsbewegung im Meer durch Meeressäuger etwa 23 % der früheren Kapazität"[504]. Es wird geschätzt, dass die Dichte der Walpopulation um 66 bis 99 Prozent zurückgegangen sein könnte. Bei Blauwalen sind es durch die kommerzielle Jagd tatsächlich 99 Prozent[505], nur noch 1 % der „natürlichen Umwälzpumpe" ist also in Betrieb.

Das legt nahe, mit Technik nachzuhelfen. Mit Röhren kann das Wasser Hunderte von Metern aus der Tiefe an die Oberfläche gepumpt werden. Solche Röhren mit einer Länge von 100 bis 200 Metern wären fest installiert und würden rund 10 Meter im Durchmesser haben.[506] Diese Technik wäre für James Lovelock, der die Gaia-Theorie entwickelte, eine „Notfallbehandlung", die „der Erde hilft, sich selbst zu heilen"[507].

Experimente, die zwischen 2011 und 2014 in China durchgeführt wurden, zeigten nur eine geringe Wirkung. Weitere Untersuchungen zeigten ebenfalls, dass innerhalb von 100 Jahren 70 Prozent des Kohlenstoffs wieder in die Atmosphäre zurückkehrt.[508] Um einen klimarelevanten Effekt zu erreichen, „würde man weltweit mehrere Millionen Pumpen benötigen […]. Insgesamt müsste auf etwa 50 Prozent der Meeresoberfläche künstlicher Auftrieb erzeugt werden […].“[509]

Nach Angaben des IPCC-Reports kommt es beim Einsatz dieser Technik „wahrscheinlich zu Veränderungen des regionalen Ozean-Kohlenstoffkreislaufs“ und auch zu einer „kompensatorischen Abwärtsströmung in anderen Regionen“[510]. Störungen der Meereslebewesen durch Lärm und Hindernisse sind zu erwarten.[511] Die Manipulation der Meeresoberfläche steht auch in Konkurrenz zu Schifffahrt, Tourismus und anderen Meeresnutzungen.[512]

Sobald die Technik des künstlichen Auftriebs in den Meeren, aus welchen Gründen immer, aufgegeben würde, würde sehr schnell mindestens jenes Erwärmungsniveau erreicht, das ohne diese Technik aufgrund der gestiegenen Treibhausemissionen vorhanden wäre, d. h. der Terminierungsschock würde einsetzen.[513]

Blue Carbon Management (BCM)

Beim „Blauen Kohlenstoffmanagement“ wird zusätzlich zur Bindung von Kohlendioxid in den Ozeanen und Sedimenten auf die Bindung von Kohlenstoff in Pflanzen von Küstenökosystemen wie Salzmarschen, Seegras, Tang, Mangroven usw. gesetzt. Über 55 Prozent des gespeicherten Kohlenstoffs befindet sich in Meereslebewesen, er wird „blauer Kohlenstoff“ genannt.[514] Solange die Ökosysteme intakt sind, bleibt der Kohlenstoff dort gebunden. Speziell Küstengebiete „sind für die Aufnahme und Speicherung von bis zu 70 % des dauerhaft im Meer gespeicherten Kohlenstoffs im Meeresgebiet" verantwortlich[515], obwohl die Küstengewässer nur sieben Prozent der Gesamtfläche des Ozeans ausmachen.[516] Gleichzeitig werden sie gerade massenhaft zerstört. Jährlich gehen zwei bis sieben Prozent dieser Kohlenstoffsenken verloren[517], und der Anstieg dieser Verluste erfolgt in exponentieller Weise. „Fast 50 % der Küstenfeuchtgebiete sind in den letzten 100 Jahren durch die kombinierten Auswirkungen von lokalem menschlichem Druck, Meeresspiegelanstieg, Erwärmung und extremen Klimaereignissen verloren gegangen."[518] Auch durch den Meeresspiegelanstieg „werden laut Projektionen 20–90 % der derzeitigen Küstenfeuchtgebiete bis 2100 verloren gehen"[519].

Wie weit können hier die Maßnahmen entgegenwirken, die in den *Nationally Determined Contributions* (NDCs, dt.: national festgelegte Beiträge) zur Erfüllung der Pariser Klimaziele von den durchführenden Ländern selbst geplant sind? „Gabun hat sich verpflichtet, den Schutz seiner Meeresökosysteme bis 2030 zu verbessern. Auch der Schutz von Walen und Haien soll verstärkt werden, da sie eine Schlüsselrolle bei der Aufrechterhaltung des Gleichgewichts der Meeresökosysteme spielen, die die Kohlenstoffbindung erhalten und fördern. […] Sierra Leone hat sich verpflichtet, die Mangroven- und Seegrasbestände in den Mündungsgebieten von Sierra Leone und Bonthe-Sherbro zu erhalten. […] Kap Verde will die ‚natürliche Kohlenstoffbindung im Meer erforschen, die sich als unschädlich für die maritimen Ressourcen, die Küstengemeinden und die Meeresökosysteme erweist', und ‚in Zusammenarbeit mit internationalen Forschungszentren hochwirksame Forschungsarbeiten zu den Meeresressourcen und der Meeresbiologie (u. a. Seegras,

Algen, Plankton zur Bereitstellung von Nahrungsmitteln oder Medikamenten, zur Bindung von Kohlenstoff oder als Ersatz für Kraftstoffe, Kunststoffe, Rohstoffe ...) ermitteln und unterstützen. [...] Mauritius will seine Fischerei und Aquakultur klimafreundlicher gestalten, unter anderem durch einen geringeren Verbrauch an Treibstoff, Energie, Futtermitteln und Nährstoffen. Darüber hinaus ist geplant, ‚das Potenzial der Aquakultur für die Kohlenstoffbindung und erneuerbare Wasserenergie (Biokraftstoffe aus Algen, Wasserkraft und andere aquatische Energiesysteme, die das Energiepotenzial von Gezeiten, Strömungen, Wellen und Wind nutzen) zu erforschen.‘"[520]

Es klingt überoptimistisch: Das Aufhalten der Zerstörung dieser Ökosysteme und ihre Wiederherstellung würden die Klimaerwärmung bremsen helfen. Aber es ist zu befürchten, dass durch die Erwärmung des Ozeans im Klimawandel diese Ökosysteme weiter beeinträchtigt werden.[521] Eine klimaschützende Wirkung kann durch „Blue Carbon Management" erreicht werden, obwohl sie nur gering ist: „Die Wiederherstellung bewachsener Küstenökosysteme wie Mangrovenwälder, Marschland und Seegraswiesen (Küstenökosysteme mit ‚blauem Kohlenstoff') könnte den Klimawandel durch eine erhöhte Kohlenstoffaufnahme und -speicherung von jährlich etwa 0,5 % der derzeitigen globalen Emissionen mindern"[522]. Im günstigsten Fall kann hier Klimaschutz mit Arbeitsplätzen für die Bevölkerung und Ernährung verbunden werden: Venusmuscheln etwa speichern Kohlenstoff in ihren Kalziumkarbonatschalen und wenn sie für die Ernährung gezüchtet und bewirtschaftet werden, entstehen mehr davon: „Muscheln essen fürs Klima"[523]. Andere Konzepte sind eher skeptisch zu betrachten: In Großbritannien wurde im Jahr 2021 die Firma *Seafields Solutions Ltd.* gegründet. „Ziel des Unternehmens ist es, die schnell wachsende und invasive Meeresalge Sargassum im offenen Meer zu kultivieren. Die geernteten Algen sollen zu Ballen gepresst und in der Tiefsee versenkt werden, um langfristig Kohlenstoff zu speichern, wobei noch unklar ist, was mit den Ballen auf dem Meeresboden geschieht."[524]

Genau genommen wäre das Wiederherstellen solcher natürlicher Habitate zur Speicherung des Kohlenstoffs nur eine „Wiedergutmachung", eine Wiederherstellung des natürlichen Zustands vor den menschlichen Zerstörungen. Insofern die Zerstörung zu CO_2-Emissionen führt, wird der Verzicht auf die Zerstörung, d. h. der Erhalt dieser Ökosysteme, sogar schon als „Emissions-Minderungsbemühen" bezeichnet.[525] Außerdem zählen diese Maßnahmen als Anpassung an den Klimawandel. Trotzdem werden sie auch als Climate Engineering betrachtet, weil es ja darum geht, die Funktion des Ozeans als Kohlenstoffsenke zur Absenkung des atmosphärischen anthropogenen CO_2 zu erhöhen.[526] Die Aufrechterhaltung und Stärkung der küstennahen Ökosysteme hat vielfältige positive Wirkungen auf die marinen Ökosysteme und ihre vernünftige Nutzung für menschliches Leben.

Letztlich werden jedoch für eine volle Wirksamkeit solcher Maßnahmen Jahre bis Jahrzehnte gebraucht[527]; sie sind als Maßnahme zur schnellen und vor allem langandauernden Speicherung des Kohlenstoffs nicht besonders wirksam. Wenn die Gebiete wieder verloren gehen, entlassen sie sofort wieder CO_2 in die Atmosphäre.[528] Ob Seegraswiesen als CO_2-Speicher geeignet sind, wird auch bezweifelt, womit sogar die Gefahr besteht, dass sie als Beitrag zum Klimaschutz verrechnet werden, den sie gar nicht leisten.[529]

Wichtig ist hierbei, dass „die lokalen Gemeinschaften in den Entscheidungsprozess einbezogen werden, wo sie direkt von einer sinnvollen Beschäftigung und einem stabilen Einkommen profitieren können, die dazu beitragen würden, die Eigenverantwortung für diese Bemühungen zu gewährleisten."[530] Problematisch ist hierbei die geplante Kommerzialisierung der Natur bzw. die Betrachtung „der Kohlenstoffbindung als Wirtschaftsgut"[531]. Ein Wal ist, verrechnet gegen seinen Nutzen für die Kohlenstoffspeicherung und in der Touristik, mit zwei Millionen Dollar bewertet worden.[532] Durch die Einbeziehung der Möglichkeit, sich als Treibhausgasemittent durch Emissionszertifikate „freizukaufen", wofür dann – meist anderswo – entsprechende Klimaschutzmaßnahmen, wie das Blue Carbon Management, durchgeführt werden, überführt die früher oft lokal verankerte Allmende in global-kapitalistisch bewirtschaftetes Eigentum. Nicht umsonst wird bereits vom „Ocean Grabbing" gesprochen.[533] Den Trick, durch die wirkliche oder erhoffte Kohlenstoffbindung (und entsprechenden Verkauf von Emissionszertifikaten) durch Pflanzen in Küstennähe Geld zu machen, nutzen vor allem europäische Firmen. *Kelp Blue* aus den Niederlanden will in einem Küstengebiet in Namibia großflächige Kelp-Anlagen errichten. Aus dem Kelp sollen Kunststoffe, Futtermittelzusatz, Fasern für Textilien und pharmazeutische Anwendungen gewonnen werden – alles ohne langfristige Bindung des Kohlenstoffs.[534] Zusammenfassend muss zu solchen Projekten, die gerade aus dem Boden sprießen, gesagt werden: „Meeres- und algenbasierte Geo-Engineering-Projekte sind mit zahlreichen und manchmal unvorhersehbaren Risiken für die Meeresumwelt verbunden, z. B. Bedrohung des marinen Nahrungsnetzes, Sauerstoffverarmung, verstärkte Freisetzung von Methan, mögliche Auswirkungen auf biochemische Prozesse im Meer, schädliche toxinproduzierende Algenblüten sowie mögliche grenzüberschreitende Auswirkungen auf Fischerei, Küstengemeinden und Wettermuster."[535]

Die Forderung nach unbedingter Kohärenz der „echten" Managementpläne für die betroffenen Gebiete[536] kann auch dazu führen, dass den ursprünglichen Bewohner*innen und Nutzer*innen lediglich eine ökonomisierte Eigenverantwortung übertragen wird, statt sie selbst über ihre Region entscheiden zu lassen. Das sehen die Befürworter dieses durchorchestrierten Managements selbst so: „Bei Maßnahmen in größerem Maßstab besteht jedoch die Gefahr, dass die lokalen Gemeinschaften von der Entscheidungsfindung und der Governance ausgeschlossen werden."[537]

Verbesserte biologische Produktion und Speicherung an Land

Seit jeher sind auch die Landökosysteme Speicher von Kohlenstoff. Innerhalb des Kohlenstoffkreislaufs wirken sie für kürzere oder längere Zeit auch als Speicher und sind in diesem Zustand Senken – was auch mit der Bezeichnung „Green Carbon" (Grüner Kohlenstoff) ausgedrückt wird. Wälder, Böden, Feuchtbiosysteme usw. werden gerade durch Entwaldung, konventionelle Landwirtschaft und andere „Formen des Landmissbrauchs"[538] massiv zerstört. Seit Beginn der Zivilisation ist fast die Hälfte der Bäume verschwunden.[539] Allein zwischen 1990 und 2005 verlor Honduras 37 Prozent seiner Regenwälder und El Salvador seit den 1960ern 85 Prozent.[540]

Das Speichern des Kohlenstoffs erfolgt zum Teil direkt in den Böden. Die Aufnahmefähigkeit der Böden für CO_2 wird durch verstärktes Einarbeiten von Ernteresten, den Verzicht auf tiefes Pflügen oder durch die Einsaat von Zwischenfrüchten verbessert.[541] Beim Vergraben von Biomasse in Böden entsteht aber erst eine negative[542] Kohlenstoffbilanz, „wenn dauerhaft zusätzlich Humus aufgebaut wird"[543]. Das funktioniert nur mit ökologischem Landbau und in Permakultur- und Agroforstsystemen (s. u.).

Der andere Teil, der wirklich „grüne" Kohlenstoff, wird in den Pflanzen (auch als Nahrungsgrundlage für tierische Organismen) durch die Photosynthese mithilfe der Sonnenenergie und CO_2 aus der Atmosphäre in den Organismen gebunden. Dort bleibt er natürlich nur während ihrer Lebenszeit gebunden, und um den Kohlenstoff noch länger zu speichern, müssen z. B. aus Bäumen sehr langlebige Produkte (Häuser) entstehen oder die Pflanzen energetisch genutzt werden, wobei das dabei freiwerdende CO_2 abgeschieden und extra abgespeichert wird.

Insgesamt sind die biologischen Prozesse einerseits für die Speicherung von CO_2, andererseits aber auch wegen der Emissionen aus Düngemitteln (Lachgasbildung mit hoher Treibhausgaswirkung) extrem wichtig für das Klima der Erde. Wenn weiterhin so viel abgeholzt wird und sich in der Landnutzung nichts ändert, würden die angezielten 1,5 Grad sogar dann überschritten, wenn kein CO_2 mehr emittiert würde.[544]

Maßnahmen zur Stärkung der CO_2-Aufnahme im Boden und in Biosystemen waren schon Bestandteil des Kyoto-Protokolls von 1997, dem ersten völkerrechtlich verbindlichen Vertrag zur Eindämmung des Klimawandels, und seiner späteren Festlegungen (ab 2013). Demnach kann die Speicherung von CO_2 in Holz und die Trockenlegung und/oder Wiedervernässung von Feuchtgebieten als Kompensation für Emissionen angerechnet werden. Die meisten dieser landbasierten Climate-Engineering-Maßnahmen für „grünen Kohlenstoff" basieren auf der Umwandlung von Kohlendioxid in Kohlenstoff in der Photosynthese, die nur einen geringen Wirkungsgrad hat. Deshalb ist bei derartigen Maßnahmen für einen spürbaren Effekt eine immens große Fläche notwendig.

Viele Maßnahmen zur Ausdehnung der terrestrischen Senken gehören nicht unbedingt zum Climate Engineering, sondern stellen ökosystemorientierte Ansätze und Maßnahmen zur Emissionsminderung dar, die eine große Rolle in den Maßnahmen spielen, die die Länder als *Nationally Determined Contributions* zur Erfüllung der Pariser Klimaziele für sich festgelegt haben: „Benin plant, die Entwicklung der Agroforstwirtschaft als Maßnahme zum Aufbau von Kohlenstoffabsorptionskapazitäten zu fördern. Zentralafrika bemüht sich um den Schutz seiner Wald- und Graslandökosysteme als wichtige Kohlenstoffsenken. Die Demokratische Republik Kongo will ihre Waldbewirtschaftung an den Klimawandel anpassen, u. a. durch: Bestandsaufnahmen, Entwicklung von Überwachungssystemen, Erhaltungsmaßnahmen, Einbeziehung lokaler Gemeinschaften und indigener Völker, Einleitung von Pilotprojekten für Nichtholzprodukte aus dem Wald in Zusammenarbeit mit lokalen Gemeinschaften und indigenen Völkern, Wiederaufforstung von Arten mit hohem ökologischen, wirtschaftlichen und kulturellen Wert. […] Simbabwe konzentriert sich auf eine klimafreundliche Landwirtschaft, einschließlich konservierender Bodenbearbeitung und der Integration von Leguminosen in die Fruchtfolge, um den Bedarf und die Produktion von Stickstoffdünger deutlich zu reduzieren."[545]

Energie aus Biomasse mit Kohlenstoff (BECCS)

Pflanzen binden den Kohlenstoff aus der Atmosphäre. Gleichzeitig werden nach dem Auslaufen der fossilen Energiequellen neue gesucht, und Biomasse ist als sich erneuernde Energiequelle gut bekannt. Wenn es also nach der energetischen Nutzung möglich ist, das Kohlendioxid abzuscheiden und zu speichern (CCS), dann wäre eine weitere Möglichkeit gefunden, über den sinnvollen Umweg der energetischen Nutzung CO_2 abzuscheiden und zu speichern. Die Methode wird deshalb auch CO_2-Abscheidung und Speicherung aus Bioenergie-pflanzen (engl. BECCS: Bio Energy Carbon Capture and Storage) genannt. Geeignet sind schnell wachsende und viel CO_2 aufnehmende Pflanzen und Bäume wie Chinaschilf, Pappeln und Weiden. Neben der Speicherung des CO_2 z. B. im Boden (CCS) kommt auch eine weitere Nutzung des Kohlenstoffs in Frage (CCU).

BECCS steckt wie die meisten der Climate-Engineering-Techniken noch „in den Kinderschuhen"[546]. Allerdings wurde diese Technik zum Trojanischen Pferd des IPCC-Berichts zur Einhaltung des 1,5-Grad Ziels von 2018. In den dort vorge-

stellten vier Szenarien zum Erreichen dieses Ziels bezogen sich alle Berechnungen, die Climate Engineering einbeziehen, auf diese Technik. Dabei gingen „viele vom IPCC bewertete Szenarien von einer ausgereiften und großflächigen Einführung bereits bis 2030" aus.[547] Dabei wird so getan, als wäre die Speicherung des CO_2 kein Problem; die beim Thema CCS diskutierten Probleme werden kaum erwähnt. Wie beim CCS muss festgestellt werden, dass ein großer Maßstab vonnöten ist, weil es sich sonst nicht lohnt; dazu kommt, dass das Heranwachsen der Biomasse sehr viel Fläche benötigt. Für das angestrebte Ziel der Kohlenstoffbindung würde insgesamt eine extrem große Menge an BECCS benötigt. Auch wenn so erhebliche Emissionsminderungen vorgenommen werden, dass sie dem „repräsentativen Konzentrationspfad" RCP[548] 4.5 folgen (die zweitbeste Möglichkeit bei den 4 Pfaden des IPCC-Berichts AR5 von 2013) und die Speicherung mit 50 Prozent Effizienz gelingt, würde eine Fläche von mehr als der Hälfte der derzeitigen Wälder benötigt.[549] Auch „Europa verfügt keineswegs über freie Flächen, um Energiepflanzen anzubauen. Das Gegenteil trifft zu. Zwecks Einhaltung der Klimaschutzziele muss der Kontinent entweder weitere Gebiete renaturieren, um dort die natürliche Kohlenstoffeinlagerung zu fördern. Oder er muss auf diesen Flächen land- und forstwirtschaftliche Erzeugnisse produzieren, mit denen er das Ausland beliefert, damit dort Anbaugebiete frei werden."[550] Vom energetischen Aufwand für die CO_2-Abscheidung, vom Transport und der Speicherung des CO_2 sowie vom Transport und dem Anbau der Biomasse ganz zu schweigen. Wenn mehr Pflanzen wachsen sollen, werden auch mehr Düngemittel (Stickstoff, Phosphor) und sehr viel Wasser benötigt. An den Folgen der

Überdüngung leiden jetzt schon die meisten Flüsse, Seen und Meere, und der Einsatz von Dünger führt zu Lachgasemissionen. Die Herstellung und die Ausbringung der Düngemittel sind außerdem energieintensiv. Die Pflanzen brauchen Wasser und verdunsten es wieder, sodass sich die Wasserkreisläufe ändern, vor allem verringern sich die Durchflüsse von Flüssen.[551] „BECCS würde eine zusätzliche Wassermenge erfordern, die ca. 10 Prozent der Verdunstung von allen Ackerflächen der Welt entspricht."[552]

Die Europäische Kommission hat ein Maßnahmenprojekt beschlossen, um die Netto-Treibhausgasemissionen bis 2050 um 55 Prozent (vom Wert 1990) zu senken: „Fit for 55". Darin wird Biomasse als „kohlenstoffneutral" gewertet und der Anbau von Biomasse massiv gefördert. Auf 22 Millionen Hektar sollen im Jahr 2050 in der EU Energiepflanzen wachsen. Um die eingeplante Bioenergie herzustellen, würde „Jahr für Jahr eine Biomasse erforder[lich], die doppelt so groß wäre wie die gesamte derzeitige Holzernte in Europa"[553].

Im Jahr 2100 müssen je nach Szenario jährlich bis zu 20 Gigatonnen Kohlendioxid (=5,44 Gigatonne Kohlenstoff) der Atmosphäre entzogen werden, um wieder auf eine global-durchschnittliche Erwärmung von unter 1,5 Grad zu kommen (auch wenn es vorher zu einem „Überschießen" dieses Werts gekommen ist).[554] Um eine Gigatonne Kohlenstoff pro Jahr zu speichern (das entspricht 3,67 Gigatonnen CO_2, etwas mehr als einem Fünftel der genannten Menge), würden 16 bis 75 Prozent der derzeitigen Stickstoffdüngemittelproduktion gebraucht und das 14- bis 65-Fache der derzeit für die Bioethanolproduktion genutzten Fläche in den USA.[555] Auf das Potential von BECCS bezogen: Dieser Technik wird das Potential zugeschrieben, jährlich 3,3 Gigatonnen Kohlenstoff (ca. 12 Gt CO_2) zu speichern. Für die dafür notwendigen Bioenergiepflanzen würden jedoch 430 bis 580 Millionen Hektar Land benötigt, ungefähr ein Drittel der landwirtschaftlich nutzbaren Fläche der Welt oder die Hälfte der Landfläche der USA.[556] Es wurde auch schon überlegt, ob zumindest die Weideflächen für den Anbau der BECCS-Pflanzen genutzt werden könnten, wenn auf Tierproduktion verzichtet würde – das Ergebnis ist wenig erfreulich: Reines Weideland ist für solche Pflanzen nur wenig geeignet[557], und ein richtiger Einsatz von Tieren auf Weiden („Mob-Weidewirtschaft") kann die Kohlenstoffeinlagerung steigern.[558] Auch die Nutzung von Flächen, die für die Nahrungsmittelproduktion ungeeignet sind, bringen, wenn sie nicht bewässert werden, mit BECCS kaum Effekte.[559] Nicht vergessen werden darf auch der durch das CCS massiv hohe Energieaufwand!

Auch die früheren IPCC-Reporte sehen diese Probleme: BECCS verändert demnach den Energiehaushalt der Oberfläche, die Oberflächenerwärmung wird lokal verstärkt oder vermindert, und der Wasserkreislauf wird verändert[560], die Technik steht in Konkurrenz zur Landnutzung mit einer hohen Biodiversität und zur Nahrungsmittelproduktion.[561] „Die Auswirkungen auf die Landnutzung könnte zu Artenverlusten führen, die mindestens einem Temperaturanstieg von 2,8 °C entsprechen."[562]

Je mehr Fläche für BECCS genutzt wird, desto weniger bleibt für die menschliche Ernährung. Man hofft, dass die Ernteerträge pro Fläche gesteigert werden können und dadurch mehr Fläche für BECCS und z. B. Aufforstung (s. u.) frei wird. Dabei käme es aber zuerst einmal darauf an, bei den landwirtschaftlichen Methoden viele produktivitätssteigernde, aber enorme Umweltschäden mit sich bringende Techniken (Düngung, Technisierung mit hohem Energieaufwand …) wieder zurückzunehmen und dementsprechend viel aufwendigere und wohl auch mehr Land in Anspruch nehmende ökologisch verträgliche Methoden massenhaft anzuwenden.

Der massive Einsatz von BECCS ist nicht nur Bestandteil der IPCC-Szenarien, sondern auch der Transformationskonzepte z. B. des Energiekonzerns *Shell*. Hier wird die Bioenergie als neuer Treibstoff eingeplant.[563] Die netten Bildchen in der Werbebroschüre zeigen viele Wege der Energie bis zum Endverbraucher (Kreuzfahrtschiff bis PKW) auf[564], aber nicht, wie dadurch wieder Treibhausgase und andere Schadstoffe in die Umgebung abgelassen werden. In einer anderen Abbildung werden tatsächlich die „Emissionen von der Nutzung der Biotreibstoffe" gezeigt, allerdings scheinen diese alle wieder im Kreislauf und nicht in der Atmosphäre zu verschwinden. Fürs Zieljahr 2070 werden übrigens immer noch 16,5 Gigatonnen fossiler Treibstoffe eingeplant, nur etwas weniger als die Hälfte der derzeitigen Menge. Dieser autofreundlichen Strategie entspricht die allgemeine Praxis: „Die meisten BECCS-Projekte befinden sich in Ethanol-Fermentationsanlagen"[565].

Die Hoffnungen auf diesen (teilweisen) einfachen Brennstoffwechsel führen auch dazu, dass es gerade einen so massiven

Protest gegen ein Aus für Verbrennermotoren gibt. Es soll möglichst viel vom Alten erhalten bleiben, obwohl dies die wirklich notwendigen Transformationen verzögert. Wenn die alte Energie- und Autobranche dahintersteckt, wird erstens meist mehr versprochen, als möglich ist, und zweitens strukturell das Alte gestärkt, das die Ursache für viele der Probleme ist, nicht nur bei der Emission der Treibhausgase. BECCS bleibt auch innerhalb der Logik von Zentralisierung (bei der Speicherung) und eines enormen Infrastrukturaufwands beim Einsammeln der weit verteilten Bioenergiepflanzen, da der Anbau nicht am selben Ort stattfindet wie die Speicherung: „Die Logistik der Sammlung und des Transports großer Mengen von Bioenergie – das entspricht bis zur Hälfte dem gesamten weltweiten Primärenergieverbrauch"[566]. Dies stützt traditionelle Transportinfrastrukturen.[567]

Wie bei CCS-Projekten finden wir hier, dass die real existierenden BECCS-Projekte vor allem darauf basieren, das abgeschiedene CO_2 zur Verpressung zwecks weiterer Ölförderung zu nutzen. „Drei der fünf Projekte sind speziell für die Ölverpressung entwickelt worden."[568]

Eine andere Finanzierungsmöglichkeit ist der Verkauf von Emissionszertifikaten. Die Londoner Firma *Brilliant Planet* verdient Geld durch den Verkauf von Emissionszertifikaten, indem sie an der marokkanischen Küste Algen züchtet, diese trocknet und in zwei bis drei Metern unter der Oberfläche der Saharawüste vergräbt.[569] Wenn die Biomasse direkt im tieferen Erdreich vergraben wird, um den darin gespeicherten Kohlenstoff dem Kohlenstoffkreislauf zu entziehen, bedeutet das einen hohen Aufwand, und gleichzeitig werden wichtige Nährstoffe den Kreisläufen entzogen.[570]

Eine ökonomische Analyse zeigt, dass ein Mitverbrennen von Biomasse mit fossilen Energien ohne BECCS in normalen Kraftwerken (natürlich bei Vorhandensein von CCS/CCU) kaum rentabel ist.

Auch im IPCC-Sonderbericht zur Einhaltung des 1,5-Grad-Ziels[571] wird das kritisch gesehen, aber vorsichtig formuliert: „Werden jedoch BECCS und CCS aus dem Portfolio der verfügbaren Optionen gestrichen, werden die modellierten Vermeidungskosten erheblich ansteigen"[572]. Das heißt, ohne diese Optionen geht es nicht (mehr). Aber mit ihnen treiben wir den Teufel mit dem Beelzebub aus! Im IPCC-Bericht zur Einhaltung des 1,5-Grad-Ziels (SR1.5) sind sich die Autor*innen bewusst, dass Bioenergie und CCS nur eine geringe öffentliche Akzeptanz haben. Mit dem eben genannten Kostenargument soll den öffentlichen Debatten, die das Kostengünstigste aus guten Gründen ablehnen könnten, die Basis entzogen werden.

Aufforstung / Wiederaufforstung

Es gibt ein Bild der NASA von Nepal, in dem der Waldbewuchs von 1992 mit dem von 2016 verglichen wird – das letzte Bild ist deutlich „grüner" als das erste.[573] Seit den 1970er-Jahren hatten Überschwemmungen und Erdrutsche gezeigt, dass der Verlust der Wälder in den Bergregionen durch Viehbeweidung und Brennholznutzung zu weit gegangen war, und es wurde umgesteuert: Auf Grundlage eines neuen Forstgesetzes von 1993 wurden nationale Wälder an kommunale Forstgruppen übergeben, und die Waldfläche hat sich seither verdoppelt. Inzwischen wissen wir auch, dass in den Wäldern der Welt und in ihren Böden mehr als doppelt so viel CO_2 gespeichert wird, wie die Atmosphäre enthält. Außerdem bewirken großräumige Wälder auch eine großräumige Abkühlung durch die Verdunstung. Allerdings ging seit Beginn der Zivilisation fast die Hälfte der Bäume verloren.[574] Allein in den Tropen werden derzeit jedes Jahr durch Abholzung und Brandrodung 1,5 Gigatonnen Kohlenstoff frei.[575] Im Amazonas verliert der Wald an Widerstandskraft[576] und gibt inzwischen mehr CO_2 ab, als er aufnimmt.[577]

Inzwischen gehen auch große Waldbereiche und Wälder durch die zunehmende Trockenheit und verstärkt auftretende Schädlinge ein. Das ist umso schlimmer, als Wälder aus vielerlei Gründen wichtig für unser Wohlbefinden sind und mit ihren Funktionen für Wolkenbildung und Wasserkreislauf für eine hohe Biodiversität, die Speicherung von Kohlenstoff und die Nutzung von Holz und anderem durch Menschen sorgen.[578]

Beim Umgang mit den Wäldern kann nicht eindeutig zugeordnet werden, ob er zur Treibhausgasemissionsminderung oder zur Anpassung an den Klimawandel oder zum Climate Engineering (als einer Form des CDR) gehört. Zum Climate Engineering gehört er in Bezug auf die Funktion der Wälder, in der Atmosphäre befindliches CO_2 zu reduzieren. Die Verhinderung von Entwaldung gehört zur Emissionsreduktion, die Erhaltung der Wälder, die Verwendung von Nährstoffmanagement und die Wiederaufforstung gehören zur Kohlenstoffentfernung.[579] Im NAS-Bericht von 1992 wurde die Aufforstung als „Anpassungs-Geoengineering"-Maßnahme gewertet.[580] Genau genommen kann eine Wiederaufforstung dort, wo einmal Wald war, nicht wirklich als Climate Engineering gezählt werden, nur eine Aufforstung dort, wo kein Wald war, also natürlicherweise nicht wachsen würde. Hier begegnen wir wieder dem Problem, dass Photosynthese einen sehr geringen Wirkungsgrad hat und das Auffangen des CO_2 sehr große bewachsene Flächen benötigt. Die Beseitigung von 1,1 bis 3,3 Gigatonnen CO_2 pro Jahr durch Aufforstung würde 320 Millionen bis 970 Millionen Hektar Land erfordern.[581]

Unter Climate Engineering fallen vor allem Konzepte, bei denen genmanipulierte Pflanzen zum Einsatz kommen sollen bzw. bei einheitlichen Plantagenwäldern nicht-standortgerechte Arten[582], die globale Auswirkungen haben[583]. D. h. lokale Auf- und Wiederaufforstung zählt nicht dazu ... Die Verstärkung der Rolle der Wälder muss einigen Kriterien genügen: So müssen sie, um zusätzlich wirksam zu werden, auch mehr beinhalten als die normale Nutzwald-Aufforstung. Im *Mechanismus für umweltverträgliche Entwicklung* (CDM: Clean Development Mechanism) können laut Kyoto-Protokoll Maßnahmen zur Treibhausgasemissionsminderung in Ländern, die nicht zu den früh industrialisierten gehören, zählen, die den Industrieländern als „ihre" Emission angerechnet werden. Diese Maßnahmen beziehen sich häufig auf die Stärkung von natürlichen Senken z. B. durch Aufforstung. Die Aufforstung muss zusätzlich und nachhaltig sein, also „in ökologischer und sozioökonomischer Hinsicht unbedenklich"[584]. Zu diesen klimapolitischen Regelungen kommen inzwischen private Vorhaben, bei denen klimaschädliche Aktivitäten wie das Fliegen durch Aufforstungsprojekte kompensiert werden können. Im Klimaaktionsplan für Jena, mit dem die Stadt bis 2035 klimaneutral werden will, wird ausgewiesen, dass ca. ein Fünftel der derzeitigen Treibhausgasemissionen „kompensiert" werden muss.[585] Optimistische Schätzungen gehen davon aus, „dass der gesamte Kohlenstoff, der durch menschliche Landnutzungsänderungen in der Vergangenheit emittiert wurde, in der langfristigen Zukunft durch dauerhafte Aufforstung zurückgewonnen werden kann"[586]. „Die Wiederherstellung von nur 10 % der 900 Mio. ha verfügbarer Flächen könnte einen bedeutenden Teil der ~300 GtC[587], die durch menschliche Aktivitäten in die Atmosphäre gelangt sind, abbauen."[588] Das klingt so optimistisch, dass Christian Lindner, Finanzminister der FDP, begeistert twitterte, dass durch „mehr Bewaldung" eine „Begrenzung der Erderwärmung auf 1,5 Grad möglich" wäre.[589] Wie beruhigend! Stefan Rahmstorf muss leider mit dem Argument widersprechen, dass da „Äpfel mit Birnen verglichen und wichtige Rückkopplungen im Erdsystem vergessen"[590] werden. Nicht außer Acht gelassen werden darf auch die Folge der Agrarpolitik bei uns: Wir importieren viele Agrarprodukte und „treiben damit die Entwaldung außerhalb Europas voran – hauptsächlich in den Tropen"[591].

Ein besonderes Thema in diesem Zusammenhang sind Vorschläge, die Sahara zu begrünen. Das riesige Wüstengebiet in Nordafrika hat in der Vergangenheit häufig ihren Zustand verändert: von feucht und bewachsen zu trocken und Wüste und wieder zurück. Ungefähr alle 20.000 Jahre erfolgt dieser Wechsel.[592] Er ist wahrscheinlich von Veränderungen der Erdachse verursacht, die auch die Monsunaktivität beeinflussen. Insbesondere in den günstigen grünen Phasen konnte die frühe Menschheit diese Gebiete gut überqueren und sich ausbreiten.[593] Das Saharagebiet selbst spielt eine große Rolle in globalen Zusammenhängen von Atmosphäre, Biosphäre und Hydrosphäre. Immer wieder und seit längerer Zeit verstärkt wird darüber nachgedacht, ob nicht die Sahara wieder begrünt werden sollte. Der Zweck wäre einerseits eine Kohlenstoffbindung durch Aufforstung als CDR-Maßnahme und die Mehrerzeugung von freier Energie[594] im Erdsystem durch die dabei stattfindende Photosynthese.[595] Auch in Australien locken Wüsten. „Bewässerte Wüstenwälder in der Sahara und Australien könnten jedes Jahr Mengen an atmosphärischem CO_2 binden, die mindestens so groß sind wie die aus der Verbrennung fossiler Brennstoffe."[596] Die Wälder könnten den Kohlenstoff 100 Jahre lang binden und dann noch einmal so lange, wie das Holz genutzt wird. Solch eine Begrünung der Sahara würde extrem viel Wasser benötigen. Um eine Wüstenfläche von der Größe der Sahara aufzuforsten, würden bis zu fünf Billionen Kubikmeter Wasser pro Jahr benötigt, was ungefähr der hundertfachen Wassermenge des Bodensees entspricht.[597] Man hofft hier, für zehn, maximal zwanzig Jahre auf Grundwasser zugreifen zu können und dass der Wald danach durch Verdunstung das Wasser wieder bereitstellt.[598] Weiteres Wasser könnte über Meerwasserentsalzung bereitgestellt werden, aber auch dabei werden, vor allem durch den Energieaufwand, Treibhausgase frei; das Ausmaß betrüge allerdings nur zwei bis fünfzehn Prozent des durch die Bäume eingefangenen CO_2. Allerdings muss wegen der Monokultur aus schnellwachsenden Eukalyptus-Baumarten auch klar sein: „Der Wald wäre kein Wald, sondern eine irrsinnige Farm zur Tilgung der Klimaschulden der Industrieländer."[599] In solchen Monokulturen breiten sich schnell Schädlinge aus, denen mit Pestiziden zu Leibe gerückt wird. Das beabsichtigte „Klimafarming" muss also zumindest auf eine hohe Biodiversität achten.[600] Zuerst einmal verschwindet natürlich das vorhandene Wüsten-Ökosystem.

Bei dem Versuch, die Sahara zu begrünen, könnte noch mehr schiefgehen[601]: Zuerst dürfte sich die Albedo verringern, also noch mehr Sonnenstrahlung absorbiert werden. Großräumige atmosphärische Bewegungen wie die El-Niño-Southern Oscillation (ENSO) dürften sich verändern, was enorme Auswirkungen in fast allen Bereichen der Welt hätte. Bisher haben auch die weitläufigen Staubwolken aus der Sahara Auswirkungen, die für die derzeitigen Biosysteme unverzichtbar sind. Sie tragen eine Menge an Mineralien mit sich, die in den Ozeanen und von den Wäldern im Amazonas gebraucht werden.[602] Der

Rückgang von Staub über dem Atlantischen Ozean könnte zu einer Zunahme der tropischen Wirbelsturmaktivität führen. Es ist auch nicht mit Sicherheit erwartbar, dass eine Anzucht der Pflanzen in der Sahara eine sich selbst versorgende Wasserversorgung ermöglicht, sodass bei einem Ende der extrem aufwendigen Bewässerung die Pflanzen wieder absterben und den eingelagerten Kohlenstoff schnell wieder freisetzen.

Auch die Aufforstung anderswo ist nicht unbedenklich. Sie verändert den Energiehaushalt der Oberfläche, die Oberflächenerwärmung wird lokal verstärkt oder vermindert, und der Wasserkreislauf wird verändert.[603]

Es werden hierzu oft Düngemittel benötigt, und es gibt einen hohen Wasserbedarf. Um in der Biomasse der Wälder eine Gigatonne Kohlenstoff (= 3,67 Gigatonnen CO_2) zu binden, müssten tropische Aufforstungsprojekte so viel neu aufforsten wie vier Prozent der Plantagenwaldfläche im Jahr 2000.[604] Das würde eine enorme Menge an Düngemittel und Wasser voraussetzen. „In Südafrika trockneten bei einem Experiment mit zwei Einzugsgebieten die Bäche 9 und 12 Jahre nach der Aufforstung von Eukalyptus- und Kiefernwäldern vollständig aus."[605] Beim Versuch, „Chinas Grüne Mauer" zu errichten, überlebten nur 15 % der Bäume.[606] Die Bäume wurden gepflanzt, aber als sie das Grundwasserreservoir ausgeschöpft hatten, starben sie ab. Gleichzeitig „hatten ihre dichten Kronen den ursprünglichen Gräsern und anderer dort wachsender Vegetation das Licht entzogen"[607]. Es kann auch zu anderen unerwünschten Auswirkungen kommen: In Argentinien wurde beobachtet, dass nach einer Aufforstung auf feuchten Grasländern die Böden versalzen.[608]

Eine Aufforstung kann auch die Biodiversität an den Standorten gefährden, deren vorheriger Zustand einfach abgewertet wird. Rob Jackson wendet sich gegen die „Vorstellung, dass eine Milliarde Hektar einfach so ‚da sitzt‘ und nichts tut"[609]. Beim Versuch, frühere Prärien (Mischlandschaften, die Wälder mit geschlossenem Kronendach einschließen) wieder herzustellen, wurde festgestellt, dass sich der frühere Zustand nicht wirklich herstellen lässt und die Biodiversität geringer bleibt.[610] Zu berücksichtigen sind auch die Baumarten und konkreten Voraussetzungen, weil vor allem bei der Ernte des Holzes dem Land die aufgenommenen Nährstoffe entzogen werden.[611]

Wald ist ein recht unsicherer CO_2-Speicher. Nur wenige Jahre relativer Trockenheit haben in Deutschland die Situation so verschärft, dass vier von fünf Bäumen stark geschädigt sind.[612] In der Bundesrepublik kam es schon zwischen 2017 und 2020 dazu, dass die Wälder nicht mehr so als CO_2-Senken funktionieren konnten wie vorher. Dies liegt an den Waldschäden „infolge der großen Trockenheit in diesen Berichtsjahren"[613].

Außerdem sind bei großflächigen (Wieder-)Aufforstungen Konflikte über die Landnutzung zu erwarten. „Zwar werden offiziell nur Projekte zugelassen, bei denen die Zustimmung der lokalen Bevölkerung vorliegt, jedoch ist aufgrund der asymmetrischen Machtverhältnisse kaum auszuschließen, dass dies in Einzelfällen nicht freiwillig geschieht."[614] Nur in Einzelfällen? Ein unangemessener Einsatz in großem Maßstab kann zu einer Flächenkonkurrenz mit der Erhaltung der biologischen Vielfalt und der Nahrungsmittelproduktion führen.[615] Vor allem wenn es sich um Flächen „auf so genannten Grenzertragsflächen oder auf Flächen, die von lokalen Gemeinschaften genutzt werden" bezieht, wobei „ihre Rechte von den Regierungen nicht anerkannt werden"[616]. „Befürworter von Plantagen argumentieren, dass ‚marginales‘ Land einer guten Nutzung zugeführt wird, aber marginales Land wird oft von den Gemeinden für Nahrung und Viehzucht genutzt. Selbst als Anbieter von lokalen Arbeitsplätzen kommen Baumplantagen aufgrund der schlechten Arbeitsbedingungen und des intensiven Einsatzes von Pestiziden und Düngemitteln kaum in Frage. Die Ausweitung von Monokulturen ist mit steigender Armut verbunden und die Gemeinschaften und indigenen Völker sind mit Vertreibung, eingeschränktem Zugang zu Land und Gewalt konfrontiert."[617] Wenn Menschen ihr angestammtes Land dadurch verlieren, wird auch von „Green Grabbing"[618] gesprochen und dem Wirken von „Carbon Cowboys". So sicherte sich ein Geschäftsmann drei Millionen Hektar Wald in Peru und wollte den Wald nach Ablauf des Emissionszertifikatsvertrags durch Ölpalmplantagen ersetzen.[619]

Damit sind wir beim größten Problem der (Wieder-)Aufforstungsmaßnahmen. Sie gelten als Beruhigungspillen und sind damit Ursachen für die bei Climate Engineering allgegenwärtige moralische Gefahr. Denn es wird angenommen, dass man auf die Reduktion der Emissionen vor der eigenen Haustür verzichten könne, wenn man sie „kompensiere", indem woanders z. B. CDR-Maßnahmen wie das Aufforsten stattfinden. „Gucci behauptet, klimaneutral zu sein. Die Zertifikate kommen alle aus Waldschutzprojekten."[620] Es besteht nicht nur diese Gefahr der Ablenkung von der Notwendigkeit, vor Ort die Emissionen zu reduzieren – es ist wohl auch viel Betrug im Spiel: „Wie die gemeinsamen Recherchen der ZEIT, der britischen Tageszeitung The Guardian und des britischen Reporterpools SourceMaterial zeigen, wurden über Jahre offenbar Millionen CO_2-Zertifikate verkauft, die es nicht hätte geben dürfen. Die Recherchen legen nahe, dass zahlreiche Waldschutzprojekte ihre Kompensation um ein Vielfaches überbewerten, weil die

Regeln des wichtigsten Zertifizierers auf dem Markt das zulassen – und die Aufsicht versagt."[621]

Eine weitere Methode, im Umgang mit Wald und anderer Biomasse der Luft mehr CO_2 zu entziehen, ist z. B. die verbesserte Waldbewirtschaftung. Wenn dabei Düngemittel eingesetzt oder neue Arten eingeführt werden, kann dadurch aber auch die Biodiversität reduziert und durch Überdüngung eine Eutrophierung von Gewässern begünstigt werden.[622]

Schaffung von Feuchtgebieten

In den letzten einhundert Jahren sind die Hälfte der Mangrovensümpfe der Welt und 70 Prozent ihrer Feuchtgebiete verschwunden.[623] Die Seegrasflächen sind seit 1879 um 29 Prozent geschrumpft und schrumpfen jährlich weiter um 7 Prozent.[624] In Virginia, USA, verschwand seit der Kolonialzeit die Hälfte aller Feuchtgebiete.[625] Charles Eisenstein macht diese „Missbräuche" mindestens ebenso verantwortlich für das, was als „Folgen des Treibhauswandels" gilt, wie die Treibhausgasemissionen. Im Zusammenhang mit Climate Engineering wird davon gesprochen, dass das Speichern des Kohlenstoffs in den Bio- und geologischen Systemen zu „verbessern" oder zu „steigern" sei – obwohl meist kein Wort darüber verloren wird, wie sehr wir vor allem in den letzten Jahrhunderten die natürlichen Kohlenstoffsenken vernichtet haben. Der erste notwendige Schritt ist hier die sofortige Entlastung durch einen Verzicht auf weitere Abholzungen und Umwidmungen von Land für nicht nachhaltige Nutzungsformen. Vielleicht ist es gut, dass zumindest über die Funktion der Ökosysteme für die Speicherung von Kohlenstoff gesprochen wird. Dadurch kann und muss darüber hinaus die Aufmerksamkeit auf ihren Schutz gelegt werden, um andere notwendigen Funktionen der Ökosysteme zu erhalten: Sie sind die Lebensgrundlagen für viele Arten, sie regulieren Wasserbewegungen, die das Wasser in der Region halten und nicht so schnell wegfließen lassen, sie halten Sedimente, sie schützen die Küsten vor Sturmfluten usw.

Für das Bremsen des Klimawandels sind Feuchtgebiete wesentlich. Sie „speichern mehr Kohlenstoff im Boden als jedes andere Ökosystem"[626]. Feuchtgebiete, Mangroven und Salzmarsche sind global gesehen für die Hälfte der biologischen Bindung von CO_2 verantwortlich.[627] Deswegen wird die Wiederherstellung von Moor- und Küstengebieten sowie von Feuchtgebieten im IPCC-Bericht als CDR-Maßnahme gezählt.[628] Es müsste zumindest ein Moratorium zum Torfabbau geben sowie eine vernünftige „nasse" Bewirtschaftung der Moore mit Schilf, Rohrkolben usw.[629] Allerdings bietet das nur eine dauerhafte CO_2-Speicherung, wenn die Torfmenge wächst.

In einigen Moorgebieten kommt es jedoch zu einen Wettbewerb um Land, wenn dieses für die Nahrungsmittelproduktion benötigt wird.[630] Zu beachten ist auch, dass Feuchtgebiete bei steigendem CO_2-Gehalt der Luft selbst durch erhöhtes Wachstum mehr Methan (CH_4) emittieren, das ebenfalls ein starkes Treibhausgas ist.

Landwirtschaft

Die Landwirtschaft ist vor allem wegen der Emission von Lachgas (N_2O: Distickstoffmonoxid) und Methan (CH_4) eine Ursache für den Klima-Umbruch.[631] Seit 1980 stiegen die Lachgasemissionen um 30 % an[632], vor allem bedingt durch die starke Verwendung von Stickstoffdünger.[633] Außerdem geht durch die Landwirtschaft Kohlenstoff verloren, der sonst in den Böden gespeichert würde.[634] Deshalb ist es allein für die Reduzierung der Treibhausgasemissionen notwendig, andere als die vorherrschenden Formen von Landwirtschaft einzusetzen. Auch hier gibt es kaum eine Grenze zwischen der *Minderung* der Emissionen, der *Anpassung* an den Klimawandel (z. B. durch Verhinderung der Erosion[635]) und dem Ziel, CO_2 mittels *Climate Engineering* aus der Luft zu entfernen.

Zur besseren Kohlenstoffspeicherung in den Böden sollte Humus aufgebaut werden. Dazu können Sorten oder Arten mit größerer Wurzelmasse verwendet werden, Pflanzenreste auf dem Boden bleiben, um „kahle Perioden" zu vermeiden, es kann eine bodenschonende Bearbeitungsmethode oder auch Agroforstwirtschaft verwendet werden.[636] Bei der Agroforstwirtschaft werden land- und forstwirtschaftliche Nutzung auf einer Fläche kombiniert.[637] Weitere Methoden sind die Fruchtfolge und das Vermeiden tiefer Bodenbearbeitung.[638] Mit solchen Methoden können auch Lachgasemissionen vermieden werden, und durch den Einsatz von Deckfrüchten und Kulturpflanzenvielfalt kann die biologische Vielfalt erhöht werden.[639] Die „4 per 1000"-Initiative hat ausgerechnet: Wenn in den nächsten Jahrzehnten die Erhöhung der Speicherung von CO_2 in den Böden um 0,4 Prozent pro Jahr gelingt, könnte der jährliche CO_2-Anstieg in der Atmosphäre kompensiert werden.[640] Für „ökologisch bewirtschaftete Böden" wird angegeben, dass sie einen um 10 Prozent höheren Gehalt an Bodenkohlenstoff als traditionell bewirtschaftete[641] haben.[642] Die Lachgasemissionen sind im Mittel um 24 Prozent niedriger.[643] Hier kann die Tierhaltung günstig sein: Mehrjährige Futterleguminosen reichern mehr Kohlenstoff im Wurzelraum an und ersetzen synthetische Stickstoffdünger, außerdem steht Gülle oder Mist zum Düngen zur Verfügung.[644] Tiere, die frei leben oder genutzt werden, haben durchaus eine wichtige Funktion: „Intaktes Grasland, das von Herden großer Pflanzenfresser bewohnt wird, hat eine ungeheure Fähigkeit, Kohlenstoff zu binden und im Boden einzulagern."[645]

Hier wird besonders deutlich, dass die Art und Weise der Landnutzung stark von den gesellschaftlichen Verhältnissen abhängt. „Indigene und bäuerliche Gemeinschaften haben viele verschiedene Methoden entwickelt, um die Böden und die biologische Vielfalt zu pflegen und nachhaltig zu leben. Diese lokal und kulturell angepassten Methoden hängen vom regionalen Klima, den Böden, den Kulturpflanzen und der biologischen Vielfalt ab. Der Versuch, Böden zu kommerzialisieren und einen ‚Einheitsansatz' für Böden und Landwirtschaft durchzusetzen, birgt die Gefahr, dass dieses Wissen und diese Vielfalt gerade dann angeeignet, untergraben und zerstört werden, wenn sie am dringendsten benötigt werden."[646]

Biokohle

Ein großer Hoffnungsträger für eine ökologisch sinnvolle Bindung von Kohlenstoff ist die Biokohle. „Kohle" zeigt den energetischen Nutzen an, aber sie ist diesmal „bio" und soll sogar klimafreundlich sein. Wenn Biomasse bei hoher Temperatur in einer sauerstofffreien Umgebung verbrannt wird, entsteht Biokohle.[647] Diese kann den Böden hinzugefügt werden. Die Biokohle bindet den Kohlenstoff stabiler als Pflanzen- bzw. Baumreste. Außerdem soll sie viele Bodeneigenschaften verbessern, z. B. durch ihre Poren Wasser besser zurückhalten.[648] Auf tropischen Böden soll die Biokohle eine erhöhte Bodenfruchtbarkeit ermöglichen, denn die Biokohle verhindert die dort sonst stattfindende starke Nährstoffauswaschung.[649] Darauf beruht die Praxis „Terra Preta" der Menschen im Amazonasgebiet. Außerdem ermöglicht die hochporöse Struktur der Biokohle, dass nützliche Bodenorganismen wie Mykorrhiza[650] und Bakterien sich dort gut halten und den Nährstoffhaushalt günstig beeinflussen. Im Boden verweilt die Pyrolysebiokohle länger (zwischen einigen hundert bis einigen tausend Jahren); die HTC-Kohle jedoch baut sich schon nach wenigen Jahren wieder ab.

Die Erwartungen an die Biokohle können jedoch nicht immer eingelöst werden: Die Ergebnisse hängen stark von den spezifischen Bedingungen ab, unter denen die Biokohle eingesetzt wird. Deshalb ist es schwer, allgemein gültige Voraussagen über ihre Wirksamkeit zu treffen.[651] Die Erkenntnisse über Biokohle stammen meist aus Laborversuchen über kleine Zeiträume hinweg, sodass man wenig über die spätere Zersetzung der Kohle und ihre Wirksamkeit in echten Böden weiß.[652] Häufig wird aus der Konsistenz von Biokohle auf ihre Funktion in den Böden geschlossen; solche Schlüsse funktionieren in der Natur aber leider nicht wie ausgedacht: „Die Persistenz des organischen Kohlenstoffs im Boden ist in erster Linie nicht eine molekulare Eigenschaft [von Biokohle], sondern eine Eigenschaft des Ökosystems"[653]. Schon deshalb kann man die indigenen Praktiken im Amazonasbecken („Terra Preta") nicht einfach im riesigen Maßstab aufblähen.[654] In einer *Gemeinsamen Presseerklärung* von vielen Umweltgruppen wird darauf aufmerksam gemacht, dass „industrielle Holzkohle […] sich stark von Terra Preta" unterscheide. „Biokohle-Unternehmen und -Forscher waren nicht in der Lage, Terra Preta nachzubilden."[655]

Pyrolysekohle beinhaltet keine sinnvollen Nährstoffe[656], und eine reine Strukturverbesserung des Bodens ist zumindest in Mitteleuropa nicht vonnöten.[657] Unter bestimmten Bedingungen wird durch die Zugabe von Biokohle weniger Kohlenstoff im Boden mineralisiert, also gerade das Gegenteil dessen erreicht, was man für eine dauerhafte CO_2-Speicherung will. Die Verwendung von Stroh für die Biokohleproduktion ist auch kontraproduktiv, weil das Stroh nicht mehr zur Humusproduktion vor Ort zur Verfügung steht.[658] Ebenso würden andere Bioabfälle besser in den Wäldern verrotten, als zu Biokohle verarbeitet zu werden.

Die Zugabe von Biokohle führt zu einer Verdunklung des Erdbodens, was die Sonnenstrahlung besser absorbiert und damit erwärmt.[659] Im vorletzten IPCC-Bericht wird zu den „unbeabsichtigten Nebeneffekten" der Biokohle vermerkt, dass sie den Energiehaushalt der Oberfläche verändert, d. h. die Oberflächenerwärmung lokal verstärkt oder vermindert, und auch der Wasserkreislauf wird verändert.[660] Im aktuellen IPCC-Bericht wird zusätzlich angegeben, dass Umweltauswirkungen im Zusammenhang mit Feinstaub zu befürchten sind.[661] Bei der Pyrolyse entstehen auch polyzyklische Kohlenwasserstoffe (PAK), die krebserregend, mutagen und teratrogen sein können.[662]

Bei der Herstellung von Biokohle entstehen Gase und Bio-Öle, die zur Energiegewinnung genutzt werden können. Es gibt aber erhebliche Energieverluste: Die Hälfte der Energie in den Pflanzen geht durch die Umwandlung und den Wärmeverlust verloren.[663] Außerdem bedeutet eine „Maximierung der Energieerzeugung (Synthesegas/Bioöl) durch Pyrolyse [...] eine Minimierung der Biokohleproduktion und umgekehrt."[664] Biokohle aus einem langsamen Pyrolyse-Verfahren eignet sich besonders für die Kohlenstoffspeicherung im Boden, während sich für die HTC-Kohlen eine stoffliche Verwertung anbietet[665], so dass nicht alle Nutzensversprechen gleichzeitig zusammenkommen. Auch bei den verwendeten Pflanzen gibt es eine Nutzenkonkurrenz. So hat Biokohle aus Waldrest- und Schwachholz die größten THG-Vermeidungspotentiale[666], aber diese Stoffe gehen dem Wald für Humusaufbau und Biodiversität verloren.

Das Potenzial dieses Verfahrens ist „vorrangig durch ein limitiertes Angebot an verfügbarer Biomasse beschränkt"[667]. Nur 10[668] bis 12 Prozent[669] des Treibhausgasausstoßes könnten durch das Speichern des Kohlenstoffs in Biokohle kompensiert werden. Wenn aber 12 Prozent der jährlichen Treibhausgasemissionen durch „nachhaltige Biokohle" ausgeglichen werden sollen, werden dafür 556 Millionen Hektar Land gebraucht, eine Fläche, die 1,7 Mal so groß ist wie Indien.[670]

Wenn für die Biokohle extra Biomasse angebaut würde, käme es zu einer Konkurrenz um die Landnutzung.[671] „Insbesondere wenn es zu einer Subventionierung der Biomassenutzung für Biokohle käme, bestünde eine Gefahr darin, dass nicht nur biogene Reststoffe genutzt werden, sondern es zu einer Landnutzungsänderung hin zum Anbau von Biomasse für die Biokohleherstellung kommt, mit eventuell nachteiligen Folgen für die Nahrungsmittelproduktion"[672]. Für Deutschland wurde folgendes Potential ermittelt: „Demnach könnte durch Biokohle ungefähr ein Prozent des für 2030 angestrebten Treibhausgasreduktionsziels erreicht werden, dies jedoch größtenteils zu Kosten von über hundert Euro pro Tonne CO_2."[673] „Um 1 % des deutschen Treibhausgasminderungsziels für das Jahr 2030 durch die Herstellung von Biokohle zu erreichen, müsste zum Beispiel die Gesamtmenge an fester und vergärbarer Biomasse, die in Deutschland verfügbar ist, pyrolysiert werden."[674]

Obwohl Biokohle grundsätzlich auch in kleinen Einheiten hergestellt werden kann, sind für eine globale Wirkung als CDR-Technik enorme Aufwände nötig: „Jede globale Biokohle-Initiative würde nicht nur Zugang zu Land für Biomasse [benötigen], sondern auch eine massive Infrastruktur, um große Mengen an Biomasse aus praktisch allen Landschaften zu ernten und zu transportieren, sie in einer Vielzahl von Pyrolyseanlagen zu Biokohle zu verarbeiten und dann die Biokohle über weite Landstriche zu verteilen und auszubringen (zu pflügen)"[675]. Das bedeutet unter den derzeitigen wirtschaftspolitischen Bedingungen nichts Gutes: In der *Gemeinsamen Presseerklärung* von Umweltorganisationen zu Biokohle wird festgestellt: „Industrielle Monokulturen von schnell wachsenden Bäumen und anderen Rohstoffen für die Zellstoff- und Papierindustrie sowie für Agrotreibstoffe haben bereits schwerwiegende soziale und ökologische Auswirkungen, die den Klimawandel verschärfen."[676]

Aus all diesen Erkenntnissen muss geschlossen werden: „Zusammenfassend lässt sich sagen, dass Biokohle ein unbewiesener Ansatz ist, der zum jetzigen Zeitpunkt einfach nicht als praktikable Option zur Abschwächung des Klimawandels aufgenommen werden sollte."[677] Angesichts dieser Realität ist es beinahe vermessen, dass z. B. die Firma *Microsoft* Biokohle als Wunderwaffe im Klimaschutz propagiert. „Durch die Schaffung dieses Narrativs in diesem Bereich der Biokohle und der freiwilligen Kohlenstoffmärkte stärkt Microsoft seinen Standpunkt und seine Rolle auf dem Markt."[678] Das Beispiel Biokohle soll aber – gerade für *Microsoft* – auch die Speerspitze dabei sein, mit dem Einsatz für Biokohle Kohlenstoffzertifikate auf dem freiwilligen Kohlenstoffmarkt verkaufen zu können.

Zusammenfassung zu CDR

Vor einigen Jahren zerbrach fast eine Freundschaft. Ein Freund sprach begeistert von der Möglichkeit, Kraftstoffe fast vollständig aus Pflanzen zu gewinnen. Ich war skeptisch und verwies auf die Gefahr, dass die dafür benötigte Menge an Biomasse sicher nicht bei uns vor Ort angebaut werden würde, sondern irgendwo im Rest der Welt, wofür andere Menschen ihr Land, also ihre Lebensgrundlage, hergeben müssten. Das kam nicht gut an, denn schließlich zerredete ich da eine aufkeimende Hoffnung darauf, die Welt zu retten, ohne unsere eigenen Mobilitätspraktiken verändern zu müssen. Bei den naturnahen Methoden des CDR gibt es denselben Konflikt – wenn auch nicht mehr zwischen uns Freunden.

Alle Maßnahmen, CO_2 aus der Luft zu entfernen, setzen näher an der Ursache des Klima-Umbruchs an als jene, die die Strahlung beeinflussen wollen. Deshalb gibt es bei ihnen nicht grundsätzlich einen Terminierungsschock.[679] Sie sind auch näher „an der Natur". Angesichts der Tatsache, dass wir seit Jahrtausenden mit der menschlichen Landwirtschaft und entsprechenden Entwaldungen in vielen Gebieten der Erde stark in die natürlichen Wechselbeziehungen eingegriffen haben, scheinen weitere Natureingriffe zwecks Kohlendioxidabscheidung und -speicherung (CDR) nicht so sehr ins Gewicht zu fallen. Allerdings muss man sich grundsätzlich fragen: Tragen sie zu einer Reparatur der zerrissenen natürlichen Bindungen bei oder verstärken sie die Überlastung der Ökosysteme? Charles Eisenstein spricht von einem „CO_2-Reduktionismus"[680], wenn nur auf das Problem des zu hohen CO_2-Gehalts in der Atmosphäre geachtet wird. Die Methoden des CDR unterliegen diesem Vorwurf in vollem Maße. Veränderungen in der Landwirtschaft werden z. B. nur in Bezug auf die Speichermöglichkeiten von Kohlenstoff diskutiert; dass die auf der Erde vorherrschende konventionelle Landwirtschaft selbst eine Quelle von starken Treibhausgasen wie Methan und Lachgas ist, was zusammen mit anderen Folgen der landwirtschaftlichen Bodennutzung in Deutschland etwa 13 Prozent der Treibhausgase ausmacht[681], wird eher ausgeblendet.

Ein Beitrag in der Zeitschrift „Carbon Management" zeigt dies offensichtlich: Da werden die abgeschiedenen und gespeicherten CO_2-Mengen nur ins Verhältnis zur CO_2-Konzentration in der Luft bei unterschiedlichen Szenarien der Emissionsminderung gesetzt.[682] Die Crux dabei ist: Auch solche Untersuchungen werden gebraucht. Aber wenn die Autor*innen im Text jegliche Hinweise auf ihren methodischen Reduktionismus vermeiden und nicht darauf aufmerksam machen, wo ihre inhaltlichen Grenzen liegen (und diese begründen), dann ist oft etwas grundsätzlich faul daran. Matti Pousi nennt ein solches Vorgehen „Techno-Managerialismus"[683]. Auffällig ist, dass dabei eine Bilanzierung vorgenommen wird, „die oft mit der Finanzbuchhaltung verglichen wird"[684]. Und das wird bewusst gemacht, weil sich diese Rechnungslegung scheinbar sehr gut mit einer rein markbasierten ökonomischen Regulierung der Treibhausgasemissionen („Emissionszertifikate") und des Climate Engineering (das sich mit dem Verkauf solcher Zertifikate finanzieren soll) verbinden lässt.

Um auf meinen Streit mit dem Freund zurück zu kommen: Gerade bei der so vorteilhaft erscheinenden Technik wie der Biokohle machen Umweltorganisationen aus aller Welt in einer *Gemeinsamen Presseerklärung* auf folgendes aufmerksam: „Die Einbeziehung von Böden in die Kohlenstoffmärkte wird ebenso wie die Einbeziehung von Wäldern in den Kohlenstoffhandel die Kontrolle der Unternehmen über lebenswichtige Ressourcen verstärken und Kleinbauern, ländliche Gemeinschaften und indigene Völker ausschließen."[685] Wer also von vornherein nur über CO_2-Bilanzen spricht, wird für andere ökologische und gesellschaftspolitische Zusammenhänge blind. So wird über Biodiversität gar nicht nachgedacht, wenn nur konstatiert wird, dass „in vielen Regionen bewirtschaftete Plantagen mehr Kohlenstoff speichern können als einheimische Vegetation"[686]. Damit wird die Natur wieder instrumentalisiert, diesmal für den Nutzen der CO_2-Speicherung. Aber auch wer nur über Biodiversität, nur über Gefahren der Zerstörung nichtmenschlich-natürlicher Ökosysteme usw. spricht, kann einen ökoimperialistischen Standpunkt gegenüber den Menschen in lokalen Ökosystemen einnehmen. Deshalb sollten die wenigen Stimmen wie die zitierte *Gemeinsame Presseerklärung* besonders ernst genommen und alle weiteren Bewertungen der Techniken nur unter diesem Vorbehalt betrachtet werden. Denn ob die aus der Sicht der untersuchten Natur- und Technikfragen angemessenen Zweifel- und Kritikpunkte überhaupt ernst genommen werden, ist weniger eine Sache des Sachverstands als der wirtschaftlich-politischen Machtverhältnisse. Es geht nicht nur um das Verhältnis zwischen Menschen, ihrer Technik und der (außermenschlichen) Natur, sondern um Menschen in konkreten gesellschaftlichen Verhältnissen innerhalb der Naturverhältnisse – oder um „gesellschaftliche Naturverhältnisse"[687] bzw. um das *Verhältnis Mensch – Gesellschaftsformation – Natur.*[688] Denn „es gibt keine Krise der Nutzung der Natur, die nicht auch eine Krise der Lebensweise der Menschen wäre"[689].

Die Bedeutung der gesellschaftlichen Machtverhältnisse zeigt sich auch bei scheinbar natürlichen Klimalösungen wie dem Blue Carbon Management. Hier gibt es viele „Ko-Nutzen" für Biodiversität und menschliche Nutzung. Allerdings bleibt das Problem: Wer entscheidet mit welchen Kriterien? Geht es in Richtung „Ocean Grabbing" mit einer Kommerzialisierung dieser Naturverhältnisse oder Richtung mehr Selbstbestimmung der Küstenbewohner*innen? Nicht nur deswegen sind Aussagen zu Potentialen oder Kosten der einzelnen CDR-Techniken sehr abhängig davon, „welche Annahmen über die zukünftigen Entwicklungen getroffen werden"[690]. Ich arbeite deshalb in diesem Buch kaum mit Zahlen dazu.[691] Allgemein gesprochen nimmt das Potential, beginnend mit Biokohle, Auf- bzw. Wiederaufforstung und BECCS über Beschleunigte Verwitterung in Richtung Kohlenstoffspeicherung im Boden, immer weiter zu – die Kosten sind bei Auf- bzw. Wiederaufforstung am geringsten, was sich bei Biokohle über BECCS und Beschleunigte Verwitterung hin zur teuersten Methode DACCS steigert.[692]

Es ist vernünftig, die Bürde der CO_2-Entfernung nicht nur einer Methode aufzuerlegen, so wie es der IPCC-Bericht zur Einhaltung des 1,5-Grad-Ziels[693] machte, indem er zeigte, dass alle Szenarien, die nicht von einer massiven Energieeinsparung ausgehen, solche Lösungen brauchen – gewählt wurde hier BECCS. Damit wurde zwar deutlich, dass das Ausmaß von CDR umso stärker steigen muss, je weniger die Reduktion der Emissionen gelingt, aber es wurde auch der Eindruck erweckt, eine einzige Methode könnte es richten. Es ist aber eher von einem „Cocktail an Maßnahmen" auszugehen. Aber man kann deren Potentiale auch nicht einfach addieren, denn die Maßnahmen stehen oft in einer Konkurrenz um Flächen wie Biokohle und BECCS[694] und sind von unterschiedlichen Bedingungen abhängig, sodass globale Vergleiche oft nicht weiterführen. Biokohle ist z. B. in tropischen Regionen vorteilhafter als in anderen.

Gerade der finanzielle Aufwand hängt davon ab, wie viele Treibhausgasemissionen auszugleichen sind, und dies erstens als ständig weiterlaufende Ausgleichsmaßnahmen für nicht verhinderbare Treibhausgasemissionen durch die Menschheit auch in Zukunft (z. B. aus der Landwirtschaft, bei der Zement- und Stahlherstellung in vernünftigem Maße) und zweitens als Ausgleich für die bis zum Erreichen des endgültigen Reduktionsziels zu viel ausgestoßenen Treibhausgase. Dabei sind auch die Wechselwirkungen mit den natürlichen Senken zu berücksichtigen. Wenn die THG-Emissionen sich bis 2050 halbieren würden, könnte die biologische Kohlenstoffabscheidung die verbleibenden Emissionen kompensieren.[695] Zu viel CDR ist übrigens deswegen nicht erwünscht, weil bei einer Verringerung des CO_2-Gehalts der Atmosphäre die natürlichen Senken an Effektivität verlieren und z. B. die Ozeane wieder mehr CO_2 ausgasen.[696] Dies ist eine „inhärente Beschränkung für CDR"[697]. Eine soziale Begrenzung ist dadurch gegeben, dass das Land für die notwendige Nahrungsmittelproduktion nicht umgenutzt werden darf. Biologisches CDR an Land hat ein besseres Kosten-Nutzen-Verhältnis als die technische CO_2-Abscheidung[698]; ersteres beansprucht aber mehr Land: „Wenn die landbasierte Produktivität genutzt werden soll, um eine Kohlenstoffsenke zu schaffen, die den Gesamtemissionen entspricht, werden mindestens etwa 15 % der produktiven Landfläche der Welt benötigt."[699] Es ist den „natürlichen" Methoden quasi eingebaut, dass sie zwar harmloser klingen als die eher technizistischen, aber gerade die geringe natürliche Effizienz der meist ausgenutzten Photosynthese bringt das Problem der Konkurrenz um Land mit sich. Auch der IPCC macht darauf aufmerksam: Gerade die biologischen Methoden, die eine Veränderung der Landnutzung erfordern, geraten in Konkurrenz mit vorhandener Nahrungsmittelproduktion und vorhandener Biodiversität.[700] Deshalb konkurrieren drei Strategien: die Landnutzung für Nahrungsmittelproduktion („Nahrung zuerst"), Naturschutz („Naturschutz zuerst") und lokaler Klimaschutz durch Albedo-Veränderungen („Klima zuerst").[701]

Es gibt auch unmittelbare Probleme. Die Produktion von mehr Biomasse erfordert meist den Einsatz von mehr Düngemitteln und einen hohen Wasserverbrauch. Neue Vegetation verändert die Oberflächenalbedo; so verringern Wälder in nördlichen Schneegebieten die Albedo. Bei einer Speicherung des CO_2 in den Ozeanen wird dort die Versauerung verstärkt.[702] Außerdem gibt es einen unangenehmen Rückkopplungseffekt: Wenn sich weniger CO_2 in der Luft befindet, entweicht mehr CO_2 aus den Ozeanen.[703] Die Studie, die dies ermittelte, macht in den Schlussfolgerungen deutlich, dass viele der natürlichen Auswirkungen von Climate-Engineering-Maßnahmen noch gar nicht verstanden sind.[704]

Grundsätzlich gilt hier auch eine Begrenzung der Thematik, auf die nicht oft genug aufmerksam gemacht werden kann: Als Problem wird nur der CO_2-Gehalt angesprochen, andere Treibhausgase, z. B. aus der Landwirtschaft, fallen unter den Tisch. Und erst recht andere Zerstörungen unserer biologischen Mitwelt. Ihre Nutzung zum Zweck der Reduktion von CO_2 in der Atmosphäre (CDR) ist selbst auch nur ein instrumentalisierender Umgang mit ihr. Sogar der Climate-Engineering-Forscher David Keith fragt: „Sollten wir Wälder und Ozeane nur in Hinblick auf ihre Funktion, dem Klimawandel zu begegnen, betrachten?"[705]

Die Frage, ob der Klimawandel durch die Anwendung von CDR-Maßnahmen umgekehrt werden kann, wird im IPCC-Bericht von 2021 ausführlich diskutiert. Die Antwort ist *Nein*. Der CO_2-Gehalt in der Atmosphäre kann sich etwa bei 400 ppm stabilisieren; das ist noch weit über den 280 ppm aus vorindustriellen Zeiten. Die global-durchschnittliche Oberflächentemperatur bleibt um ca. 1,5 Grad erhöht, das Tauen der Permafrostgebiete kann innerhalb von Dekaden reduziert, aber nicht ganz verhindert werden, und die thermische Ausdehnung der Ozeane nimmt über Jahrtausende weiter zu, aber etwas verlangsamt.[706] Auch wenn der Wert des Pariser Klimaziels von

1,5 Grad nur zeitweise überschritten wird, sind über Jahrzehnte hinweg Klimaveränderungen zu erwarten.[707]

Trotzdem birgt CDR viel Potential, um es fast widerspruchs- und widerstandslos als Alternative zu einer radikalen Emissionssenkung zu propagieren. Dabei wird vergessen, dass „die Auswirkungen der Verbrennung fossiler Brennstoffe auf das Klima" unumkehrbar sind, „während die so genannten ‚Kohlenstoffsenken' im Boden höchst unsicher und vorübergehend sind"[708]. Gesellschaftspolitisch entsteht hier wieder die moralische Gefahr, dass die scheinbar natürlichen Climate-Engineering-Methoden die radikale Reduktion der Emissionen überflüssig erscheinen lassen. Auffällig ist in diesem Zusammenhang auch die Nutzung der Kohlenstoffspeicherung (CCS) zum Zwecke des Einsatzes des Kohlendioxids beim Weiterbetreiben fossiler Lagerstätten.

Unterm Teppich des versprochenen Climate Engineering

Ich begann vor ziemlich genau fünf Jahren, Material zum Thema Climate Engineering zu sammeln. Damals ergab sich daraus recht bald eine grundsätzlich kritische Haltung. Ich war empört, als ich erfahren musste, dass der IPCC im Bericht über das Erreichen des 1,5-Grad-Ziels[709] zumindest die Methode der bioenergetischen Pflanzennutzung mit CO_2-Abscheidung und -Speicherung (BECCS) schon fest einplante.[710] Aber ich musste auch einsehen: Es war zu spät für die Hoffnung, ohne massive Reduzierung des Energieverbrauchs – die nicht wirklich ernsthaft als Option verfolgt wurde – wäre es noch möglich, dieses Ziel einzuhalten. Was mich am meisten empörte, war die Unehrlichkeit, mit der damit umgegangen wurde. Einerseits war die harte Wahrheit durchaus nicht verschwiegen worden; die Dokumente sind für alle lesbar. Andererseits wurde als öffentliche Botschaft weiterhin nur verkündet, das 1,5-Grad-Ziel sei noch erreichbar – aber nicht, mit welchen Maßnahmen. Weil man befürchtete, die Menschen zu entmutigen, wenn man ihnen die harte Wahrheit sagen würde, ging man das Risiko ein, um Climate Engineering nicht mehr herumzukommen. Das wurde dann auch sehr „weich" formuliert, als wären die „negativen Emissionen" etwas völlig Unproblematisches. Dass auf Climate Engineering nicht mehr verzichtet werden kann, ist ein Paradigmenwechsel, aber darüber wurde geschwiegen. Das öffnet auch Tür und Tor dafür, dass weitere Emissionen von Treibhausgasen zugelassen werden, weil ja so getan werden kann, als würde dann eben „nur" mehr Climate Engineering betrieben werden und das hoffentlich funktionieren. Je mehr wir noch emittieren, desto mehr können wir „unter den Teppich des Climate Engineering" kehren.

Bei aller Beschwerde darüber: Wir müssen inzwischen damit umgehen, dass wir so oder so darüber nachdenken müssen, welche Climate-Engineering-Maßnahmen wir warum bekämpfen und bei welchen wir uns einmischen müssen, damit sie auf eine Weise geschehen, bei der zumindest nicht schlimmste Folgen zu befürchten sind, welche die globalen Ungerechtigkeiten sogar potenzieren. Das eben genannte einheitliche *Wir* verleugnet die ungleichen Möglichkeiten, überhaupt gefragt zu sein und Einfluss zu haben, d. h. es verleugnet globale und soziale Ungleichheiten und Klassenverhältnisse. Die noch Einflusslosen aus aller Welt brauchen aber, wenn sie sich einmischen wollen, neben der noch zu erkämpfenden Macht auch sachliches Wissen darüber, warum sie sich wofür oder wogegen einsetzen wollen.

Welche Kritik?

Gerade ist der Volksentscheid in Berlin gescheitert, mit dem gefordert werden sollte, dass Berlin nicht erst 2045, sondern schon 2030 klimaneutral wird. Es sind also nicht bloß die bösen Kapitalisten, die die ausreichende Reduktion der Emissionen verzögern und deshalb in die Situation kommen, sich auf Climate Engineering einlassen zu „müssen". In den Klimabewegungen wurde sehr schnell skandiert: „System Change not Climate Change"[71]. Was ist das nur für ein System, dass uns, „die Menschheit", so in die Zange genommen hat? Weltweit werden das wirtschaftliche Leben und die angestrebten Lebensstile noch stark vom Kapitalismus bestimmt: höher, schneller, weiter – mehr Profit, mehr Konsum! Wo das System nicht durch seine lange Etablierung in den eingefahrenen Gleisen läuft, entstehen weltweit mehr und mehr Regionen, in denen nicht einmal der ökonomisch-instrumentelle Verstand das Sagen hat, sondern Willkür, Machtstreben oder der reine Überlebenskampf. Kein gutes Umfeld, um den Stoffwechsel der wirtschaftenden Menschen mit der äußeren Natur vernünftig zu gestalten. Es liegt nahe, Fareed Zakaria Recht zu geben, der schon nach dem Misserfolg des Klimagipfels in Kopenhagen äußerte: „Ich glaube, dass die globale Erwärmung real ist, aber ich kann mir nicht vorstellen, dass die Welt zusammenkommt, um die CO_2-Emissionen so weit zu reduzieren, dass sie tatsächlich gestoppt werden kann."[712]

Das zeigen inzwischen auch die Szenarien des IPCC (SR1.5). Allerdings ist zu beachten, dass selbst die IPCC-Szenarien Beschränkungen unterliegen, die mit ihrer Bindung an die herrschende kapitalistische Ökonomietheorie zu tun haben. Es gibt in der Geschichte der Menschen lange Zeiten und viele Kulturen, in denen sich nicht „alles rechnen" musste und in denen die Ökonomie, die „Wirtschaftlichkeit", nicht im Mittelpunkt der Entscheidungen stand, wobei die Wirtschaft erst recht nicht ständig wachsen musste. Im Kapitalismus ist die Dominanz der Ökonomie im Sinne der Effizienz und das Wachstumsparadigma zum Zweck der Maximierung der Profite[713] fast selbstverständlich geworden. So sehr, dass auch die IPCC-Szenarien dieser Dominanz unterliegen. Entsprechend der herrschenden wirtschaftswissenschaftlichen Paradigmen sind Maßnahmen, die zu weniger Produktion und Konsum führen, in den IPCC-Szenarien gar nicht vorgesehen.[714] Die Modelle „kennen kein Weniger"[715]. Das ist letztlich der Hintergrund für die klammheimliche Verlagerung der Aktivitäten in Richtung Climate Engineering. Mit der Minderung der THG-Emissionen kommen wir ohne die Abwendung vom ewigen Wachstum nicht voran, deshalb wird der Scheinausweg Climate Engineering gebraucht: „Die vom IPCC empfohlene Strategie besteht im Wesentlichen darin, Probleme in die Zukunft zu verlagern, nach dem alten und diskreditierten Motto ‚jetzt wachsen, später aufräumen‘.“[716] Es ist extrem fahrlässig, dass im IPCC-Bericht zum 1,5-Grad-Ziel davon ausgegangen wird, dass die meisten der Szenarien die 1,5 Grad zeitweise überschreiten werden – in der Hoffnung, die Temperaturerhöhung später wieder senken zu können. Das vernachlässigt die dann drohenden Kipppunkte und auch den Stress für die Ökosysteme beim Auf und Ab der Temperatur.[717]

Die IPCC-Szenarien setzen auf ein weiteres Wachstum über mehrere Jahrzehnte hinweg: „Die Erwägung von Optionen wie einer Politik des degrowth wurde von den IPCC-Ökonomen abgelehnt, da die Ergebnisse solcher Annahmen wirtschaftlich unplausibel wären. Daher werden Annahmen über ein 80-jähriges Wachstum und das Risiko von Gewächshaus-Klimabedingungen als realistische Option angesehen, der zur Begrenzung der Klimaschäden notwendige tiefgreifende Strukturwandel dagegen nicht – zumindest nicht, wenn er das permanente Wirtschaftswachstum beendet.“[718]

Deshalb scheint es keinen Ausweg mehr zu geben: Wenn die Wirtschaft weiterhin wachsen muss, können die Treibhausemissionen nicht in ausreichendem Maße gesenkt werden. Eine Abkopplung von Wachstum und Emissionen ist auch nach dem IPCC „weitgehend untypisch, insbesondere wenn es um verbrauchsbedingte CO_2-Emissionen geht“[719]. Deshalb erscheint es nun notwendig, auf den Plan B, die „negativen Emissionen“ durch Climate Engineering (CDR), zurück zu greifen. Woran liegt diese Wachstumsfixiertheit? Nur im falschen Denken, das man durch Aufklärung verändern könnte, oder auch in objektiven gesellschaftlichen Verhältnissen, dem „System"?

Das System ist der Fehler

Die derzeitige Wirtschafts-Lebensweise-Dynamik wird dominiert vom Kapitalismus, das zeigt sich daran, dass auch bei seinen Krisen alles in Mitleidenschaft gezogen wird und (bisher?) keine Alternativen zum Besseren hin in die Bresche springen können, sondern nur noch Schlimmeres. Die Kerndynamik des Kapitalismus besteht in der Aneignung des durch die unmittelbaren Produzent*innen produzierten Mehrwerts durch die Klasse derer, die die wichtigsten Produktionsmittel besitzen. Aus dem Mehrwert wird Profit, und aus dieser Vermehrung des Werts speist sich das „Weiter – Höher – Schneller", die oft kritisierte Wachstumslogik. Heutzutage wird diese Kerndynamik durch viele andere Aneignungs- und Spekulationsprozesse überwuchert, sodass der Klassencharakter im Kern kaum noch gesehen wird. Wer meint, den „Fehler im System" nur durch das Abschaffen offensichtlicher Ärgernisse wie den Zins oder das Wachstum beseitigen zu können, übersieht, dass das System selbst der Fehler ist. In der kapitalistischen Wirtschaft wird nur etwas unternommen, wenn es „sich rechnet". Dies tut es nur, wenn Gewinn/Profit herauskommt, wenn es also „mehr" wird. Obwohl unsere ganze Versorgung, unsere Bedürfnisbefriedigung davon abhängt, wird in der Wirtschaft nur etwas „unternommen", wenn es Profit bringt. Kein einzelner Unternehmer kann einfach mal so entscheiden, da nicht mehr mitzuspielen, weil er dann in der Konkurrenz verliert und pleitegeht.[720] Bei der Diskussion der Vielfalt von Strategien gegenüber der Minderung der Treibhausgasemissionen und Climate-En-

143

gineering-Optionen analysiert Konrad Ott nicht umsonst vor allem Investitionsentscheidungen der Kapitalseite.[721] Das Verhängnisvolle am Kapitalismus ist nicht nur, dass er unbezahlte Arbeit ausbeutet, sondern dass er das Entscheidungsmonopol zu seinen Gunsten hat und nutzt. Dabei geht es schon immer um das sozialökonomische Überleben einer großen Menge von Menschen – diesmal aber auch um das Überleben der Menschheit selbst als hochentwickelter Zivilisation.[722]

Dass die Versorgung fast aller Menschen mit an diesem System hängt, erklärt auch, warum diese, auch wenn sie keine Kapitalist*innen sind, nicht einfach aufgrund vernünftiger Argumente von dieser Abhängigkeit lassen können. Warum sich viele eher ein Ende der Menschheit vorstellen können als ein Ende des Kapitalismus ... und warum sie so viel Angst davor haben (müssen), dass sie bei Abstrichen am kapitalistischen „way of work and life"[723] am meisten opfern müssten. Das erinnert an die Geschichte vom Mullah, der mit seiner Hand im Nusskrug feststeckte. Er hatte sie in die schmale Krugöffnung gezwängt und im dicken Bauch des Krugs so viele Nüsse wie möglich gepackt. Nun kam er nicht mehr heraus. Er konnte nur herauskommen, wenn er die Nüsse wieder losließ. Wer macht das schon gerne?

Die erwähnte Klassenbeziehung zwischen Kapitalist*innen und denen, die kein Privateigentum an Produktionsmitteln besitzen und deshalb zu den Bedingungen der Kapitalist*innen arbeiten müssen und sich ihr Leben in diesen Verhältnissen so gut wie möglich einrichten wollen, ist keine Etikettierung einzelner Menschen, sondern charakterisiert die gegensätzlichen Pole, die das gesellschaftliche Feld möglicher Handlungsweisen strukturieren. Es zeigt die Ungerechtigkeit dieser Verhältnisse auf, wenn gesagt wird, dass die reichsten zehn Prozent der

EU-Bürger für zehnmal höhere Treibhausgasemissionen verantwortlich sind, als es für das 1,5-Grad-Ziel gut wäre, und dass das eine Prozent Superreicher sogar für 30 Mal höhere Treibhausemissionen verantwortlich ist, während die ärmere Hälfte die von ihnen verantworteten Emissionen nur halbieren müsste, um das 1,5-Grad-Ziel unterlaufen zu können.[724] Oder noch offensichtlicher: „Ein Milliardär ist so klimaschädlich wie eine Million Menschen"[725]. Dies ist ein sehr gutes Argument *gegen* die Annahme, die Bevölkerungsentwicklung sei das Hauptproblem. Gleichzeitig kann eine solche *personalisierende* Betrachtung auch von einer Kritik an den Kernstrukturen der Gesellschaft ablenken. Dass es eine Differenzierung in der Bevölkerung gibt, wird hier gezeigt, allerdings lenkt das Reichen-Bashing ziemlich erfolgreich von der wesentlicheren Frage ab: Wer bestimmt mit welchen Interessen die wirtschaftliche Dynamik der Welt? Also die Klassenfrage.

Macht

Trotzdem sind es natürlich Menschen, die konkret agieren, und dabei geht es, solange nicht herrschaftsfreie gesellschaftliche Formen durchgesetzt wurden, immer auch direkt um Macht im Sinne der „Macht über" etwas und andere.[726] In diesem Sinne gilt: „Die Herrschenden haben kein Problem mit dem Klimawandel, solange er so konzipiert ist, dass er ihnen mehr Macht verleiht"[727] – dasselbe gilt für den Versuch, die Folgen des Klimawandels durch Climate Engineering in Schach zu halten. „Kann man sich ein stärkeres Motiv vorstellen, um die Welt in Einklang zu bringen, als die Rettung des Planeten? Der Ökokolonialismus stellt eine neue Gefahr für das Geflecht der Kulturen auf dem Globus dar."[728] Naomi Klein hatte in ihrem Buch „Die Schock-Strategie"[729] gezeigt, wie Katastrophen von den Herrschenden dazu genutzt wurden, die Macht über Dinge zu bekommen, die sie vorher nicht hatten. So freute sich ein Kongressabgeordneter nach dem Hurrikan Katrina in New Orleans: „Endlich ist New Orleans von den Sozialwohnungen gesäubert."[730] Auch die Privatisierung des Bildungssystems konnte nach dem Hurrikan gepusht werden. Hierzu wird Milton Friedman zitiert: „Das ist eine Tragödie. Es ist aber auch eine Gelegenheit, das Bildungssystem radikal zu reformieren."[731] Die Tragödie des Klima-Umbruchs gibt den Mächtigen dieser Welt mehr als eine Gelegenheit, erstens Geld damit zu verdienen und zweitens ihre Machtpositionen zu stärken. Offen wird mit dem Gedanken gespielt, Climate Engineering als Druckmittel einzusetzen, indem „ein oder mehrere Staaten ihr Recht auf den Einsatz von solarem Geoengineering[732] geltend machen, wenn sie ihre Emissionsminderungsziele erreichen und andere Länder dies nicht tun."[733]

Weil auch der Klimanotstand Argumente hergeben kann, über neue „Schockstrategien" herrschende Mächte zu stärken, sind die entsprechenden Ängste vieler Menschen begründet und müssen ernst genommen werden. Das spricht keinesfalls gegen den Fakt, dass wir uns als Menschheit in den Klima- und allgemeinen Ökonotstand hineinmanövriert haben, aber sehr dafür, die Machtambitionen der Herrschenden genau zu beobachten und ihnen entgegen zu wirken. Auch für die Klimabewegungen steckt darin eine Gefahr: „Wenn wir rasches Handeln verlangen, ermächtigen wir jene, die bereits an der Macht sind, weil sie die nötigen Mittel besitzen, schnell und global zu handeln."[734] Dagegen hilft nur das Erringen von Selbst- und Mitbestimmung, z. B. durch allgemeine Bürger*innenversammlungen bzw. einen Gesellschaftsrat, wie ihn die *Letzte Generation* fordert. Innerhalb der Systemlogik allerdings, so haben wir oben am Beispiel des Berliner Klima-entscheids gesehen, sind nicht alle Bürger*innen gleich an radikalen Veränderungen für den Klimaschutz interessiert, und „die Gesellschaft" ist gespalten in Klassen, die sich auch über Räte nicht „versöhnen" lassen.[735]

Solange es nicht andere als machtbasierte Regulierungen gibt und die Gegeninstitutionen nur schwach ausgebildet und ohne Machtmittel bleiben, verstärken die Climate-Engineering-Ambitionen und -Praktiken die gegenwärtigen Machtverhält-nisse. „Stellen Sie sich Folgendes vor: Nordamerika beschließt, Schwefel in die Stratosphäre zu blasen, um die Intensität der Sonne zu verringern, in der Hoffnung, seine Maisernte zu retten – trotz der realen Möglichkeit, Dürren in Asien und Afrika auszulösen. Kurz gesagt, Geo-Engineering würde uns (oder einigen von uns) die Macht geben, riesige Teile der Menschheit in Opferzonen zu verbannen, indem wir einfach den Schalter umlegen."[736]

Schon die früheren Versuche, das Wetter großräumig zu beeinflussen, folgten Machtinteressen. So stellte der damalige US-Vizepräsident Johnson an der Southwest Texas State University fest: „Wer das Wetter kontrolliert, kontrolliert die Welt."[737] Der Climate-Engineering-Kritiker Raymond Pierrehumbert fragt vor allem angesichts der damals beginnenden US-Präsidentschaft von Donald Trump: Es ist „schon schlimm genug, dass Trump die Abschusscodes für Atomwaffen in der Hand hat. Wollen wir wirklich jemandem wie ihm die Möglichkeit geben, auch noch mit dem Weltklima herumzuspielen?"[738] Dabei war Trump auffallend zurückhaltend in Bezug auf Climate Engineering, wohl weil er nicht so schnell zwischen der Leugnung des Klimawandels und dessen Ausnutzung für eigene Zwecke umschalten konnte.

Es sind heutzutage nicht zufällig konservative Denkfabriken, die sich für die Erforschung des Climate Engineering einsetzen. „Dazu zählen das American Enterprise Institute, die Hoover Institution, das George C. Marshall Institute und das Heartland Institute, die zum Teil von der fossilen Industrie gefördert werden und den menschengemachten Klimawandel bezweifeln. Damit schützen sie die fossile Industrie vor dem Druck zur Emissionsminderung und eröffnen womöglich zugleich ein weiteres profitables Geschäftsfeld."[739] Zu denen, die einerseits die Klimawissenschaft anzweifeln, sich aber schon sehr zeitig für Forschungen zum Strahlungsmanagement (SRM) einsetzten, gehört David Schnare. Er war unter Trump „ein Mitglied des EPA[740]-Übergangsteams, der damit Karriere gemacht hat, mit Geld der Kohleindustrie Klimawissenschaftler zu schikanieren, indem er sie mit Anfragen nach offenen Unterlagen überhäuft"[741]. Schnare setzte sich schon 2007 nachdrücklich für Strahlungsmanagement (SRM) ein.[742] Er sieht die Minderung der Treibhausgasemissionen und die Climate-Engineering-Forschung als einander ergänzend an, zweifelte aber schon damals, dass die Emissionsreduktion in ausreichendem Maß erfolge, weshalb SRM notwendig sei, um zumindest die Eisschilde vor dem Abschmelzen zu schützen. Dafür will er auch die rechtliche Haftung für diese Maßnahmen begrenzen, weil es ja auch Verlierer dieser Maßnahmen geben könne. Der damit verbundene 5-Phasen-Plan strahlt eine ungeheure und unverantwortliche Selbstsicherheit der Durchführbarkeit ohne die Erwartung größerer Nebenwirkungen aus. Wie gehen diese Aktionen gegen Klimawissenschaftler*innen und die Forderung nach Climate Engineering zusammen? Nun, erstens hofft er, dass einige der Theorien der globalen Erwärmung widerlegt werden könnten[743], zweitens könnte man Treibhausgasemissionen durchaus reduzieren, „wenn dadurch wirklich Geld gespart wird" – und im schlimmsten Fall könnte man sich drittens mit Climate-Engineering-Techniken gegen die verheerendsten Folgen eines tatsächlichen Klimawandels wappnen.[744] Was er nicht dazu sagt: Die zweite Option lässt die Interessen der fossilen Industrien völlig unbeschadet, die erste ist kostenlos (bzw. das, wovon er wohl von der Kohleindustrie bezahlt wird), und die dritte könnte für die entsprechenden Unternehmen profitabel sein. Die Logik „passt". „In gewisser Weise ist Geoengineering für die Fundamentalisten der freien Marktwirtschaft ein logischer Ausweg, weil es eine Erweiterung des Glaubens widerspiegelt, dass der freie Markt und die technologische Innovation jedes von uns geschaffene Problem lösen können, ohne dass es einer Regulierung bedarf."[745]

Häufig kann man dem Geld nachspüren, um direkte Verbindungen nachzuweisen. Bei Schnare kann man aus den veröffentlichten Unterlagen einer pleitegegangenen Kohlefirma einiges sehen; auch bei der *Great Barrier Reef Foundation* ist zu erkennen, dass sie „eng mit Australiens größtem Treibhausgasemittenten BHP[746] und weiteren großen Emittenten aus der Bergbau- und Luftfahrtindustrie verbandelt" ist. „Diese Verstrickungen und Investitionen deuten darauf hin, dass hier ein großes Interesse daran besteht, die Kosten einer Reduzierung von Treibhausgasen zu vermeiden und weiterhin einem Business-as-usual nachgehen zu können."[747] Die Verbindung des Konzerns *ExxonMobil* mit dem Climate-Engineering-Forscher Haroon Kheshgi wurde schon weiter oben erwähnt. „Ein weiterer ehemaliger führender Exxon-Wissenschaftler, Peter Eisenberger, gründete später Global Thermostat, ein Geoengineering-Unternehmen, das aus der Columbia-Universität hervorging."[748] Auch der Geschäftsführer von *ExxonMobil*, Rex Tillerson, hat sich einen Namen als Climate-Engineering-Befürworter gemacht. Von ihm ist der Ausspruch überliefert: „Es ist ein technisches Problem, und es gibt technische Lösungen dafür."[749] Allerdings wäre es zu einfach, direkt aus dem Nachweis solcher Verbindungen zum Geld zu sehr verallgemeinerte und deterministische Schlüsse zu ziehen, etwa dass alle Climate-Engineering-Forschenden von der Fossilindustrie bezahlt und auf der rechten politischen Seite verortet seien.

Der Klimawandel war in den USA schon lange als große Gefahr für eine künftige Sicherheitspolitik eingestuft worden. Die Folgen des Klima-Umbruchs bedrohen einerseits eigene Machtstellungen durch eine allgemeine gesellschaftliche und politische Destabilisierung und bieten andererseits neue Möglichkeiten, durch „Schockstrategien" Einfluss und Macht in destabilisierten Gebieten zu erringen. Vor allem in Bezug auf die Climate-Engineering-Techniken, die auf eine Veränderung des Strahlungshaushaltes abzielen, gilt: „Geoengineering würde die Welt abhängig machen von technokratischen Eliten, militärisch-industriellen Komplexen und transnationalen Konzernen, um das globale Klima zu ‚regulieren'".[750]

Deshalb interessieren sich die entsprechenden Dienste sehr dafür. So finanziert die CIA Studien der US-amerikanischen Nationalen Akademie der Wissenschaften zum Climate Engineering.[751] Die scheinbar fachlich neutrale Climate-Engineering-Forschung kümmert sich inzwischen auch um geopolitische Fragen des „Counter-Geoengineering", also um Möglichkeiten, Climate-Engineering-Maßnahmen entgegen zu wirken, etwa um ihren Einsatz durch unverantwortliche Akteure zu verhindern.[752] Nicht umsonst wird die Gefahr eher woanders als im eigenen Land vermutet; so macht David Keith darauf aufmerksam, dass auch ärmere Staaten in kurzer Zeit und zu geringen Kosten solares Climate Engineering betreiben könnten, weil sie die Folgen des Klima-Umbruchs zeitiger und drastischer erfahren werden.[753]

Wir erleben hier mit dem Klima der Erde dasselbe, was es schon einmal bezüglich des „Kriegs um das Wetter" gab. In Anbetracht der Diskussionen um die Wettermanipulationen in Südostasien raffte sich der Unterausschuss für Ozeane und internationale Umwelt des US-Senats dazu auf, eine Anhörung zu veranstalten. Es wurden Berichte zitiert, wonach die Wetterveränderungen in Vietnam zu Überflutungen geführt haben, bei denen Tausende Menschen gestorben sind.[754] Das US-amerikanische Verteidigungsministerium hatte zugegeben, zu Wetterveränderungen fähig zu sein – und hatte versucht, Dürren auf den Philippinen und in Texas (erfolgreich) und in Indien und auf den Midway-Inseln (ohne Erfolg) zu beenden.[755] Die Airforce betrieb sogar einen „Air Weather Service"[756]. Auch ein Computer zur Simulation von globalen Klimaveränderungen wurde damals mit militärischem Interesse begleitet. Daraufhin wurde eine Resolution zum Verbot der Kriegführung mit geophysikalischen Mitteln beschlossen. Das Verbot, umweltbezogene oder geophysische Aktivitäten zur Kriegsführung einzusetzen, wurde 1978 durch die internationale ENMOD[757]-Konvention bestätigt. Hier haben bestimmte Funktionen der bürgerlichen Demokratie recht erfolgreich zu einer Selbstkorrektur geführt, die zumindest schlimmste Szenarien ausschließt.

Trotzdem kommt nicht alles ans Tageslicht. Es gibt strukturelle Verflechtungen an vielen Stellen, sodass auch schon von einem „militärisch-industriellen Geoengineering-Komplex"[758] gesprochen wird. Das bringt das Thema nahe an Verschwörungsmythen, zu nahe. Die Chemtrail[759] Verschwörung, also die (falsche) Annahme, Kondensstreifen hinter Flugzeugen wären Zeichen einer bewussten Ausbringung von schädlichen Chemikalien durch Flugzeugabgase, liegt in einem solchen Denken nahe an der Climate-Engineering-Methode der Injektion von Aerosolen in die Stratosphäre (SAI). Aber hier ist klar zu trennen: Auch wenn man gute Gründe hat, SAI zurückzuweisen, sollte man kein Chemtrail-Verschwörungsideologe sein.[760] Aber ein Vertrag wie die ENMOD-Konvention bedeutet kein Ende von Machtinteressen. Wenn sich die wirtschaftlich-politischen Verhältnisse, in die die kriegerische Nutzung von Techniken eingeschrieben sind, nicht ändern, wieso sollten wir dann optimistischer sein, dass neue Techniken wie das Climate Engineering diesmal nur zugunsten von Natur und Menschen eingesetzt würden? „Wenn, wie die Geschichte zeigt, die Fantasien von Wetter- und Klimakontrolle in erster Linie kommerziellen und militärischen Interessen gedient haben, warum sollten wir dann erwarten, dass es in Zukunft anders sein wird?"[761] Aus diesem Grund kann man ohne Verschwörungsmythen für die gegebenen Verhältnisse feststellen: „Das Abenteuer Geo-Engineering in einer konfrontativen Welt zu beginnen, wäre ein Spiel mit dem Feuer."[762]

Interessen

Bill Gates unterstützt mit seinem Privatvermögen über die Stiftung FICER[763] die Climate-Engineering-Propagandisten David Keith und Ken Caldeira bei der Forschung zu Techniken zur Injektion von Aerosolen in die Stratosphäre (AIS). Dabei soll es nur um Forschung gehen. Die darüber finanzierten Akteure setzen sich in wichtigen Gremien stark für die Climate-Engineering-Forschung ein.[764] Sie dominieren den Diskurs, weisen aber Vorwürfe über diese Dominanz zurück, indem sie behaupten, dass durch anderweitige Förderungen „unsere

Mittel im Rauschen untergehen"[765] sollten. Profitmotive werden auch von der Royal Society bereits im Jahr 2009 ins Auge gefasst: „Der kommerzielle Sektor hat bereits ein Interesse am Geo-Engineering gezeigt und investiert aktiv in die Entwicklung einiger Methoden (z. B. Biokohle, Ozeandüngung, Wolkenverbesserung und Luft einfangen). Solche Aktivitäten bergen das Risiko, dass Geo-Engineering Aktivitäten eher von Profit-Motiven als von der Reduzierung des Klimarisikos geleitet werden"[766]. Das ist die Weise, in der so etwas im Kapitalismus läuft. Forschende aus diesem Bereich verwahren sich jedoch gegen die Unterstellung, es nur aus kommerziellem Interesse zu betreiben. Ken Caldeira z. B. will alle Einnahmen, die eventuell aus seinen Patenten entstehen, „an gemeinnützige Nichtregierungsorganisationen und Wohltätigkeitsorganisationen"[767] spenden. Er lässt auch erklären, „dass die Tatsache, dass er die Erforschung von Geoengineering befürwortet, nicht bedeutet, dass er Geoengineering befürwortet"[768]. David Keith argumentiert für einen unterschiedlichen kommerziellen Umgang mit den beiden Hauptformen des Climate Engineering: Das Strahlungsmanagement (SRM), z.B. die Aerosolinjektion in der Stratosphäre (SAI)) soll öffentlich und nicht profitorientiert sein.[769] Deswegen setzen sich die Forschenden der Uni Harvard sogar dafür ein, ihre SRM-Erfindungen nicht zu patentieren.[770]

Bei der Reduzierung des CO_2 aus der Luft (CDR) dagegen wäre eine Kommerzialisierung in Ordnung.[771] Das wird damit begründet, dass sich bei einer Kommerzialisierung viele Firmen beteiligen und aufgrund der Konkurrenz die Kosten reduzieren würden. Keith selbst ist mit der Firma *Carbon Engineering* an der Technik der Direktentfernung von CO_2 aus der Luft (DAC) dabei. Diese Firma lässt sich Patente schützen und wird von einem Bergbaukonzern und Bill Gates gefördert. Hier scheinen sich Forscher zumindest teilweise gegen eine Kommerzialisierung ihrer Arbeit zu wehren, obwohl sie die Forschung von einem Großkapitalisten finanzieren lassen (müssen).

Ich kann mir gut vorstellen, dass solche Aussagen nicht nur der Täuschung der Öffentlichkeit dienen, sondern subjektive Wünsche ausdrücken. Allerdings ist das Gewollte das eine und das, was unter bestimmten Bedingungen möglich ist, das andere. Die Bedingungen sind im Wesentlichen kapitalistische. Das heißt, über den Einsatz der Produktionsmittel und der Forschungsmittel entscheidet vermittels ihrer Investitionen die Kapitalistenklasse, und deren Zweck besteht primär in der Selbstvermehrung ihres Kapitals und der Aufrechterhaltung ihrer monopolisierten Entscheidungsmacht darüber. Mir liegen plumpe „Entlarvungen" ökonomischer Interessen von Forschenden nicht. Aber ich möchte wenigstens andeuten, wie „die Forschung zum solaren Geoengineering […] in der ungerechten Konzentration von politischer und wirtschaftlicher Macht verwurzelt [ist] und […] diese aufrecht [hält]"[772]. Es gibt viele Hinweise darauf, „dass das US-Wirtschaftssystem starke Affinitäten zu SRM aufweist, unterstützt durch ein entstehendes Agentennetzwerk, das versucht, ein Pro-SRM-Narrativ zu etablieren und SAI-Forschungsinitiativen zu starten"[773]. Es muss gefragt werden: „Passt eine bestimmte Technologie in eine bestimmte Wirtschaftsstruktur? Und, genauer: Welche Art von Wirtschaftssystemen würde die Forschung, Entwicklung und den Einsatz (RDD) von SRM und SAI begünstigen?"[774] Dass SAI-SRM zum kapitalistischen Wirtschaftssystem passt, erklärt sich aus dem Versprechen, negative Auswirkungen auf die Umwelt ohne ihre Ursachen zu bekämpfen. Außerdem passt diese Technik zur „Mentalität der herrschenden akademischen, wirtschaftlichen und politischen Eliten"[775]. Climate Engineering passt also perfekt in die Logik des Kapitals: Innovationen zum Zweck der Profitgewinnung – hier mit „Kunden", die erpressbar sind, nämlich die Weltgesellschaft, die die Folgen des Klima-Umbruchs nicht tragen könnte. Hier gilt auch der kluge Spruch: „Es ist ein Credo des Konsumkapitalismus: Niemals die Ursache bekämpfen, wenn man eine Industrie schaffen kann, die die Symptome behandelt."[776] Deshalb „sollten wir erwarten, dass sich SRM in das neoliberale Projekt der Ausweitung der Marktmechanismen auf immer mehr Bereiche des wirtschaftlichen und sozialen Lebens verwickeln lässt"[777]. Bill Gates, dessen gleichzeitiges Engagement in der Ausbeutung von Ölquellen und im Climate Engineering schon erwähnt wurde, ist typisch für ein Vorgehen, das alles macht, wenn es nur profitabel ist oder erscheint. Nach wie vor werden neue fossile Energiequellen erschlossen, neuerdings in der eisfrei werdenden Arktis. Wenn diese nicht mehr gefördert werden könnten oder dürften, wären die bisher aufgewendeten Investitionen „gestrandet". Der Ausweg besteht im Versprechen, die Auswirkungen der Treibhausgasemissionen beherrschen zu können: „Geoengineering ist der letzte Ausweg für die fossile Brennstoffindustrie – ihre einzige Chance, weiter zu fördern und zu verbrennen, um einen Teil dieser 1,6 Billionen US-Dollar an bald verlorenen Vermögenswerten zurückzugewinnen."[778]

Es gilt letztlich, sich zwischen rein technologischen Lösungsproblemen und gesellschaftlichen Veränderungen zu entscheiden. Auch in Bezug auf die Stellung zum Ob und Wie von gesellschaftlichen Veränderungen gibt es keine klaren, eindeutig voneinander unterscheidbaren Blocks. Die Interessen unterschiedlicher Akteure sind auf vielfältige Weise gebrochen, ineinander verflochten, und es bilden sich Konglomerate von mit- und gegeneinander kämpfenden Fraktionen in allen Klassen, die das Klassenverhältnis überlagern. Daraus bilden sich auch unterschiedliche Kapitalismustypen wie der hart neoliberale, der mit eher sozialstaatlichen Traditionen oder der mit eher autoritärem Verhalten.[779] Deshalb gibt es auch zum Climate Engineering vielfältige Positionierungsmöglichkeiten, die sich nur sehr grob ordnen lassen. Für bestimmte Kapitale wäre eine Umstellung auf neue Energiequellen und eine energiesparende Produktion eher ein Risiko und Verlust, andere versprechen sich gerade davon neue Profitquellen. Für alle muss es weiter in Richtung der Vermehrung der Profite gehen, das ist ein alle begrenzender Rahmen. Er ist auch mit den Konsumerwartungen der anderen Menschen so eng verbunden, dass er mittels „Wachstumskritik" nur schwer aus den Köpfen und Herzen der Menschen weg zu bekommen ist.

Konrad Ott[780] nennt in Bezug auf Climate Engineering drei mögliche Positionen: erstens die „enthusiastische": Sie „sieht Technologien als wertneutrale Mittel, um externe Effekte zu reduzieren", ohne an der Gesellschaft etwas verändern zu müssen. Die zweite „vorsichtige" Position sieht in der rein technologischen Option durchaus Unwägbarkeiten und Gefahren. Sie wägt die Kosten der Reformen mit den Gesamtrisiken der Reformen ab. Wer, in der dritten Position, der „ablehnenden", das Wirtschaftssystem sowieso ablehnt, wird die Techniken allein deswegen ablehnen; hier wird die Ablehnung des Wirtschaftssystems mit der Ablehnung der Techniken verbunden. Ich könnte mir eine vierte Position vorstellen, die es Menschen in einem vernünftigen gesellschaftlichen System zutraut, auch vernünftig-angemessen-vorsichtig mit diesen Technikoptionen umzugehen, ohne sie pauschal abzulehnen. Aber vor einer gesellschaftlichen Revolutionierung ist das nicht zu verwirklichen.

Die Option der Aerosolinjektion in die Stratosphäre (SAI) ist besonders für fortgeschrittene industrielle Gesellschaften verlockend, denn für sie entstehen neue Geschäftsmodelle bei erträglichen Kosten unter der Voraussetzung von vorhandenen Data Mining-, Chemie-, Flugzeug- und Überwachungstechniken usw.[781] Das passt schon mal. Unabhängig von Erklärungen der Akteure wie David Keith, die von ihnen erforschten SRM-Techniken am liebsten gar nicht einsetzen zu wollen, ist auch auffällig, dass „SAI-Strategien in den Staaten von Bedeutung sind, deren Vertreter sich weigerten, sich internationalen Protokollen zur THG-Reduktion anzuschließen, oder die inzwischen erklärt haben, aus dem Pariser Abkommen auszusteigen"[782]. Eine radikale Emissionsreduktion würde nämlich gerade auf der Seite der Mächtigen viele Verlierer hervorbringen, „deren Kapitalstock an wirtschaftlichem Wert verliert"[783]. Daraus ergibt sich, dass „SAI […] sinnvoll in einer politischen Struktur [ist], die nicht in der Lage ist, die Emissionen drastisch zu reduzieren und an ‚billige fixes und einfache Auswege' glaubt"[784]. Dazu entwickeln diese Akteure eine Erzählung, nach der Climate Engineering zeige, dass CO_2 kein gefährliches Abfallprodukt, sondern eine Ressource sei (vor allem SRM), kostengünstig und relativ risikoarm.[785] Mit diesen Behauptungen nimmt die kommerzialisierte Entwicklung insbesondere der CDR-Techniken gerade Fahrt auf. Ein Investmentfonds wirbt: „Es gab noch nie einen besseren Zeitpunkt, um ein Unternehmen für Kohlenstoffentfernung zu gründen. Also, kommen Sie mit Ihren wildesten Ideen zu uns".[786] Gleichzeitig müssen auch die enthusiastischsten Befürworter der CDR-Techniken zugeben, dass die reine Marktwirtschaft die Kosten nicht auffangen wird. Es muss gefragt werden. „Wie baut man eine 100-Milliarden-Industrie für ein Produkt auf, das niemand kaufen will?"[787]

Geträumt wird von einem „Markt für die Entsorgung" wie bei der normalen Abfallwirtschaft.[788] Dieser könnte finanziert werden durch einen Preisaufschlag auf die Produkte, wodurch die Konsument*innen belastet würden: „Die American Physical Society analysierte 2011 einen frühen Ansatz zur Abscheidung von Luft, der auf Standardtechnik beruht, und bezifferte die Kosten auf 600 Dollar pro Tonne Kohlendioxid. Dies würde die Kosten für eine Gallone Benzin um etwa 5 US-Dollar erhöhen"[789]. Der Preis für das CO_2, der von den Unternehmen zu zahlen ist, wird ohnehin auf die Preise ihrer Produkte aufgeschlagen, und derzeit liegen die „Kohlenstoffpreise […] nur bei 10-20 Prozent des Niveaus, das erwartet wird, um CCS kostenmäßig wettbewerbsfähig zu machen"[790]. Wir sind hier in einem Debattenfeld, in dem bisher regelmäßig versprochen wird, die Einnahmen über die CO_2-Bepreisung und die Zertifikate an die Bevölkerung zurück zu geben. Wir sehen aber: Sobald Climate Engineering ins Spiel kommt, halten dessen Akteure schon die Hand auf, um aus den erzielten Preisen bezahlt zu werden. Entweder die Konsument*innen müssen alles zahlen oder es wird durch öffentliche Mittel finanziert, indem sich die Regierungen um die CO_2-Abfallwirtschaft kümmern müssen. So oder so werden, wie im Kapitalismus üblich, die Gewinne privatisiert, aber die Kosten vergesellschaftet.

Bei der Speicherung des CO_2 mittels CCS-Technik ist sowieso vorgesehen, dass nach mehreren Jahrzehnten die Haftung vom Betreiber auf den Staat übergeht[791] und dieser dann die „Ewigkeitskosten" tragen muss, nachdem die Betreiber die Profite eingefahren haben. Der Run auf den Profit jedenfalls hat begonnen: „Die Tatsache, dass das Thema das Interesse von Bill Gates und anderen Unternehmern geweckt hat, zeigt die Dringlichkeit der Entwicklung dieser Technologie und die Aussicht auf viel Geld, wenn sich die Forschung als erfolgreich erweist"[792].

Andere Kapitalfraktionen, die sich auf „grüne" Techniken und sich erneuernde Energien orientieren, stehen z. B. der Aerosolinjektion in die Stratosphäre (SAI) eher kritisch gegenüber, weil sie die Leistungen von Photovoltaikanlagen mindern würde.[793] Da sie auch eher an einer Minderung der Treibhausgasemission arbeiten, sind sie nicht in der Riege der Climate-Engineering-Befürworter zu finden – haben aber bisher auch kaum die Macht, den Kapitalismus dermaßen zu begrenzen, dass ihre Ziele erreichbar scheinen, und die wenigsten ihrer Konzepte sehen ein Ende des Wachstums-Hypes vor. Das liegt nicht am intellektuellen Unvermögen, schließlich gibt es inzwischen auch eine wachsende Gemeinschaft von Wachstumskritiker*innen. Der Zusammenhang mit dem konkurrenzgetriebenen Profitwachstumszwang[794] erschließt sich jedoch den wenigsten, weil sie inzwischen weitgehend auf Marxsche Erkenntnisse verzichten.

Mentalitäten

Verbunden mit den jeweiligen Positionen in den Verhältnissen und Interessen bilden sich auch recht stabile mentale Deutungsrahmen aus, welche die Vorstellungen über Möglichkeiten eingrenzen. Ich habe schon erwähnt, dass sich viele Menschen eher ein Ende der Menschheit vorstellen können als ein Ende des Kapitalismus. Da innerhalb des Kapitalismus eine soziale Teilhabe breiter Bevölkerungsschichten tatsächlich bisher nur gelang (wenn auch nicht immer), wenn ein wirtschaftliches Wachstum den „zu verteilenden Kuchen" vergrößerte, ist auch das Wachstumsparadigma beinahe ungebrochen. Ich erwähnte schon, dass auch die IPCC-Szenarien an diesem Paradigma hängen und deshalb alternative Szenarien ohne Wachstum gar nicht vorkommen.[795]

Quantifizierung

Charles Eisenstein kritisiert an den gegenwärtigen Debatten, dass sie sich so einseitig auf die Frage der Klimaveränderung fokussieren und vor allem Themen der Biodiversität vernachlässigen. Innerhalb der Klimadebatte wiederum kritisiert er einen „CO_2-Reduktionismus"[796]. Er konstatiert auch, dass all diese Themen, spätestens sobald sie wissenschaftlich untersucht werden, dem methodischen Diktat der Quantifizierung und der Trennung von zusammenwirkenden Prozessen unterliegen. Das zeigt sich auch daran, dass sogar in den Studien zu naturnahen Möglichkeiten, CO_2 bzw. Kohlenstoff für lange Zeit zu binden, viele regenerative Praxen gar nicht auftauchen. In der regenerativen Landwirtschaft etwa kann man keine Standard-Testfelder einführen. „Es gibt keine Formel, nach der man rechnen kann, wie lang eine Herde in der Koppel bleiben muss, damit sich der Boden regeneriert. […] Es gibt keine Formel für den besten Saatmix."[797] Es geht hier um Qualitäten und um Beziehungen, die dem standardisierten wissenschaftlichen Blick verborgen bleiben.

Ökonomisierung

Schon zu Beginn der Climate-Engineering-Debatte verwendeten David W. Keith und Hadi Dowlatabati ein Kostenargument pro Climate Engineering: Sie zeigten in einem Diagramm, dass die Grenzkosten[798] für SRM-Maßnahmen ungefähr gleich bleiben, egal wieviel CO_2 ausgeglichen werden muss. Die Grenzkosten für die Emissionsminderung werden aber immer höher. (Je weniger emittiert wird, desto mehr Aufwand in der Umstellung der Infrastruktur etc.). Bei geringen Emissionen ist die Emissionsminderung günstiger, aber ab einer bestimmten Höhe der Emissionen wird es kostengünstiger, SRM durchzuführen, als immer mehr in die Minderung der Emissionen zu investieren. Wen diese Argumentation überzeugt, ist in seiner Vorstellungskraft und Denkweise schon sehr ökonomistisch eingeengt.[799]

Alle Güter werden auf den kapitalistischen Märkten nur monetär miteinander verrechnet. Die Einbeziehung des Climate Engineering, speziell von BECCS, wird im IPCC-Bericht von 2014 mit ökonomischen Argumenten befürwortet.[800]

Auch der IPCC hält sich an die Kostenoptimierung. Es wurde schon beim Thema CCS erwähnt, dass die Sorge, der Vermögenswert fossiler Brennstoffe könnte sinken, wenn die Emissionen reduziert würden, besänftigt werden kann, wenn CCS eingesetzt wird. Es geht also sehr stark um die Sorgen der Fossilindustrie und weniger um die Minderung der Treibhausgasemissionen oder gar der Wachstumsambitionen. Der ökonomisierende Gedankengang zeigt sich auch in Folgendem: Um die Interessen zukünftiger Generationen in die Überlegungen einzubeziehen, wird die Methode des „Diskontierens" verwendet, die Zukunft wird hier gegenüber der Gegenwart systematisch entwertet. Bei einem Diskontsatz von fünf Prozent[801] schätzen wir die Folgen zukünftiger Ereignisse pro Jahr um fünf Prozent geringer ein. Was im Jahr 2100 passiert, kümmert uns deshalb wenig. Wegen der Übernahme des herrschenden ökonomischen Denkens geht dies auch in die IPCC-Berichte ein.[802] Das führt in ein gefährliches Fahrwasser. Die Argumentation von Keith und Dowlabati wird wieder aufgegriffen: Wenn nur in Preis und Kostenkalkülen gedacht wird, soll das solare Climate Engineering (hier SAI) um das 100- bis 1000-Fache billiger sein als eine Dekarbonisierung der Wirtschaft.[803] Eine ökonomisierte Betrachtungsweise führt deshalb zu einem „Aufschieben der stärksten Emissionssenkungen", wie bei einen NASA-Workshop zu SRM diskutiert wird: „Wirtschaftliche Effizienz erfordert die Minimierung des Gegenwartswerts der Summe der Schäden durch den Klimawandel und der Kosten für die Verringerung dieser Schäden. Durch die Begrenzung des Temperaturanstiegs könnte das Strahlungsmanagement die Schäden des Klimawandels verringern. Gleichzeitig ist das Aufschieben der stärksten Emissionssenkungen, bis billigere Technologien zur Emissionsminderung verfügbar sind, ein Schlüssel zur Kosteneffizienz der Emissionsreduzierung."[804]

Potentiale

Bei der Untersuchung der Climate-Engineering-Techniken werden die Potentiale jeder einzelnen Technik abgeschätzt. Da die Forschung erst am Anfang steht, aber auch wegen vieler grundsätzlich nicht genau quantifizierbarer Effekte in komplexen natürlichen Systemen ist die Spannweite der angegebenen Werte sehr groß.

Laut IPCC-Bericht zur Einhaltung der 1,5-Grad-Grenze sollten im besten Fall im Jahr 2060 bereits 10 Gigatonnen CO_2 pro Jahr mit „negativen Emissionen" entfernt werden, im Jahr 2100 dann 20 Gigatonnen CO_2 pro Jahr.[805] Dies betrifft nur die CDR-Techniken, und es ist zu erwarten, dass nicht nur eine einzige Technik eingesetzt werden wird, wie es der IPCC-Bericht zur Einhaltung der 1,5-Grad-Grenze mit BECCS suggeriert, sondern ein Cocktail von Techniken. Auch wenn wir die Potentiale addieren, sieht es nicht besonders gut aus. Aufforstung könnte ein Potential zwischen 0,5 bis 10 Gigatonnen CO_2 pro Jahr haben, Kohlenstoffspeicherung im Acker- und Grasland zwischen 0,6 und 9,3 Gigatonnen CO_2 pro Jahr, die Wiederherstellung von Feuchtgebieten in der Landwirtschaft und an der Küste zwischen 0,5 und 2,1 Gigatonnen CO_2 pro Jahr, die Agrarforstwirtschaft zwischen 0,3 und 9,4 Gigatonnen CO_2 pro Jahr, Biokohle zwischen 0,3 und 6,6 Gigatonnen CO_2 pro Jahr, DACCS zwischen 4 und 50 Gigatonnen CO_2 pro Jahr, BECCS zwischen 0,5 und 11 Gigatonnen CO_2 pro Jahr, beschleunigte Verwitterung zwischen 2 und 4 Gigatonnen CO_2 pro Jahr, Blue Carbon Management weniger als eine

Gigatonne CO_2 pro Jahr, Ozeandüngung zwischen 50 und 500 Gigatonnen CO_2 pro Jahr sowie die Erhöhung der Alkalität der Meere zwischen 40 und 260 Gigatonnen CO_2 pro Jahr.[806] Nur wenn wir die Maximalschätzung realisieren könnten (mit entsprechendem Flächenbedarf) bzw. die am stärksten in die Biosphäre der Meere eingreifenden Methoden verwenden, wird es möglich, das Ziel zu erreichen. Der Wissenschaftliche Beirat der Europäischen Akademien[807] kam deshalb zu dem Schluss, „dass diese Technologien nur ein begrenztes realistisches Potenzial bieten, um Kohlenstoff aus der Atmosphäre zu entfernen."[808]

Damit werden die Szenarien aus dem IPCC-Bericht von 2018, die mit Unmengen an entferntem CO_2 nach 2050 rechnen, bereits Makulatur … Das Gesamtpotential der „Methoden der negativen Emissionen" liegt „im Bereich von 10–20 Prozent der jährlichen Emissionen, oder etwa dem Anstieg der CO_2-Emissionen der vergangenen 10–20 Jahre."[809]

Man kann zusammenfassend feststellen, dass Maßnahmen zur Entfernung des CO_2 aus der Luft (CDR) und auch lokale Strahlungsmanagement-Maßnahmen (SRM) nur ein begrenztes Potential haben, während das theoretische Potential von globalen SRM als hoch eingeschätzt wird.[810] Allerdings wird durch den Einsatz von SRM eine geringere Wolkenbedeckung erwartet, was dazu führt, dass die Strahlungsänderung weniger wirksam ist als die Treibhausgaswirkung von CO_2. Das bedeutet, dass zwischen 18 und 38 Prozent „mehr" Climate Engineering für dieselben Ziele eingesetzt werden muss, als ohne diesen Effekt nötig wäre.[811] SRM-Techniken werden als die unsichersten und risikoreichsten betrachtet, bei denen die größten potentiell schädlichen „Neben"-wirkungen anzunehmen sind. Dabei sind sie verlockend, denn die CO_2-Entfernung verläuft langsam und ist kostspielig, während das solare Geoengineering „schnell, billig und unvollkommen"[812] ist. Trotzdem ist der Trend zu beobachten, dass sich die Aufwände und Kosten als höher erweisen als zuerst angenommen und die Effektivität als geringer.[813] „Je genauer man hinschaut, desto weniger effektiv wird das CE."[814] Es gibt also ein „Paradoxon des Climate Engineering, das darin besteht, dass genau die Technologien, die in der Lage sind, schnell und effektiv gegen steigende Temperaturen zu vergleichsweise geringen Kosten vorgehen können, auch die Technologien sind, die wahrscheinlich das größte soziale und politische Unbehagen hervorrufen."[815]

Hier scheint das Prinzip zu gelten, dass das, was wenig Nebenwirkungen hat, auch wenig Wirkungen zeigt. Was große Potenzen hat, birgt auch große Gefahren: „Die (mäßig) guten Systeme mit CO_2-Abscheidung sind nicht erschwinglich und die (mäßig) erschwinglichen Systeme mit Strahlungsmanipulation sind nicht gut."[816]

Wenn man von Möglichkeiten und Potentialen spricht, so kommt es auch auf die Ziele an: Strahlungsmanipulation (SRM) soll direkt auf die globalen Temperaturen einwirken, Kohlenstoffabscheidung (CDR) eher auf das CO_2 als Treibhausgas. In beiden Fällen erhalten wir, sogar wenn die global-durchschnittliche Temperatur und der CO_2-Anteil in der Luft sinken, nicht die früheren Klima- und Wetterverhältnisse zurück, weil sich vor allem der Wasserhaushalt meist stark ändert, sodass es regional gravierende Auswirkungen geben kann.[817]

Kriterien zur Bewertung von Climate Engineering

Zur Bewertung neuer Techniken gibt es vom Verein Deutscher Ingenieure (VDI) eine „VDI-Richtlinie zur Technikbewertung"[818]. Bei solch einer Bewertung geht es nicht nur darum, ob und wie eine Technik ihren Zweck erfüllt, sondern die Zwecke werden auch mit bestimmten Werten abgeglichen. Diese Werte entstehen einerseits aus Bedürfnissen, andererseits aus grundsätzlichen Überlegungen. Bewertungsgrundlagen für Techniken sind vor allem: Funktionsfähigkeit, Sicherheit, Gesundheit, Umweltqualität, Wirtschaftlichkeit (einzelwirtschaftlich), Wohlstand (gesamtwirtschaftlich) sowie Persönlichkeitsentfaltung und Gesellschaftsqualität. Während in einer ökonomistischen oder technizistischen Betrachtung nur die Funktionsfähigkeit und die Wirtschaftlichkeit eine Rolle spielen, sind die Ingenieur*innen hier dazu aufgerufen, ihre Arbeit aus einem weiteren Blickwinkel zu bewerten (was ihnen im Alltag schwerlich gelingt). Für das Climate Engineering müssen einerseits alle Techniken einzeln nach diesen Kriterien befragt werden, andererseits kann man einiges auch allgemein aussagen: Angesichts der nichtaufhebbaren Unsicherheit der komplexen Klima- und Wetterveränderungen (siehe dazu mehr unten) ist eine präzise Funktionsfähigkeit der Techniken zu bezweifeln. Ebenso ist ihre Sicherheit (d. h. nur verantwortbare nicht erwünschte Wirkungen zu haben) nicht zu gewährleisten. Bei der Umweltqualität liegt das Dilemma zwischen eventuellem

Schutz vor dem Kippen der Klimakippelemente und Gefahren für Biosysteme und -diversität vor. Die SRM-Techniken sollen wirtschaftlich effizienter als die CDR-Techniken sein, wobei aufgrund der Un-Sicherheitslage eher die CDR-Techniken zu bevorzugen sind. Die Aerosolinjektioin in die Stratosphäre (SAI) ist eine Technik, die einerseits eine hohe potentielle Effizienz bei vergleichsweise geringeren Kosten aufweist, aber gleichzeitig die höchste Unsicherheit bezüglich Risiken zeigt. Die Aufhellung der Oberflächen in Städten steht am anderen Ende dieser Skalen: Sie hat nur geringe Risiken, ist aber auch weniger effektiv.[819] Die „Gesellschaftsqualität" verschlechtert sich weniger, wenn Klimakippelemente aufgehalten werden können, allerdings wird die Gesellschaft abhängiger von riskanten Techniken. Persönlichkeitsentfaltung ist mit diesen Techniken eher nicht zu erwarten, stattdessen wird aufgrund des mit vielen CDR-Maßnahmen verbundenen hohen Arbeitsaufwands von vielen Menschen harte körperliche Arbeit erfordert werden. Die wahrscheinlich größten Auswirkungen auf die biologische Vielfalt und die Ökosysteme haben die Aufforstung, BECCS und die Ozeandüngung.[820]

In einer öffentlichen Debatte wurden weitere Kriterien speziell für die Climate-Engineering-Techniken gefordert, nämlich Kontrollierbarkeit, Reversibilität und Rechtzeitigkeit.[821] Die Kriterien Kontrollierbarkeit und Reversibilität versuchen, angesichts des komplexen Systems, wie es das Klimasystem in seiner Verflochtenheit mit den anderen Erdsystemen ist, die Komplexität zu reduzieren. Tatsächlich können komplexe Systeme dadurch gehandhabt werden, dass sie in dezentrale autonome, aber vernetzte Untergruppen aufgeteilt werden, dass sie jeweils nur gering von Ressourcen und Energie oder Kompliziertheit abhängen sowie fehlertolerant und divers sind.[822] Dies kann bei naturnahen CDR-Techniken noch am besten realisiert werden. Climate-Engineering-Forscher*innen entwickelten im Jahr 2009 in Eigeninitiative fünf Schlüsselprinzipien, zu denen sich die Forschenden und möglichen Akteure verpflichten sollten, die „Oxford-Prinzipien"[823]:

—   Geoengineering soll als öffentliches Gut reguliert werden;
—   Beteiligung der Öffentlichkeit an der Entscheidungsfindung im Bereich Geoengineering;
—   Offenlegung der Geoengineering-Forschung und Veröffentlichung der Ergebnisse;
—   Unabhängige Bewertung der Auswirkungen;
—   Governance[824] vor dem Einsatz.

Ausgehend davon entwickelte die Asilomar-Konferenz (2010)[825] folgende Empfehlungen:

—   Die klimatechnische Forschung sollte auf den kollektiven Nutzen der Menschheit und der Umwelt ausgerichtet sein;
—   Die Regierungen müssen die Zuständigkeiten klären und, wenn nötig, neue Mechanismen für die Steuerung und Überwachung groß angelegter Forschungstätigkeiten im Bereich Climate Engineering schaffen;
—   Die Klimaforschung sollte offen und kooperativ durchgeführt werden, vorzugsweise in einem Rahmen, der eine breite internationale Unterstützung findet;
—   Iterative, unabhängige technische Bewertungen des Forschungsfortschritts werden erforderlich sein, um die Öffentlichkeit und die politischen Entscheidungsträger zu informieren;
—   Die Öffentlichkeit muss an der Planung und Überwachung der Forschung, an den Bewertungen und an der Entwicklung von Entscheidungsmechanismen und -prozessen beteiligt und konsultiert werden.

Auch vom Umweltbundesamt wurden „Kriterien zur Bewertung von Geo-Engineering Maßnahmen"[826] entwickelt, und Robert L. Olson versuchte, Kriterien für ein „Sanftes Geo-Engineering"[827] vorzulegen.

In vielen Analysen wird der Eindruck bestätigt, dass CDR-Techniken gegenüber SRM-Techniken zu bevorzugen sind. Die „CDR-Techniken bieten einen langfristigen Ansatz zur Bewältigung des Klimawandels als SRM Methoden und sind im Allgemeinen mit weniger Unsicherheiten und Risiken behaftet."[828] Sie benötigen jedoch mehr Zeit, sodass das Kriterium der „Rechtzeitigkeit" wahrscheinlich nicht erfüllt ist, vor allem angesichts der entmutigenden Tatsache, dass die natürlichen CO_2-Senken derzeit eher massiv zerstört als aufgebaut werden. Radikalere Maßnahmen, „die eine Manipulation von Ökosystemen in großem Maßstab (z. B. Ozeandüngung)" beinhalten, sind „am wenigsten vielversprechend […] aufgrund ihrer potenziellen Umweltauswirkungen, grenzüberschreitenden Auswirkungen und damit verbundenen Governance-Fragen."[829]

Wiederum ist unbedingt zu beachten, dass wir keinem Temperatur- bzw. CO_2-Reduktionismus verfallen dürfen, sondern diese Fragen in andere Problembereiche wie die Planetaren Belastungsgrenzen bzw. die „Ziele der nachhaltigen Entwicklung", die von der UNO im Jahr 2015 verabschiedet worden sind, einbetten müssen.[830]

Die oben genannte VDI-Richtlinie zur Technikbewertung bezieht sich „nicht nur auf die gegenständlichen Sachsysteme, sondern auch auf die Bedingungen und Folgen ihrer Entstehung und Verwendung"[831]. Damit folgt sie der Frage: „Technik ist die Antwort. Aber was war die Frage?" Das Climate Engineering ist eine Antwort auf das Problem, das wir mit der Emission von Treibhausgasen erzeugt haben. Letztlich ist es eine Problemverschiebung, bei der man ein Problem symptomatisch korrigieren will, wobei Nebenwirkungen entstehen, die eine grundsätzliche Problemlösung erschweren oder gar verhindern.[832] In der Technikentwicklung ist dies ein altbekanntes Phänomen. Probleme werden gelöst, indem neue Probleme geschaffen werden …

Einstein wird der Spruch zugeschrieben: „Wenn ich eine Stunde Zeit hätte, um die Welt zu retten, würde ich 55 Minuten damit verbringen, das Problem zu definieren, und fünf Minuten mit der Lösungsfindung." Beim Climate Engineering wird genau das nicht gemacht, sondern lediglich die globale Temperatur bzw. der CO_2-Gehalt in der Atmosphäre als das Problem definiert und alles, was damit zusammenhängt – bis hin zur wirtschaftlich-gesellschaftlichen Einbettung –, nur noch als Nebenschauplatz statt als zentrales Problem behandelt. Das beste Climate Engineering wäre es wohl, wie Mann und Tole nicht ganz ernst vorschlagen, eine Zeitmaschine für einen Sprung in die Vergangenheit zu bauen, um rechtzeitig die Treibhausgasemissionen beenden zu können.[833]

Probleme, Risiken, Gefahren

Climate Engineering ist keine Technik, sondern eine Politik

Bei der Zusammenfassung von Befürchtungen erinnere ich zwar an die sachlich bedenklichen „Neben"-Wirkungen der Climate-Engineering-Techniken, allerdings sollte das Hauptaugenmerk der Kritik auf dem gesellschaftlichen Kontext liegen. Wie Richard Owen schreibt: „Hier ging es nicht um Risiken, sondern um Zweck und Motivation"[834]. Das fällt auch in den Bereich der Politik als „Strukturen *(Polity)*, Prozesse *(Politics)* und Inhalte *(Policy)* zur Regelung der Angelegenheiten eines Gemeinwesens"[835]. Technik ist zumindest in diesem Sinne „politisch", dass sie „verwendet werden kann, um Macht, Autorität und Privilegien zu sichern"[836]; Langdon Winner nennt einige Beispiele.[837] So diente der Einsatz neuer Maschinen in Chicago, an denen auch ungelernte Arbeiter eingesetzt werden konnten, nicht dazu, die Produktion zu verbessern, sondern dazu, gelernte Arbeiter und die Gewerkschaft zu entmachten.[838] Die Erfindung und Einführung von Tomatenerntemaschinen hat die sozialen Beziehungen in der Landwirtschaft Kaliforniens grundlegend umgeformt.[839] Sie führte zu mehr Kapitalkonzentration und dem Verlust von zigtausenden Arbeitsplätzen, also einer Veränderung in der relativen Verteilung von Macht, Autorität und Privilegien. In der Erntemaschine verkörpert sich diese neue soziale Ordnung[840]; Techniken sind Wege, um ganz bestimmte Ordnungen zu schaffen.[841] Dabei ist nach Winner zu unterscheiden: Verlangen bestimmte Techniken bestimmte

Politiken? Oder passen lediglich bestimmte soziale Strukturen besser zu bestimmten Techniken, sind aber nicht unbedingt eine ihrer Konsequenzen?[842] Für das Climate Engineering werde ich weiter unten eher die zuletzt genannte Position begründen.

Die Climate-Engineering-Techniken müssen also nicht nur in Bezug auf Möglichkeiten und Gefahren, die aus der Veränderung der Natur erwachsen, betrachtet werden, sondern in Bezug auf ihre gesellschaftspolitische Einbettung und Bedeutung. Bei den Strahlungsmanagement-Techniken (SRM) ist es offensichtlich, dass neue Gefahren der Zentralisierung und Privilegierung der machtvollen Entscheider entstehen; aber auch naturnahe Kohlenstoff-Speicherungsmöglichkeiten (CDR) verlangen eine neue Art von Management. Dabei werden die Praxen der jetzt in diesen Gebieten lebenden Menschen beeinflusst, und dies meistens in dem Sinne, dass ihre Interessen denen des scheinbaren Klimaschutzes untergeordnet werden. Climate Engineering ist der Versuch, Ordnung im Klima zurückzugewinnen, die erst durch die treibhausgasschleudernde Wachstumsmaschinerie zerstört wurde – ohne die Quelle dieser Zerstörung zu beseitigen. Dies kennzeichnet die Politik des Climate Engineering unabhängig von allen Gefährdungen von Natur und Menschenleben im naturwissenschaftlich erfassbaren Sinne.

Technozentristische Perspektiven auf die Klimaveränderungen

Warum lieber Technik- als Gesellschaftsänderung?

Viele nehmen es als selbstverständlich an, dass sich die Technik weiterentwickeln muss und dass die Technikentwicklung im Wesentlichen auch den Fortschritt der Gesellschaft mit sich bringt. Aber es gibt auch Zweifel, und wir fragen uns immer öfter, wie gesellschaftliche Gegebenheiten in die Entscheidungen darüber eingehen, welche Technik wie weiterentwickelt wird. Climate-Engineering-Protagonisten lassen öfter erkennen, dass sie auf die Technik setzen, weil sie der gesellschaftlichen Entwicklungsfähigkeit nicht trauen. So berichtet Ken Caldeira: „Mitte der 1980er Jahre begann Teller, über den Klimawandel nachzudenken. Er traute den menschlichen Institutionen nicht zu, die Fähigkeit zu entwickeln, die Treibhausgasemissionen zu reduzieren. Also fragte er sich, ob es technische Mittel gibt, um das Problem des Klimawandels anzugehen, die keine Veränderungen in den menschlichen Institutionen oder der menschlichen Natur erfordern. Dabei stieß er auf die Idee des Geo-Engineering."[843] Allerdings: In den späten 1990er-Jahren vertraten Teller, Wood und Hyde noch eindeutig die Position, dass wir uns gar nicht um die Minderung der Treibhausgasemissionen bemühen sollten, schließlich könne das helfen, die nächste Eiszeit zu verhindern.[844]

Etwas später heißt es bei Teller (und Mitautoren): „Wir plädieren für ein aktives technisches Management des Strahlungsantriebs der Temperaturen der flüssigen Hüllen der Erde anstelle eines administrativen Managements der atmosphärischen Treibhausgase."[845] Die „erste Generation" der SAI-Protagonisten (Teller, Wood, Hyde) will grundsätzlich das Wetter beeinflussen und sieht die Treibhausgasemission überhaupt nicht als Problem an (1997-2002). Die „zweite Generation" (Myhrvold mit *Intellectual Venture* und die Nachfolger von Teller) begründet ungefähr ab 2000 ihre AIS-Vorschläge damit, dass es wohl nicht rechtzeitig gelinge, die Emissionen ausreichend zu mindern, um größere Schäden durch den Klimawandel zu verhindern. In dieser zweiten Phase werden auch Gefährdungen durch Climate Engineering Techniken wahrgenommen und zumindest diskutiert.[846] Außerdem sehen Wissenschaftler[847], die an diesen Techniken arbeiten, offiziell den Einsatz auf „kurz-fristige Klima-Notfälle"[848] beschränkt[849], und die Studie zur Machbarkeit „betrachtet ausdrücklich nicht den Einsatz von Climate Engineering als langfristige Alternative zur Reduktion von Treibhausgasemissionen"[850].

Parallel dazu wird Climate Engineering nach wie vor ge-gen die Minderung der Treibhausgasemissionen ausgespielt. So äußerte der Milliardär Richard Branson, der einen Preis dafür ausgelobt hatte, zur CO_2-Reduzierung aus der Atmosphäre bei-zutragen: „Wenn es uns gelänge, dieses Problem durch Geoen-gineering zu lösen, wäre Kopenhagen nicht nötig ... und wir könnten weiter mit unseren Flugzeugen fliegen und mit unse-ren Autos fahren"[851]. Die Ergänzung mit Flugzeugen und Autos werden leider auch viele der Menschen unterschreiben, die sich jetzt über die Aktionen der Letzten Generation empören! Auch unter Trump wurde versucht, „mit der Initiative ‚One Trillion Trees' – dem Versprechen, eine Billion Bäume zu pflanzen – von der Notwendigkeit einer CO_2-Reduktion abzulenken."[852] Mit dem Ausspruch „Stoppt das grüne Schwein" behauptete der einflussreiche Republikaner Newt Gingrich, eine Reduk-tion der Kohlendioxidemissionen sei nicht notwendig, weil so-lares Geoengineering möglich sei.[853] Die enge Verwandtschaft zwischen Klimawandelleugnern und Klimaklempnern sollte zu denken geben: „Sie sind sich nicht einig, wer den Klima-wandel verursacht hat, aber sie sind sich einig über technische und technologische ‚Lösungen' für jedes Problem, das durch den Klimawandel verursacht wird, unabhängig davon, wer ihn verursacht hat."[854]

Wer also primär auf technologische Lösungen setzt, statt zu überlegen, ob sich etwas – und wenn ja, was – in der Gesell-schaft ändern müsste, ist nicht gleich ein Technokrat im schlimmen Sinne des Wortes. Aber eine technozentrische Sichtweise ist weit verbreitet. Gregory Benford stellt seinem Artikel über „Klima-Kontrolle" den Satz voran: „Wenn wir die globale Erwärmung als technisches Problem und nicht als moralischen Skandal behandeln würden, könnten wir die Welt abkühlen."[855]

Als *Fix* wird im Allgemeinen eine schnelle technische Lösung für ein Problem bezeichnet, quasi eine „einfache Abhilfe"[856]. *Technofix* ist nicht nur ein Markenname für Spielzeuge, sondern bezeichnet das Bevorzugen von technischen Lösungen gegenüber anderen Lösungsformen wie gesellschaftlichen. Climate Engineering gilt für die meisten ihrer Vertreter als Technofix.[857] Für Rex Tillerson, Geschäftsführer des *ExxonMobil*-Konzerns, ist auch der Klimawandel nur ein technisches Problem, für das es technische Lösungen gibt.[858] Aus der Zeit vor 2000 finden sich von Climate-Engineering-Protagonisten häufig noch ehrliche Worte, so äußerten auch Teller, Caldeira u. a. noch 1999, dass das Climate Engineering dazu dienen solle, auch gegen andere natürliche „Ausschläge" des Klimas gewappnet zu sein.[859] Dahinter steckt die alte Hoffnung, Wetter und Klima technisch in den Griff zu bekommen. Jeff Godell erzählt eindrücklich, wie Lowell Wood, ein Schüler Edward Tellers, sich in den Anfangszeiten der Debatte für Climate Engineering stark machte. „Was wäre, wenn man den Kohlenstoffhandel, internationale Verträge und politische Blockaden umgehen und das Problem tatsächlich lösen könnte?"[860] „Tatsächlich lösen" meinte das Nachahmen der Folgen eines Vulkanausbruchs; dies führte bekanntlich zur Idee der Aerosolinjektion in die Stratosphäre (SAI). Im Kommentar eines Blogbeitrags der Pro-SAI-Firma *Intellectual Venture* konnte ein „Jimmy" dem sogar etwas Humor abgewinnen: „Ich finde die ganze Idee des Geo-Engineerings ziemlich witzig. Selbst die

Notwendigkeit, so etwas in Betracht zu ziehen, ist lächerlich. Ingenieure zur Rettung (mal wieder)! Moment, haben sie das Problem nicht schon beim letzten Mal verursacht?"[861]

Menschen, die technokratische Positionen zur Lösung der ökologischen Positionen vertreten, nennen sich oft auch Ökomodernisten. David Keith, dem wir hier oft als Protagonisten des Climate Engineering begegnen, ist einer der Autoren des Ökomodernistischen Mainfests.[862] Die Ökomodernist*innen nennen ihr Institut deshalb auch „Breakthrough Instititute", also „*Durch*bruchs-Institut". Das erinnert mich an das schöne Bild von „Per aspera ad astra" (Auf rauen/steilen Pfaden zu den Sternen). Damit soll die Angst vor dem *Zusammen*bruch verschwinden. Nicht zufällig setzt der Philosoph Clive Hamilton[863] diese Denkweise mit dem Optimismus der Hegelschen Geschichtsphilosophie in Bezug, nach der alle Schwierigkeiten nur dazu da sind, um in ihrer Überwindung den Fortschritt voran zu bringen. Und die Opfer? Clive Hamilton vermutet, dass die Erzählung des „guten Anthropozäns" erreichen will, dass „die Opfer, die gegen das System protestieren wollen, durch das goldene Versprechen einer neuen Morgendämmerung eingelullt werden sollen, so dass sie es schweigend ertragen"[864].

Statt gesellschaftlicher Eingriffe durch „Kohlenstoffhandel, internationale Verträge und politische Blockaden" werden also Technofixes bevorzugt. Denn die Gesellschaft gilt gemeinhin als im Wesen unveränderbar, wir erinnern an den Prägespruch des Neoliberalismus von Margaret Thatcher: „There is no alternative"[865]. Deshalb wird auch besonders von Techniker*innen das technozentrische Konzept vertreten, bei dem jede*r „mehr an der Erhaltung der bereits bestehenden Strukturen interessiert [ist] – zum Beispiel die Konsumgesellschaft und den fossilen Kapitalismus – als sich mit der Dringlichkeit und Tragweite der planetarischen Grenzen von einem systemischen Standpunkt aus zu befassen"[866].

Wenn die Welt gerettet werden soll, bietet sich aus dieser Perspektive nur eine technische Lösung an. Das steckt in der Logik dieser Ideologie und braucht nicht extra begründet zu werden. Und weil „solares Geoengineering das Potenzial hat, die Klimaanfälligkeit zu verringern, ohne die strukturellen Ungerechtigkeiten globaler Macht und Ungleichheiten anzugehen", wird es auch „zu einem attraktiven ‚philanthropischen' Projekt für Milliardäre und andere wohlhabende Eliten …".[867] Wir erinnern an Bill Gates und sein Engagement für Climate Engineering. Bill Gates hat allein zwischen 2007 und 2011 mindestens 4,6 Millionen Dollar in die Forschungen insbesondere von David Keith und Ken Caldeira gesteckt[868], die zu den „vorsichtigen Befürwortern" des Climate Engineering gezählt werden.[869] Auch strukturell sind entsprechende „Big Science Programme in die Gesamtstrukturen der US-Wirtschaft eingebettet"[870]. Es gibt ein herausragendes Pro-SAI-Akteursnetzwerk, das Forschende, Think Tanks und private Spender sowie Medienvertreter*innen zusammenführt.[871]

Neben dem Gewinnstreben muss ein davon unabhängiger Faktor erwähnt werden, die „Faszination für technische Lösungen"[872]. Der Gedanke, dass mehr Technik nur gut sein könne, war auch im Sozialismus vorherrschend. Man kann nicht behaupten, dass die sozialistische Ideologie technozentristisch oder technokratisch gewesen sei. Die technologische Entwicklung war nur als Mittel zum Zweck der Bedürfnisbefriedigung vorgesehen. Dabei sollte sich der Fokus mehr und mehr von der materiellen Bedürfnisbefriedigung hin zur Erweiterung der kulturell geistigen Bedürfnisse (und ihrer Befriedigung) und der Persönlichkeitsentfaltung bewegen. Dies lag zumindest in der

Absicht der politischen Führung – leider meist entgegen ihrem Handeln bzw. nur in eingeschränkter Weise. Die Persönlichkeitsentfaltung sollte auf der Grundlage geschehen, dass das Ausmaß der notwendigen Arbeit zur materiellen Bedürfnisbefriedigung immer geringer werden sollte. Dies erfordert Technisierung und Automatisierung, die damals auf einer fossilen Energiebasis beruhten, was nicht in Frage gestellt wurde. Die Arbeitsproduktivität stieg wie im Kapitalismus zu großen Teilen aufgrund des Ersetzens von menschlicher Arbeitskraft durch den Einsatz von fossiler Energie. Da hierfür die Technik wesentlich ist, kann man durchaus mit Jonas feststellen, dass ein „technologische[r] Impuls in das Grundwesen des Marxismus eingebaut"[873] ist.[874] Ich fand es bei meinen Recherchen zu diesem Buch jedesmal erschreckend, wenn ich auf (post-)sowjetische Autoren stieß, die sich sehr technik-optimistisch für eine technizistische Lösung eventueller Klimaprobleme einsetzten.[875]

Was ist eigentlich „Technik"?

Beim Thema des Climate Engineering wird häufig das Technisch-„Künstliche" gegen das Natürliche gestellt, und die Kritik begründet sich dann aus der Verteidigung des „Natürlichen". So bei Naomi Klein: „Sobald wir anfangen, absichtlich in das Klimasystem der Erde einzugreifen – sei es durch Verdunkelung der Sonne oder Düngung der Meere – können alle natürlichen Ereignisse einen unnatürlichen Anstrich bekommen."[876] Der Begriff von Technik ist im Allgemeinen damit verbunden, dass Menschen die Technik selbst und damit auch Anderes machen, dass sie in bestimmter Weise handeln, wobei sie auf die vorgefundenen natürlichen Gegebenheiten einwirken. Technik bzw. technisch sind nicht nur die Mittel wie Hammer oder Flugzeuge, auch nicht nur die damit hergestellten Artefakte wie

Tische oder Flugreisen, sondern technisch sind die damit verbundenen Beziehungen der Menschen zur sie umgebenen Mitwelt. Es sind spezifische Handlungsformen[877], und Handlungen sind immer in menschlich-natürliche Verhältnisse eingebettet und streben einen Zweck an.[878] Um nicht die Technik nur abstrakt als Gegenteil von „Natur" bestimmen zu müssen, gibt es eine weitere für das Technische wesentliche Charakteristik: Es geht bei dem Technischen um etwas, womit Menschen auf der Grundlage von technischen Regeln und Artefakten „immer wieder" bestimmte Zwecke erreichen können.[879] Das „*Technische*" wird hier nach Armin Grunwald nicht im Kontrast zum „Natürlichen" verstanden, sondern in der Bedeutung der „*Beherrschung von Handlungsschemata*"[880]. Beim Technischen geht es um die „Sicherung von Verlässlichkeit und Berechenbarkeit als Grundlagen kollektiven Handelns"[881]. Technik wird von Menschen gemacht und entwickelt sich nicht quasi autonom. *Technizismus* wäre ein Umgang mit nicht technischen Prozessen wie der Kultur oder der Politik, der diese als technische Artefakte missversteht oder die Annahme, die technische Entwicklung würde einem Determinismus unterliegen, der sie aus der Bindung an die (durchaus wechselhafte) menschliche Zweckhaftigkeit herauslöst. Technikentwicklung ist, wie wir schon feststellten, auf Ziele gerichtetes menschliches Handeln, kontingent gegenüber sachlichen Gegebenheiten, das heißt, es gibt immer verschiedene Möglichkeiten, etwas technisch zu erreichen. Die konkrete Gestaltung von Technik muss sich also rechtfertigen und begründen lassen.

Dabei war das, was man „technischen Fortschritt" nennt, immer von Entgrenzungen gekennzeichnet.[882] Das bislang Unverfügbare wird zum Verfügbaren[883]; aus etwas Hinzunehmendem wird etwas Manipulierbares.[884] Ein solches Streben kennzeichnet in besonderem Maße das Climate Engineering. Die Folgen des Klimawandels sind bisher unverfügbar – nun wollen wir auch sie beherrschen, oder weniger machtförmig formuliert: meistern. Bei einer Beurteilung von technischem Handeln kommt es natürlich darauf an, ob die angezielten Zwecke sachgemäß erreicht werden können. Beim Climate Engineering käme es darauf an, diese Zwecke genau zu formulieren: Können die einzelnen Techniken die Folgen des Klimawandels beschränken? Aber wie genau ist der Zweck eigentlich bestimmt? Geht es nur darum, die global-durchschnittliche Temperatur herunterzuregeln, obwohl dabei andere Folgen wie Verschiebungen von Niederschlägen oder die Beschädigung der Ozonschicht oder andere Folgen auftreten? Oder: Wie stark darf das Maß der nicht beabsichtigten Auswirkungen sein, und vor allem wo und für wen? Welche Grenzen sollen überschritten oder soll nicht eher eine massive Grenzüberschreitung rückgängig gemacht werden? Kann man Überschreitungen von Grenzen (bei der Treibhausgasemission) durch neue Überschreitungen (Versuch der gezielten Manipulation) eingrenzen?

Wenn wir Menschen mit Technik einerseits die Entgrenzung ermöglichen und sie aufrecht erhalten, dann benötigt unser „Über-die Grenzen-Hinaus-Sein" auch die weitere Aufrechterhaltung dieser Technik. Wir geraten also in Abhängigkeit von der Technik. Zu starke Abhängigkeit von einer fossilen Energiegrundlage der Wirtschaft führt zu einer Abhängigkeit von dem erhofften Erfolg von Climate-Engeneering-Techniken. „Grundsätzlich muss die vollständige Technikabhängigkeit, in die Gesellschaften im Szenario einer RM-basierten Klimapolitik hineingeraten könnten, ebenfalls zu den nichtintendierten und unerwünschten Nebenfolgen der RM-Techniken gezählt werden."[885] Nicht nur, dass auch beim CDR die „Pflege" der Senken für CO_2 ständig weiter geführt werden muss (entweder Eingriffe über AIS oder DACCS oder BECCS oder die Pflege der „natürlichen" Senken) – auch eine Speicherung des Kohlenstoffs in den CCS-Speichern muss jahrzehnte-, vielleicht jahrhundertelang überwacht werden. Wir haben mit solchen Abfallbeseitigungsmaßnahmen nicht viele gute Erfahrungen gemacht, was unerwartete Leckagen bei „normalen" Abfällen betrifft, bei den radioaktiven Abfällen erst recht. Die Folgen der übermäßigen Treibhausgasemissionen innerhalb von nur ein bis drei Generationen müssen sehr viele kommende Generationen tragen. Dies betrifft die Folgen des Klima-Umbruchs – und nun auch die Folgen des Versuchs, diesen einzudämmen.

Die Technik selbst entwickelt eher eine kaum noch zu bremsende Eigenlogik, wenn sie folgende Eigenschaften erfüllt: lange Vorlaufzeiten von der Idee bis zur Anwendung; Kapitalintensität; große Produktionseinheiten; hohe Anforderungen an die Infrastruktur, Verschlossenheit oder Widerstandsfähigkeit gegen Kritik und ein Hype um Leistung und Vorteile.[886] Für einige der Climate-Engineering-Techniken trifft das zu, so für das für einige Techniken notwendige CCS, DACCS, BECCS usw. Die Royal Society meint dazu: „Je mehr dieser Faktoren vorhanden sind, desto vorsichtiger sollte man bei der der Einführung einer bestimmten Technologie sein."[887]

Verhältnis Mensch-Natur/ Naturbeherrschungslogik

Die Logik der Entgrenzung hat unsere Handlungsauswirkungen in einigen Bereichen weit über die Planetaren Belastungsgrenzen hinaus verschoben, sodass durch die Folgen bereits die Existenz vieler Lebensformen vernichtet worden ist, ein sechstes Massenaussterben begonnen hat und die menschliche Zivilisation durch die Folgen dieser Grenzüberschreitungen in Frage gestellt werden könnte. Die Logik der Entgrenzung richtet sich in den früh industrialisierten und den nachholend industrialisierenden Ländern vor allem gegen die natürlichen Gegebenheiten (des Menschen selbst, aber vor allem auch außerhalb seiner). „Die westliche Industriegesellschaft geht davon aus, dass die Natur eine Ressource ist, die ausschließlich uns zur Verfügung steht. Das Geoengineering treibt diese Beherrschung der natürlichen Welt auf die Spitze. In gewissem Sinne ist die vollständige Kontrolle über den Planeten das Ziel, auf das unsere Zivilisation seit Jahrhunderten zusteuert."[888]

Das ist eine ganz andere Dimension, als sie bei Umweltfragen angesichts massiver lokaler und regionaler Beschädigungen aufgekommen ist. Schon bei diesen Fragen waren die Vertreter des technischen Fortschritts immer sehr unempfindlich, und das setzt sich nun beim Climate Engineering fort. Akteure wie Peter Eisenberger, der Präsident der Firma *Global Thermostat*, die an DAC-Techniken arbeitet, haben gegenüber der Natur folgende Meinung: „… die Idee, in die gutartige Natur einzugreifen, ist lächerlich. Die Bambi-Sicht auf die Natur ist völlig falsch. Die Natur ist gewalttätig, amoralisch und nihilistisch. Wenn Sie sich die Geschichte dieses Planeten anschauen, werden Sie Zyklen von Schöpfung und Zerstörung sehen, die unsere Moral als menschliche Wesen verletzen würden. Aber irgendwie, weil es ‚Natur' ist, soll es in Ordnung sein."[889]

Eine solche bedenkenlose Sichtweise des Verhältnisses zwischen (gesellschaftlichen) Menschen und der außermenschlichen Natur hat eine lange Tradition, zumindest in den frühindustrialisierten Ländern. Das Technokratische hat deshalb für viele Forschende eine große Anziehungskraft. Beispielhaft sei hier über Lowell Wood berichtet, der zu den ersten Propagandisten der Aerosolinjektion in die Stratosphäre gehört: „Lowell Wood war ein Raketenjunge, ein Kind des Optimismus der Nachkriegszeit im amerikanischen Westen. Als Sohn eines Immobilieninvestors wuchs er im Vorort Simi Valley nördlich von Los Angeles auf, als die alten Walnussplantagen für Reihenhäuser abgeholzt wurden und die Luft von den Überschallknallern der Militärjets erfüllt war. Er verschlang Bücher über Raketen und die Erforschung des Weltraums, darunter Willy Leys Klassiker ‚Eroberung des Mondes‘. Für Wood war dies kein ferner Traum. In der Nähe befand sich das Santa Susana Field Laboratory, eine Regierungseinrichtung, in der die Triebwerke für die Apollo-Raketen getestet wurden und in der der berühmte deutsche Raketenbauer Werner von Braun manchmal arbeitete.“[890] Wood arbeitete dann mit Edward Teller an der Kernspaltung, an Supernova-Astrophysik, an dem Röntgenlaser, der die USA in Star-Wars-Manier vor sowjetischen Raketen schützen sollte, und an der Entwicklung von Kernwaffen. Teller wollte damals Atombomben zum Ausheben von Häfen und Kanälen nutzen. Er soll geäußert haben: „Wir werden die Erdoberfläche so verändern, dass sie uns passt.“[891] Die ersten Climate-Engineering-Überlegungen von Teller und Wood sollen noch der Furcht vor der nächsten Eiszeit gegolten haben. Diese Ideen, die Temperaturen auf der Erde zu beherrschen, entsprangen also nicht den Klimawandel-Notfall-Szenarien, sondern der Ansicht, alles beherrschen zu können. Hier haben wir die Quelle von dem, was heutzutage z. B. von David W. Keith fortgeführt wird, wenn auch nicht mehr mit solch martialisch-ehrlichen Beherrschungsphantasien. Später wurden solche Bemerkungen heruntergespielt: „An einer Stelle, erinnert sich Ken Caldeira, scherzte Wood sogar, dass die beste Möglichkeit, die globale Erwärmung zu stoppen, darin bestünde, einen Atomkrieg zu beginnen. ‚Das war ziemlich unverschämt‘, gibt

Caldeira zu. ‚Aber jetzt weiß ich, dass Lowell [Wood, AS] nur den Provokateur spielte.'"[892] Sicher wollte Wood keinen Atomkrieg, aber er offenbarte mit dieser Provokation einen Grundzug der Logik, die seinen Forschungen zugrunde liegt. Diese Berichte zusammenfassend meint Jeff Goodell: „Wie sein Mentor Edward Teller vor ihm ist Wood die Verkörperung einer bestimmten Art von Hybris, eine prometheische Figur, deren unerbittliches Streben nach Big Science uns nur ein Daumenzucken vom Armageddon entfernt hat."[893] Steward Brand, auf den wir gleich kommen werden, setzte einem Buch das Motto voran: „Wir sind Gott und wir haben gut darin zu sein"[894]. Das zeigt sich auch daran, dass er Climate Engineering als Lösung des Klimaproblems favorisiert, und dies in sehr technozentrierter Sichtweise: „Er prophezeit, dass die Grünen der alten Schule weiterhin an ihrem Widerstand gegen die Technologien festhalten werden, die sie so gerne hassen. Aber wenn das passiert, werden sie von einer neuen Generation wissenschaftsgeleiteter, umweltbewusster Ökoingenieure an den Rand gedrängt, die erkannt haben, dass der Zustand der Erde jetzt in unserer Hand liegt."[895]

Terraformung-Phantasien

Die Climate-Engineering-Protagonisten hegen die Vorstellung, man könne „einen globalen Thermostat schaffen, den die Menschen je nach ihren Bedürfnissen (oder den Bedürfnissen der Eisbären) hoch- oder runterregeln könnten."[896] Lowell Wood wird nicht zufällig von Ken Caldeira als „Planeten-Ingenieur" bezeichnet.[897] Folgerichtig beschäftigt sich Wood nicht nur mit der Erde, sondern auch dem Terraformen des Mars.[898] Begeistert von solchen Ansichten ist auch Steward Brand, der mit dem „Whole Earth Catalogue" (1968) ein wichtiger Impulsgeber der weltweiten Gegenkultur war. Nun sieht er die Menschheit in der Rolle des Verwalters des Planeten[899], aber nicht im defensiven „Öko-Modus", sondern er glaubt immer noch vorrangig an eine „gute" Technologie, zu der er auch die Kernkraft zählt: „Nutzen Sie die gute Technologie, um den Schaden der schlechten Technologie zu mildern."[900] „Geoengineering bedeutet genau das: das (ultra-hybristische) Projekt, das darauf abzielt, den gesamten Planeten, die Geosphäre, zu managen, zu planen und von oben nach unten zu kontrollieren."[901]

Hier ist das Wort Geoengineering angebracht, denn Climate-Engineering-Konzepte sind nicht zufällig in diese eingebettet. Auch für Hermann Flohn, einen Pionier der Klimatologie, war selbstverständlich: „Die im Gange befindliche Bevölkerungsexplosion zwingt uns, von dem Stadium der unbeabsichtigten Klimamodifikation […] überzugehen in das Stadium einer bis in alle Konsequenzen wohl überlegten Planung. […] Schaffung riesiger Stauseen in Sibirien oder den Trockengebieten der Erde, Schließung der Beringstraße oder Beseitigung des arktischen Meereises."[902] Damals war noch „die künstliche Zerstörung des arktischen Meereises" eines der Ziele.[903] Dabei war man sich des Ausmaßes dieser Vorhaben durchaus bewusst. Hermann Flohn schrieb dazu: „[I]hre Folgewirkungen erstrecken sich über ganze Kontinente, ja über die ganze Erde: Änderungen im Wärmehaushalt der Polargebiete, z. B. in der Ausdehnung des polaren Meereises, müssen sich durch Verlagerungen ganzer Klimazonen bis in die Tropen hinein auswirken."[904] Eine solche „Klima-Modifikation" wird von ihm als „eine der nächsten Aufgaben der Klimatologie der nächsten Generationen"[905] betrachtet.

In einer solchen Stimmungslage lag es nahe, als Schlussfolgerung auf die bekannt gewordene Gefährlichkeit von zu viel CO_2 in der Atmosphäre nicht zuerst zu überlegen, wie die CO_2-Emissionen zu verringern seien, sondern technisch in das Klimasystem einzugreifen. Das ist eine klassische Problemverschiebung, bei der man ein Problem symptomatisch korrigieren will, wobei Nebenwirkungen entstehen, die eine grundsätzliche Problemlösung erschweren oder gar verhindern.[906] Dies geschah nach der Vorlage des Berichts über die Umweltqualität ans Weiße Haus im Jahr 1965.[907] Präsident Lyndon B. Johnson hoffte schon einige Monate vorher angesichts der Auswertung eines Berichts über Methoden zur Veränderung des Wetters und des Klimas: „Wir hoffen, eines Tages das Wissen zu erlangen, das es uns erlaubt, die Häufigkeit und Schwere von Wirbelstürmen, Tornados und anderen heftigen Stürmen zu minimieren und auch in der Lage zu sein, die Temperatur- und Niederschlagsbedingungen in landwirtschaftlichen und industriellen Regionen zu verbessern. Diese Hoffnung ist weder phantasievoll noch unrealistisch, aber es wäre irreführend, zu glauben, dass dieser Tag schon bald kommen wird."[908] Der Bericht an das Weiße Haus sieht schon damals „gegensteuernde klimatische Veränderungen herbeizuführen"[909] vor, während von einer Reduktion der Emissionen keine Rede ist. Im Übrigen waren es vor allem Vertreter der Fossilfirmen wie *Exxon*, die bereits in den 60ern und 70ern Vorschläge zur Manipulation des Wetters z. B. mit Oberflächenfärbungen machten.[910]

Heute sind Climate-Engineering-Vertreter häufig vorsichtiger, David W. Keith ist zum Beispiel der Meinung, „dass große Vorsicht geboten ist. Die Menschheit mag unweigerlich in ein aktives planetarisches Management hineinwachsen, aber es wäre klug, mit einer erneuerten Verpflichtung zu beginnen, unsere Eingriffe in die natürlichen Systeme zu reduzieren, anstatt einen Eingriff mit einem anderen auszugleichen."[911]

Angst des Ingenieurs

Entgegen den rabiaten Vorschlägen der Klima-Ingenieure der „ersten Generation" (Teller u. a.) vor 2000 sind die Klima-Ingenieure der „zweiten Generation" deutlich vorsichtiger. Die wichtigsten von ihnen forschen vor allem an der Harvard-Universität (David K. Keith u. a.) seit 10 Jahren am solaren Climate Engineering, weil sie erstens zeitig davon ausgingen, dass es keine Hoffnung mehr auf ausreichende Emissionsrückgänge gebe, und zweitens befürchten, dass einige andere Akteure ohne ausreichende Vorlaufforschung aktiv werden könnten, weil einige Methoden billig sind und schnell wirken.[912] David Keith und Andy Parker veröffentlichten 2013[913] eine Dystopie, in der sie die Hoffnungen auf die rettenden Wirkungen von Gen- und Climate Engineering gegen deren gefährliche Auswirkungen stellten, die vor allem dann eintreten, wenn gesellschaftliche Konflikte darüber ausgetragen werden. Diese Forschenden der zweiten Generation wollen das solare Climate Engineering so gut und so weit wie möglich erforschen[914] und legen dabei viel Wert auf Transparenz und öffentliche Begleitung. Dabei fordern sie energisch Regelungen, die entlang bestimmter Kriterien die SRM-Forschung und -Entwicklung orientieren und kontrollierbar machen, so auch eine Einschränkung der Patentierbarkeit, wie es sie im Bereich der Urananreicherung gibt.[915] Genau genommen haben hier die Ingenieure aus guter Kenntnis ihrer Profession und anderer maßgeblicher möglicher Treiber von unverantwortlichen Aktionen Angst vor sich selbst bekommen und wollen den Gefahren aktiv entgegensteuern. Auch Frank Keutsch, der an solarem Climate Engineering arbeitet, hat eine doppelte Befürchtung: Einerseits brachte ihn die Furcht davor, dass die Menschheit im Fall eines rapiden Klimawandels ohne Alternative dastehen würde, und dass der Druck der

Öffentlichkeit zum Einsatz von Maßnahmen drängen könnte, die nicht gut genug untersucht und vorbereitet wurden, zum Einsatz für die Climate-Engineering-Forschung. Andererseits hat er auch die Sorge, dass diese Instrumente eingesetzt werden müssten.[916] Nicht zufällig heißt das[917] Blog eines Wissenschaftlers: „Der zögerliche Geoingenieur"[918]. Hugh Hunt, der daran forscht, wie die Partikel für die Aerosolbildung in der Stratosphäre gegebenenfalls dorthin gebracht werden können, meinte dazu: „Ich weiß nicht, wie oft ich das schon gesagt habe, aber das Letzte, was ich mir wünsche, ist, dass das Projekt, an dem ich gearbeitet habe, umgesetzt wird (…) Wenn wir diese Werkzeuge einsetzen müssen, bedeutet das, dass irgendetwas auf diesem Planeten ernsthaft schief gelaufen ist."[919]

Der nicht technikscheue Philosoph Ernst Bloch schrieb einst über die „Angst des Ingenieurs", der einerseits „zeugend, erzeugend in die mütterliche Natur" eindringt und sich „die Rechte des Schöpfers" anmaßt und gleichzeitig „das ungesicherte Leben, jeden Vorstoß ins Unbekannte"[920] fürchtet. Das Ungesicherte hat etwas mit den gesellschaftlichen Lebens- und Arbeitsbedingungen zu tun. Auch David Keith hat durchaus Bedenken – nicht wegen zu erwartender technischer Probleme, er vertraut der Gesellschaft nicht: „Ich bin optimistisch, was den Spielraum für technologische Innovationen angeht, aber ich bin pessimistisch (oder, wie ich meine, realistisch), was die Fähigkeit der Gesellschaft angeht, die neuen Technologien sinnvoll zu nutzen."[921] Unter diesen Bedingungen steigt das Angstgefühl „grade mit der siegenden Technik"[922]. Auf einer Konferenz zum Geoengineering soll einer der Referenten, Steve Schneider, geäußert haben: „Viele von uns wären lieber nicht hier", weil „sich das solare Geoengineering wie ein Eingeständnis des Scheiterns bei der CO_2-Reduktion" anfühle.[923] Es ist ein Unterschied, ob man das Climate Engineering nur ablehnt, wenn man meint, dass wir auch ohne es die global-durchschnittlichen Temperaturen auf der Erde stabil halten könnten, oder ob sich diese Meinung ändert, wenn man daran nicht mehr glauben kann. „Ohne ein Bewusstsein dafür, dass der Klimawandel so gravierend ist, dass er einen solchen Eingriff rechtfertigt, ist es nicht sinnvoll, derlei Technologien überhaupt in Erwägung zu ziehen."[924]

Mit den folgenden Worten zitiert Elizabeth Kolbert Daniel Schrag, den Leiter des Harvard University Center for the Environment: „Für Wissenschaftler hat es höchste Priorität, alle unterschiedlichen Arten herauszufinden, wie es schiefgehen könnte."[925] Das „Schiefgehen" bezieht sich nicht nur auf unbeabsichtigte Folgen für Klima, Wetter und Biosphäre, sondern auch auf die nicht geklärte Regulierung der Forschung, der Experimente und des Einsatzes von Climate Engineering. Ein Beteiligter am *SPICE*[926]-Experiment, in dem es um die SAI-Technik ging, verstieß schon gegen die vorher selbst festgelegte Vereinbarung, „die Ergebnisse des SPICE-Projekts nicht zu verwerten"[927], indem er ein Patent anmeldete.

Im Jahr 2010 fand eine Konferenz über Klimainterventionstechniken in Asilomar statt, einem Konferenzzentrum in Kalifornien, wo schon 1975 eine Konferenz zur Sicherheit der Gentechnik stattgefunden hatte. Von dieser Konferenz wurde berichtet: „Die gesamte Stimmung des Treffens war düster und hyperalarmiert gegenüber den Gefahren, die vor uns liegen. […] ich hatte das Gefühl, der Geburt von etwas Neuem beigewohnt zu haben – nennen wir es das Gewissen eines Geoingenieurs."[928] In Veröffentlichungen zu Forschungsergebnissen finden wir auch folgende Distanzierung: „Die hier vorgestellte Studie sollte nicht als Befürwortung von Climate Engineering verstanden werden. Wissenschaftliche Informationen sind jedoch ein wesentlicher Bestandteil der Debatte über Climate Engineering."[929]

Auch in der Bundesrepublik ging dem Schwerpunktprogramm der Deutschen Forschungsgemeinschaft (DFG) zu diesem Thema[930] eine „Bottom-up-Verantwortungsinitiative besorgter Wissenschaftler" voraus.[931]

Trotzdem bietet diese Art Selbstverpflichtung, die vorwiegend akademische Kreise erreicht, längst keine ausreichende Absicherung gegenüber unverantwortlichem Handeln anderer Akteure.

Moral Hazard

Bei der Vorstellung der einzelnen Climate-Engineering-Techniken begegneten wir häufig der Gefahr, der Eindruck, die Folgen der Treibhausgasemissionen rückgängig machen zu können, könnte die Anstrengungen zur Emissionsminderung unterlaufen. Als Bezeichnung hierfür gilt „Moral Hazard" (dt. moralische Gefahr). Die Bezeichnung „moralische Gefahr"[932] verweist auf die Erfahrung, dass sich viele Menschen dann besonders risikovoll verhalten, wenn sie denken, durch eine Versicherung im Notfall abgesichert zu sein. Wenn es einen Plan B gibt, braucht man den Plan A nicht so ernst zu nehmen. Ein Beispiel dafür ist das riskantere Fahren seit es die Anschnallpflicht in Autos gibt. *„Geoengineering bietet das verlockende Versprechen einer Lösung für den Klimawandel, die es uns ermöglichen würde, unsere ressourcenverschlingende Lebensweise auf unbestimmte Zeit fortzusetzen."*[933]

Bezogen auf Climate Engineering wird mit dem Begriff des „Moral Hazard" die Gefahr bezeichnet, dass eine starke Minderung der Treibhausgasemissionen als nicht mehr notwendig erscheinen könnte, wenn es anscheinend andere Möglichkeiten gibt, die Welt vor den Gefahren des Klimawandels zu schützen. Vor allem wenn deutlich wird, dass die Emissionsminderung nicht nur ein technisches Problem ist, sondern gesellschaftliche Veränderungen (z. B. die Abkehr vom Wachstumsmodus) erfordert, wird gern auf Technofixes zurückgegriffen. So meint der Science-Fiction-Autor Gregory Benford: „Anstelle drakonischer Kürzungen der Treibhausgasemissionen könnte es sehr wohl recht einfache Möglichkeiten geben, unser Dilemma zu lösen – sogar sehr einfache."[934] Für ihn war schon damals „genau der richtige Zeitpunkt, um das Konzept des ‚Geo-Engineering' ernst zu nehmen"[935]. Kostenbewusst will er das Experiment der Klimaveränderungen „gestalten, um den Nutzen zu maximieren und die Kosten zu minimieren"[936]. Dies ist eine wohlfeile Problemverschiebung vom Gesellschaftlichen zum Technischen.

Viele Autor*innen betonen, dass die Reduzierung der Treibhausgasemissionen und Climate Engineering nicht gegeneinander ausgespielt werden dürfen, sondern einander komplementär ergänzen. Wenn Climate-Engineering-Expert*innen danach gefragt werden, weisen sie der Minderung der Emissionen ein viel größeres Budget als ihrem CE-Fachgebiet zu.[937] Trotzdem darf das nicht darüber hinwegtäuschen, dass der Plan B das Potential hat, über die ungenügende Minderung zu trösten und dass es von Anfang an offene Aussagen darüber gab, dass man sich die anstrengende Emissionsminderung sparen und stattdessen auf Climate Engineering setzen solle. Wir haben den Vorschlag des „Aufschieben[s] der stärksten Emissionssenkungen" aus einem NASA-Workshop bereits erwähnt. Gregory Benford forderte schon 1997, das Konzept des Geoengineering ernst zu nehmen, anstatt die Reduzierung der Treibhausgase „oder ihr völliges Verbot zu fordern"[938]. Nicht nur das Kostenargument zieht hier, sondern auch andere ideologische

Rahmungen: „Schließlich ist Geoengineering besser mit der individuellen Freiheit vereinbar als die Kontrolle von Treibhausgasen. Geoengineering würde keine staatlich aufgezwungenen Änderungen des Lebensstils erfordern."[939] Climate Engineering „wäre eine viel einfachere Aufgabe, als die Menschen dazu zu überreden oder zu zwingen, auf ihre Autos und Kinder zu verzichten", wie Shikha Dalmia[940] schreibt. Auch David Keith war 1992 noch sehr eindeutig: Für ihn war Climate Engineering eine „Fallback-Strategie"[941]: „Fallback-Strategien erlauben es, moderate Maßnahmen zu ergreifen, mit dem Wissen, dass, sollten sich diese als unzureichend erweisen, eine alternative Abhilfemaßnahme zur Verfügung steht."[942] Allein diese Beispiele zeigen, dass die Gefahr des Moral Hazard größer ist, als in einer Studie zu den geäußerten Positionen von Climate-Engineering-Forschenden gefunden wurde.[943] Außerdem hat es sich herumgesprochen, dass es nicht gut ankommt, würde man Climate Engineering den Minderungsbemühungen vorziehen. Angesichts einer ökonomisierenden, auf Kostensenkung orientierten Denk- und Argumentationsweise hat die Methode der Aerosolinjektion in die Stratosphäre sowieso Vorteile, denn deren Kosten „sind vergleichbar mit anderen großen technischen Projekten oder Luft- und Raumfahrtoperationen."[944] Das Ausmaß des Einsatzes dieser Technik orientiert sich bei ihnen „in etwa [an] dem Wachstum des erwarteten Treibhausgasausstoßes"[945]. Welche eine gute Illustration des Moral Hazard! Auch bei der Empfehlung der direkten Entfernung von CO_2 aus der Luft ging es um eine Vermeidung der Reduktionsminderung, denn sie „vermeidet eine Umstrukturierung der heutigen Infrastruktur"[946]. Noch einmal glasklar: „Die Gewinnung von Kohlendioxid aus der Luft würde die fortgesetzte Verwendung von kohlenstoffbasierten Brennstoffen für die dezentrale Energieerzeugung ermöglichen."[947] Nicht zufällig stammt dieser Beitrag von einer jährlichen technischen Konferenz über Kohlenutzung und Brennstoffsysteme! 2017 gibt es von Klaus Lackner ähnliche Statements: „Diese Lösungen erfordern keine drastische Verringerung des Energieverbrauchs, keine Änderung des Lebensstils und keine Umstellung der Energietechnologien. Kohlendioxid aus der Atmosphäre zu halten, ist ein Problem der Abfallwirtschaft."[948] Nicht zufällig hält Klaus Lackner einen übergroßen Anteil an Patenten zum Climate Engineering, davon zwölf zur Direktabscheidung des CO_2 aus der Luft.[949] Inzwischen ist es in Mode gekommen, nicht mehr zu solchen Denkweisen zu stehen, sondern zu behaupten, Emissionsreduktion als wichtigste Aufgabe anzusehen.[950]

In neueren Debatten wird nicht mehr direkt ein Verzicht auf die Dekarbonisierung gefordert, aber da man sich lange genug erfolgreich dagegen gewehrt hat, ist nun eine Situation eingetreten, in der auch sofort stattfindende starke Reduktionen nicht mehr ausreichen würden, um die Folgen der bisherigen Emissionen ausreichend gering zu halten. Die neue Argumentation nimmt Bezug auf dieses Dilemma und scheint einen Ausweg anzubieten, indem versprochen wird, diese Emissionen durch eine jetzt anlaufende und in wenigen Jahrzehnten voll entwickelte Praxis des Zurückholens zumindest des CO_2 zu kompensieren. Ein weiteres Argument wird darin gesehen, dass es auch nach drastischen Emissionsminderungen weiterhin nicht reduzierbare Emissionen geben wird, die kompensiert werden müssen. Der Schwenk zu dieser Argumentation hat großen Erfolg, was man daran sieht, dass die starke Rolle von CDR (speziell BECCS) im IPCC-Bericht zur Einhaltung des 1,5-Grad-Ziels im Jahr 2018[951] kaum zur Kenntnis genommen und so gut wie nicht skandalisiert wurde. Diese Argumentationsstrategie wird weiter Fahrt aufnehmen, denn „jedes Jahr der Verzögerung einer schnellen und nachhaltigen Emissionsreduzierung erhöht die Anforderungen an eine CDR-Einführung auf lange Sicht langfristig"[952]. Eine Untersuchung über die Meinungen von Menschen zum Climate Engineering ergab: „Die meisten akzeptierten die potenzielle Notwendigkeit von Geoengineering auf der Grundlage, dass die Abschwächung des Klimawandels (durch Verringerung der Treibhausgasemissionen) möglicherweise nicht wirksam genug sein könnte"[953]. Wenn Menschen die Möglichkeit sehen, durch individuelle Veränderungen zur Minderung der Emissionen beitragen zu können, wird durch das Wissen über den Plan B ihr Engagement glücklicherweise nicht gemindert.[954] Im Gegenteil wurde deutlich, „dass Menschen, die über SAI informiert wurden, mehr Klimaschutz betreiben als Menschen, die nicht informiert wurden"[955].

Damit wird der Spieß umgedreht und von einem „umgekehrten moralischen Risiko" gesprochen: „Wenn Laien über die Aussichten von SRM/SAI informiert sind, bevorzugen sie stattdessen intensivere Minderungsmaßnahmen."[956] Kerstin Doerenbruch schrieb einen Roman über vieles, was beim Climate Engineering schiefgehen kann. Im Nachwort schrieb sie: „Dieser Thriller sollte deshalb als Warnung verstanden werden, in welche Zwänge wir uns begeben, wenn wir nicht ENDLICH UMDENKEN und unsere CO_2-Emissionen senken"[957]. Christine Merk berichtet auch, dass viele Menschen erst durch die Thematisierung von Climate Engineering merkten, wie ernst die Lage sei. Sie sagen dann: „Wir wussten nicht, dass es so schlimm ist."[958] Gernot Wagner äußert die Hoffnung: „Vielleicht ist das solare Geoengineering genau dafür am besten geeignet, den Menschen so viel Angst einzuflößen, dass sie Abschwächungsmaßnahmen fordern …"[959]. Diese Hoffnung ist wenig berechtigt, vor allem weil das Climate Engineering bewusst auf „leisen Sohlen" in die Debatte eingeführt wird – was man am Ausbleiben des Aufschreis nach der starken Einbeziehung von BECCS in die Szenarien im IPCC-Bericht zum Einhalten des 1,5-Grad-Ziels sieht[960].

Es ist verständlich, dass der weiter voranschreitenden Klimaangst mit dem Climate Engineering eine, wenn auch vielleicht nur scheinbare Vergrößerung der Handlungsalternativen entgegenwirkt. Schon deshalb wird dieses Angebot, wenn sich der gefährliche Klimawandel immer stärker zeigt, auf weniger Widerstand stoßen, als man heute denken könnte. Weil ausreichende Minderungsbemühungen ausbleiben, sind wir als Gesellschaft bereits in Geiselhaft geraten.

Der „Moral Hazard" betrifft nicht nur das Gegeneinander-Ausspielen von Minderungen der Treibhausgasemissionen gegen Climate Engineering, sondern auch die grundlegende Struktur ökonomischer Entscheidungen und gesellschaftlicher Strukturen: „solche Innovationen sind für diese Eliten vielversprechend, weil sie externe Effekte auf eine Weise bekämpfen, die es erlaubt, dass das Wirtschaftssystem ohne tiefgreifende Reformen fortbestehen kann"[961]. Es wird kein Zufall sein, dass die Tochter des eben zitierten Konrad Ott in ihrer Dissertation darauf aufmerksam macht, dass kein Argument für Climate Engineering dazu dienen dürfe, „uns ein besseres Gefühl zu geben", und dass dies im schlimmsten Fall als „Ersatz für das Versäumnis, unsere Produktions- und Konsumgewohnheiten rechtzeitig zu ändern", gelten könnte.[962]

Es sind nicht nur technologische oder Kostenfragen, die über den Stellenwert des Climate Engineering bestimmen, sondern viel eher gesellschaftspolitische Standpunkte.

Politische Spannungen und geopolitische Gefahren

Viele Maßnahmen können von einzelnen Akteuren (Staaten, Unternehmen, finanzstarke Einzelakteure) durchgeführt werden, während andere die negativen Folgen tragen müssten. Zu diesen Maßnahmen gehören die Aerosolinjektionen in Stratosphäre, die Wolkenmodifikation und die Eisendüngung der Ozeane. Es gibt kaum eine Möglichkeit, präzise Verursachungsketten nachzuweisen, schon bei Feldexperimenten wird dies befürchtet. Im blödesten Fall agieren unterschiedliche Projekte unabhängig voneinander, wie es Kerstin Doerenbruch in ihrem Roman „Total Reset" konstruiert, was natürlich ein großes Durcheinander anrichtet. Es entsteht ein „Geo-Engineering-Wettrüsten"[963].

In der Frage, wer mit welchem Interesse am Klimathermostat dreht, begegnet uns die Klassenfrage in ungewohnter Form. Das Klassenverhältnis wird hier nicht in Bezug auf die Ausbeutung und Unterdrückung thematisiert, sondern in der Frage: Wer darf entscheiden? Wer hat die materiellen Mittel dazu, und wer kann die institutionellen Regelungen und Gesetzgebungen wie beeinflussen? „Wenn sich ein weit verbreiteter politischer Glaube entwickelt, dass Klimakontrolle durch Climate Engineering möglich ist (oder sein wird), könnten erhebliche internationale Spannungen darüber entstehen, wer das ‚optimale' Klima definieren darf."[964]

Es liegt in der Natur von Climate-Engineering-Maßnahmen, die nicht nur lokal Kohlendioxid bzw. Kohlenstoff speichern und recht „naturnah" sind, dass kleine Einwirkungen irgendwo auf der Welt viele lokale und regional unerwünschte „Neben"-wirkungen haben können. Sogar unbeeinflusste Wetterkatastrophen könnten solchen Maßnahmen zugeschrieben werden. „Eine Dürre in Indien wird – ob es stimmt oder nicht –

als Ergebnis einer bewussten Entscheidung von Ingenieuren auf der anderen Seite des Planeten angesehen werden. Was einst Pech war, könnte als bösartiger Plan oder imperialistischer Angriff angesehen werden."[965] Es entsteht ein „unauflösliches Paradox": Die Maßnahmen, die eine „schnelle und hochwirksame Lösung" versprechen, können „von einem oder einigen wenigen Staaten gleichsam stellvertretend für die Menschheit durchgeführt werden" und lassen „weitreichenden sozialen und politischen Widerstand mit möglicherweise weitreichenden Folgen" erwarten.[966] Bei einem Einsatz solcher Techniken wären zur Vermeidung solcher Spannungen viel mehr internationale Kooperation und Vertrauen notwendig, als gegenwärtig vorhanden ist. Wenn internationale Zusammenarbeit gut funktionieren würde, hätten wir mehr Erfolg bei den Bemühungen zur Reduktion der Emissionen gehabt!

Gibt es Climate-Engineering-Gerechtigkeit?

Weil die Verursachung und die Folgen des Klima-Umbruchs alle Menschen in unterschiedlicher Weise betreffen, muss die Frage nach der Klimagerechtigkeit gestellt werden. Erst recht gilt es bei beabsichtigten Eingriffen in das Klimasystem danach zu fragen.

Das Problem, dass nur wenige über die Entwicklung und den Einsatz des Climate Engineering entscheiden können, kann auch unter dem Aspekt der *Verfahrensgerechtigkeit* betrachtet werden. Wer entscheidet, „welche Forschung betrieben wird, ob und welche der Möglichkeiten des CE eingesetzt werden sollen und wer entscheidet über das ‚optimale Zielklima'"?[967] Vor allem bei den Strahlungsmanipulationen (SRM) ist keine lokale Kontrolle möglich, deshalb erfordert (solares) Climate Engineering eine zentralisierte Kontrolle.[968] Denn wenn „SRM auf planetarer Ebene eingesetzt wird, werden die Entscheidungen auf dieser Ebene getroffen und über beträchtliche Zeiträume hinweg getroffen werden, so dass es kaum Möglichkeiten gibt, auszusteigen oder zu widersprechen.“[969] Für die Forschung wird vorgeschlagen, eine globale Forschungskooperation wie beim Weltklimarat einzurichten.[970] Es gibt auch eine Initiative, die sich dafür einsetzt, mehr Forschende aus nichtdominierenden Industrieländern in die SRM-Forschung einzubeziehen („The Degrees Initiative“). Sie hieß zuerst „Solar Radiation Management Governance Initiative“[971], und ihr Geschäftsführer, Andy Parker, gehört zu den Protagonisten um David Keith, die sich konstruktiv mit SRM beschäftigen. „In die Forschung einbeziehen“ kann vieles heißen, behauptet wird auch eine Ergebnisoffenheit – der Grundton jedoch erinnert sehr an Akzeptanzbeschaffung.

Bei der Kohlenstoffabscheidung und –speicherung (CCS) wurde die Erfahrung gemacht, dass das Informationszentrum an der Pilotanlage in Ketzin durchaus einen Erfolg verbuchen konnte, d. h. dass die Akzeptanz dieser Methode wuchs und an diesem Standort keine Widerstände mehr auftraten. Hier stellt sich natürlich die Frage, wer von wem ein Informationszentrum finanziert bekommt – die Protagonisten oder die Kritiker? In einem anderen Fall, in dem es um SRM ging und in dem ergebnisoffener debattiert werden konnte, sah das Ergebnis anders aus: „Teilnehmer, die von einer Position der bedingten Akzeptanz ausgingen, erkannten die Bedingungen für einen erfolgreichen und akzeptablen Einsatz als nicht machbar und unplausibel, d. h. je mehr man über die SRM-Technologie erfuhr, desto desto skeptischer wurden sie.“[972] Hier zeigte sich, dass auch die Kriterien, d. h. die Bedingungen für eine bestimmte Vorgehensweise transparent und ergebnisoffen von der Öffentlichkeit diskutiert und bestimmt werden müssen. Es ist dabei noch völlig offen, „welche repräsentativen Gremien […] überhaupt befugt [sind] und Legitimität haben, um der SRM-Forschung im Namen der globalen Öffentlichkeit zuzustimmen."[973] Im Fall eines möglichen Einsatzes stellt sich die Frage, „wer bestimmen darf, wann die Klimakrise schlimm genug ist, um den Einsatz von SAI zu rechtfertigen. Der Klimawandel verursacht bereits extremes Leid für Millionen von Menschen auf der ganzen Welt, aber die meisten Forscher im Bereich Solar Geoengineering plädieren noch nicht für einen Einsatz."[974] Wegen dieser grundsätzlichen Fragen wird sogar grundsätzlich bezweifelt, ob die SRM-Techniken „möglicherweise Formen der Politik fördern, die mit demokratischer Regierungsführung unvereinbar sind"[975]. „SRM Geoengineering wird jedoch größtenteils auf eine Art und Weise konstituiert, die den choreografierten Einsatz von großflächigen Interventionen im großen Maßstab erfordern, die auf globaler Ebene wirken, um globale Effekte zu erzeugen, die (zumindest von einigen) im Voraus vereinbart wurden. Es ist schwer vorstellbar, wie diese gesellschaftliche Konstitution mit einer pluralistischen und demokratischen Politik vereinbar ist."[976] Das Problem der ungerechten Entscheidungsfindung wird noch verstärkt, wenn beim Climate Engineering, zum Beispiel bei der Aerosolinjektion in die Stratosphäre, die Entscheidung über optimale Injektionsstellen und Dosierungen des Schwefeldioxids den Algorithmen überlassen wird.[977]

Ein anderer Aspekt ist die *Verteilungsgerechtigkeit*, wenn es darum geht, dass Nutzen und Schaden ungleich verteilt sind. Auf der Asilomar-Konferenz über Climate Engineering machte Pablo Suarcz vom Klimazentrum des Roten Kreuzes und des Roten Halbmonds darauf aufmerksam, „dass diejenigen mit den wenigsten Ressourcen und dem geringsten Mitsprache-recht am meisten unter unbeabsichtigten Folgen" leiden könn-ten.[978] Es wird auch vermutet, dass z. B. bei Hungerkatastro-phen, die durch die Folgen von SRM auftreten könnten, die Solidarität von außen stark abnähme, weil man die Verantwor-tung dafür den Schuldigen zuschriebe, die für die Folgen auf-kommen sollten.[979]

Grundsätzlich liegt, wenn durch eine Maßnahme viele geschützt werden, aber einige darunter leiden müssen, eine „Kostenübertragung"[980] vor. Wenn also vieles auf der Erde durch Climate Engineering vor den Folgen des Klimawan-dels auf Kosten anderer geschützt werden soll, dann ist dies ein „Raubtier-Climate-Engineering"[981]. Ausgerechnet die Ab-senkung der angestrebten global-durchschnittlichen Tempera-turerhöhung von zwei Grad auf 1,5 Grad, das im Interesse der kleineren Insel- und Küstenvölker durchgesetzt wurde, könnte sich nun gegen die Interessen lokaler Gemeinschaften richten, wenn sie die Opfer von Climate Engineering werden, das angeb-lich zwecks Einhaltung dieses Ziels eingesetzt werden könnte. Während der Klimakonferenz 2009 in Kopenhagen berichtete Fiu Elisara, samoanischer Geschäftsführer der *O le Siosiomaga Society* und indigener Vertreter bei den UN-Klimaverhandlun-gen, über neue Klima-Technologien: „Für uns im Pazifik ist es wichtig sicherzustellen, dass wir nicht nur Opfer der Klima-krise sind, sondern auch nicht zu Versuchskaninchen für neue unerprobte Technologien oder alte gefährliche Technologien wie z. B. die Kernkraft werden, mit der Ausrede, man brauche mehr Technologie, um das Klima zu retten."[982]

Manchmal wird argumentiert, Climate Engineering könnte besonders denen nützen, die dadurch vor schlimmeren Folgen des Klima-Umbruchs geschützt würden.[983] Dass die meisten

Emissionen von den Reichen kommen, wird festgestellt, aber nicht ernsthaft in Frage gestellt. Ohne dies in die Lösungsmöglichkeiten aufzunehmen, wie es jetzt im Bericht an den Club of Rome getan wurde[984], bleibt es bei einem Patt, in dem sich die Risiken des Klimawandels wie des Climate Engineering aufschaukeln, ohne den verursachenden Knoten zu zerschlagen. Denn „die globale Machtdynamik ist nicht so angelegt, dass die Interessen der am stärksten gefährdeten Menschen eruiert, berücksichtigt und angegangen werden"[985]. Wenn über diese Ungerechtigkeit nachgedacht wird, wird oft auf den Gedanken der „ausgleichenden Gerechtigkeit" zurückgegriffen, die auf der Idee beruht, dass die Täter oder die Nutznießer von unrechtmäßigen Handlungen die Geschädigten entschädigen müssen.[986]

Eine große Rolle in Klimafragen spielt die *Gerechtigkeit zwischen den Generationen*. Dabei geht es um die Frage, was die gegenwärtigen Generationen den zukünftigen Generationen schulden.[987] Insbesondere in unserer Zeit wurden die Lebensgrundlagen auf vielen Gebieten weitgehend zerstört. Mehrere der Planetaren Belastungsgrenzen[988] sind bereits überschritten. Kann angesichts der Breite und Tiefe der Zerstörungen, die nicht nur die CO_2-Emissionen betreffen, angenommen werden, der Beginn von Forschungen und gegebenenfalls der Einsatz von Climate Engineering könnte etwas „wieder gutmachen"? Solange die Ursachen der zerstörenden Dynamik nicht abgeschaltet sind, wird das nichts.

Alle Fragen von Gerechtigkeit sind jedoch in die grundlegenden gesellschaftlichen Strukturen, d. h. gegenwärtig in Klassenverhältnisse eingebettet. Es geht dabei nicht nur um die Frage der Ausbeutung, sondern vor allem auch um die Frage, wer worüber entscheiden kann. Über Investitionen und die damit verfolgten Ziele entscheiden immer noch die Kapitalgeber – Staaten oder zwischenstaatlich agierende Institutionen können nur bitten, auffordern oder ihre geringfügigen ökonomischen Steuerungsmittel einzusetzen versuchen. Aber da sie selbst in den Konkurrenzkampf der Standorte eingebunden sind, werden sie verhindern, dass „ihre" Wirtschaft eingeschränkt wird, und sie werden dies im Namen des Wohlstands ihrer Bürger*innen tun. Die Verteilung des Nutzens und der Schäden des Wirtschaftens wie der Entscheidungsmöglichkeiten erfolgt entlang von Klassenunterschieden sowie von anderen machtermöglichenden Differenzierungen von Geschlecht, Ethnie usw.

Was sonst noch schiefgehen kann

Ich habe nicht ohne Absicht zuerst die gesellschaftlichen Probleme des Climate Engineering diskutiert. Im Schreiben der NGOs, die den Verzicht auf das *SPICE*-Experiment forderten, war auch das Moral-Hazard-Problem vorrangig gegenüber den konkreten Bedenken über Gefährdungen durch dieses Experiment. „Während die Beteiligten anerkannten, dass der SPICE-Teststand selbst keine direkten Risiken birgt, wurde er als symbolischer Akt, als potenzielles Zeichen der Absicht wahrgenommen. Es gab Bedenken, dass die Forschung eine Eigendynamik entwickeln und eine Anhängerschaft für den Einsatz schaffen könnte."[989] Zwar versicherten Climate-Engineering-Vertreter wie Ken Caldeira noch vor etwas über zehn Jahren: „Ob es jemals zum Einsatz kommt? Ich hoffe nicht."[990] Aber die Situation hat sich geändert. Auch CCS wurde damals anscheinend zu Grabe getragen. Jetzt wird dieses Konzept wieder ausgemottet.

„Neben"-Wirkungen

Direkte „Neben"-Wirkungen
Kaum etwas, das wir tun, hat nur die erwünschten Folgen. Trotzdem handeln wir immer und entscheiden dabei, welche der nicht erwünschten Folgen uns nicht weiter stören, welche gefährlich werden könnten und welche richtig riskant sind. Am Gefährlichsten wird es, wenn wir die Gefahr bzw. das Risiko noch nicht kennen oder mit vernünftigem Risikomanage-

ment bewältigen können (siehe dazu weiter unten). Was an den Techniken des Climate Engineering gefährlich wird bzw. werden könnte, habe ich bei der Erklärung der einzelnen Techniken ausgeführt.

Es ist deutlich geworden, dass die Maßnahmen, die lediglich die Sonneneinstrahlung und damit die Temperaturen manipulieren und keine CO_2-Senkung beinhalten, also die SRM-Maßnahmen, am kritischsten zu betrachten sind. Leider sollen sie die kostengünstigsten sein – keine gute Kombination in einer auf Kosteneffizienz fixierten Wirtschaftswelt.

Gegen die als sehr kostengünstig und scheinbar gut steuerbare Aerosolinjektion in die Stratosphäre wendet Lennard Bengtson ein: „(i) die mangelnde Genauigkeit der Klimavorhersage, (ii) der große Unterschied in der Zeitskala zwischen der Wirkung von Treibhausgasen und der Wirkung von Aerosolen und (iii) schwerwiegende Umweltprobleme, die durch hohe Kohlendioxidkonzentration verursacht werden können, unabhängig von der Erwärmung des Klimas"[991]. Gerade von Vulkanausbrüchen, dem Vorbild für diese Methode, können wir lernen, welche andere Folgen von ihnen für Menschen verheerend waren. Nach dem Ausbruch des Tamobora im Jahr 1815 gab es ein „Jahr ohne Sommer", woraufhin Hunger Einzug hielt und die erste große Auswanderungswelle von Europa nach Nordamerika ausgelöst wurde. Der Grund war damals die Abschattung der Sonne durch riesige Aschewolken, die aber nicht wirklich langandauernde globale Folgen haben. Aber die dabei ausgestoßenen Schwefelteilchen zogen als Aerosolwolken um den Erdball. Auch für den Einsatz von AIS-Maßnahmen wird vorausgesagt, dass diese Aerosole uns wieder so schöne Sonnenuntergänge wie jene, die Caspar David Friedrich in dieser Zeit malen konnte, bescheren würden. Aber nicht nur an das Wünschenswerte, wie die Abkühlung und die schönen Sonnenuntergänge, müssen wir uns erinnern, denn es gab dadurch nicht nur eine Abschattung, sondern es regnete und stürmte monatelang. Dies führte zu enormen Ernteverlusten und Hungersnöten. Auch im zwanzigsten Jahrhundert traten von den vier schlimmsten Dürrejahren in der Sahelzone drei nach Vulkanausbrüchen ein.[992] Diese Beispiele zeigen die Anfälligkeit von Wetterereignissen gegenüber atmosphärischen Störungen durch Schwefelaerosole, und auch heute könnten wir die genauen Folgen in ihrer regionalen Verteilung grundsätzlich nicht vorhersagen (zur grundsätzlich nicht aufhebbaren Unsicherheit siehe mehr weiter unten). Letztlich, so wurde auch in der Zusammenfassung zu den SRM-Maßnahmen oben geschildert, können die SRM-Maßnahmen die Temperaturen nicht gleichmäßig global mildern und zu früheren Klima- und Wetterverhältnissen zurückführen, sondern es entstehen regionale Wetterfolgen, die sich extrem von den früheren Verhältnissen unterscheiden können. Bei der Betrachtung der einzelnen Methoden des Climate Engineering können aus der Rubrik SRM nur die lokalen Albedoveränderungen befürwortet werden – die gehören aber eher in den Bereich der lokalen Anpassung an die Klimaveränderung, als dass sie globale Auswirkungen auf die Strahlungsbilanz hätten.

Maßnahmen zur Entfernung von CO_2 aus der Atmosphäre (CDR) packen das Klimaproblem eher an der Wurzel an, nämlich am Treibhausgas CO_2. Aber sie sind auch nicht per se gute Lösungen. Vor allem, wenn sie recht spät wirksam werden, könnten die Ozeane viermal saurer bleiben, als sie es vor der Industrialisierung waren, denn das CO_2 befindet sich dann schon unerreichbar in der Tiefe der Ozeane.[993] Der Mitautor der eben genannten Studie Hans-Joachim Schellnhuber

205

meinte dazu: „In den Tiefen des Ozeans wird das chemische Echo der heute verursachten CO_2-Emissionen noch Tausende von Jahren nachhallen."[994]

Bei der Zurückholung des CO_2 aus der Atmosphäre wird einerseits auf technische Lösungen gesetzt (DACCS), andererseits sind diese Techniken oft „naturnäher", d. h. viel annehmbarer als jene des Strahlungsmanagements. Wenn man nur die Wechselwirkungen innerhalb der Natur betrachtet, sollte es möglich sein, den Planeten Erde zu einer CO_2-Aufsaugmaschinerie zu machen durch Aufforstung, mehr Moore, Feuchtgebiete usw. Hier geraten wir jedoch in einen Konflikt mit anderen Nutzungsformen der dafür benötigten Fläche, denn es gibt „keine Krise der Nutzung der Natur, die nicht auch eine Krise der Lebensweise der Menschen wäre"[995]. Die gesellschaftlichen Verhältnisse beruhen derzeit auf ökonomisch, militärisch und politisch zentralisierter Macht, die alle Versuche, Probleme zu lösen, deformiert und oft ins Gegenteil des „gut Gemeinten" umschlagen lässt. Es gibt mittlerweile nicht mehr nur „Land Grabbing"[996], sondern auch „Ocean Grabbing". Viele der Faktoren, die beim CDR eine Rolle spielen, wie die Aufforstung, erinnern daran, dass der erste Schritt sein müsste, die CO_2-mindernden natürlichen Gegebenheiten nicht weiter zu zerstören! Künstlich angelegte „natürliche" Biosysteme haben meist den Nachteil, Wasser- und Düngemittel sowie viel Arbeit zusätzlich zu benötigen und vorhandene Biodiversität zu zerstören.

Wir hatten oben als ein Merkmal von Technik festgehalten, dass Menschen auf der Grundlage von technischen Regeln und Artefakten „immer wieder" bestimmte Zwecke erreichen können.[997] Das erfordert aber nicht, dass genau dieselbe technische Lösungen „immer wieder" in gleicher Weise angewendet werden sollen, wie es lange Zeit der Trend bei der Mechanisierung, Industrialisierung und Chemisierung war, um durch Skaleneffekte[998] ökonomische Vorteile zu generieren. Gerade die Landwirtschaft wurde im Zuge dieser Prozesse zu einer Ursache der Überschreitung der Planetaren Belastungsgrenzen der „biogeochemischen Flüsse", d. h. der Stickstoff- und Phosphorkreisläufe, der massiven Verringerung der Biodiversität und der weitgehenden Zerstörung der Bodenfruchtbarkeit. Die dazu alternative regenerative Form der Landwirtschaft beruht auf einer an die konkreten Gegebenheiten angepassten Vorgehensweise. Es gibt gemeinsame Grundsätze, die mit einem produktiven Zusammenwirken der Menschen mit der natürlichen Produktivität zusammenhängen, aber kein gleiches Vorgehen immer und überall. Dasselbe gilt für die lokal angepassten Maßnahmen der CO_2-Reduktion wie Aufforstung, Feuchtbiotope, Blue Carbon Management u. ä. Es soll „immer wieder" derselbe Zweck erreicht werden, aber dieser besteht nicht mehr in einer instrumentalisierenden Vernutzung, sondern in einer koproduktiven Entfaltung mit vielerlei Nutzungsformen – darunter auch der CO_2-Speicherung. Aber diese notwendigen Nutzungsformen kommen der kapitalistischen Verwertungsmaschinerie nicht entgegen, deshalb haben sie angesichts der Machtverhältnisse weniger Chancen als die verfehlte Ausweitung z. B. von BECCS.

CO₂-Reduktionismus

Wir sahen eben, dass viel mehr Faktoren als die Sonneneinstrahlung oder der CO_2-Gehalt in der Luft eine Rolle spielen. Wir haben besonders aus Landwirtschaft eine Quelle von starken Treibhausgasen wie Methan und Lachgas, die in Deutschland etwa 13 Prozent der Treibhausgase ausmachen.[999] Und wir haben viel mehr Probleme als nur den Klimawandel. Das Konzept der Planetaren Belastungsgrenzen[1000] zeigte, welche anderen „natürlichen" Faktoren durch die Menschen so verändert werden, dass ihre natürliche Funktionsweise und ihr Zusammenwirken bedroht werden.[1001] Die Planetaren Belastungsgrenzen sind in der Reihenfolge ihrer Überschreitung/Bedrohung: überschritten: Artensterben, Einbringung neuartiger Substanzen und Organismen (derzeit vor allem Plastik), Stickstoff- und Phosphorkreislauf; im Bereich des steigenden Risikos: Klimakrise, Abholzung und andere Landnutzungsänderungen, Bodenfeuchtigkeit; im sicheren Bereich befindet sich (noch): die Ozeanversauerung. Beim Ozonloch konnte eine Gefährdung zurückgeführt werden – dies ist also auch möglich.

All diese Faktoren können nicht beliebig verändert werden. Wenn ihre Belastung einen Schwellwert überschreitet, kippen wichtige atmosphärische bzw. biologische und Ökosysteme so, dass wichtige Lebensgrundlagen verloren gehen. Nach dem Überschreiten des Kipppunkts (von denen es wie im Klimasystem mehrere geben kann) kann das System auch nach einer Entlastung nicht einfach wieder zurück in seinen „Normal"-Zustand gelangen. Es nützt also nicht viel, wenn zugunsten der Reduzierung des Treibhausgases CO_2, z. B. durch die CO_2-Abscheidung und -speicherung nach der Nutzung von extra angebauten Energiepflanzen (BECCS), die Süßwasservorräte übernutzt werden, die biogeochemischen Flüsse (Stickstoff, Phosphor) weiter überlastet werden und die Biosphärenintegrität in Gefahr gebracht wird.[1002] Nur die Nichtüberschreitung aller Planetaren Belastungsgrenzen belässt unsere Aktivitäten innerhalb des „sicheren Betriebsraums". Wir müssten in allen diesen Faktoren „am unteren Ende des wissenschaftlichen Unsicherheitsbereiches" agieren, denn bei einer Überschreitung der Unsicherheitszone „können nichtlineare Verschiebungen nicht mehr ausgeschlossen werden"[1003]. Bei einem umfangreichen Einsatz von BECCS, wie im IPCC-Bericht zur Einhaltung der 1,5-Grad-Grenze in den meisten Szenarien vorgesehen, gibt es keine guten Nachrichten: „Im strengen Sinne sind also Negative Emissionen über BECCS nicht mit der Steuerung der menschlichen Entwicklung innerhalb des sicheren Betriebsraums … vereinbar, da BECCS zusätzlichen Druck auf die auf die Planetaren Belastungsgrenzen ausüben würde"[1004]. Wenn man vor allem regionale Grenzen der Belastbarkeit einhält, ergibt sich für BECCS nur noch ein Potential, ca. 0,5 Prozent der derzeitigen Kohlenstoffemissionen zu kompensieren.[1005] Auch Aufforstungsprojekte dürfen nicht nur in Bezug auf ihre Kohlenstoffspeicherung betrachtet werden. Aus den Erfahrungen mit CDM[1006]-Projekten entstand die Erkenntnis: „Damit verbietet sich eigentlich eine zu einseitige Fokussierung auf rein klimapolitische Zielsetzungen."[1007]

Wer bis hierher gelesen hat, weiß natürlich, dass zu diesen Zusammenhängen, die vorerst nur innerhalb von (außermenschlich-)natürlichen Faktoren auftreten, die menschlich-gesellschaftlichen hinzukommen bzw. dass die (außermenschlich-)natürlichen Faktoren in diese gesellschaftlichen Zusammenhänge eingebettet sind. Wir haben nicht nur Zielkonflikte innerhalb der in den Planetaren Belastungsgrenzen angesprochenen Faktoren, sondern auch zwischen diesen und den unterschiedlichen Formen menschlicher Nutzung in möglichst gerechter Weise. Es gibt also Zielkonflikte zwischen Klimaschutz, der Erhaltung der „wilden" Natur und anderen Bedürfnissen der Menschen.[1008] Ich erinnere an Charles Eisensteins Warnung vor CO_2-Reduktionismus[1009].

Terminationsschock
Die Protagonisten der CE-Methode der Injektion von Aerosolen in die Stratosphäre behaupten manchmal, diese Technik

könnte sehr gezielt eingesetzt und sofort beendet werden, wenn man unannehmbare Folgen ausmache. Das stimmt so nicht, denn es gibt eine große Differenz in den Zeitskalen zwischen den Folgen des CO_2 in der Atmosphäre und der Wirksamkeit der Maßnahmen, so dass die Maßnahmen für lange Zeit durchgeführt werden müssen.[1010] Da insbesondere die SRM-Maßnahmen nicht das ursächliche Problem beheben, nämlich die Treibhausgasemissionen, bleiben die den Treibhauseffekt verstärkenden Prozesse bestehen, nur ihre Klimaerwärmungsfolgen sollen reduziert werden. Sobald diese Maßnahmen, nachdem sie längere Zeit eingesetzt wurden, aus welchem Grund auch immer[1011] beendet werden, setzen die erwärmenden Folgen der angestiegenen Treibhausgaskonzentrationen innerhalb weniger Jahre wieder ein – und dies in einem Tempo, wie es weder Ökosysteme noch Menschen vertragen können.[1012] Diese Techniken müssen also immer weiter aufrecht erhalten werden, man nennt so etwas einen technischen „Lock-in". Solch ein Terminationsschock findet nicht nur bei den Strahlungsmanipulationen statt, sondern auch wenn eine Alkanisierung der Ozeane abgebrochen wird.[1013] In vielen Klimamodellen ergab sich, „dass es nach Beendigung des Geoengineerings schnell zu einem signifikanten Klimawandel kommen würde, wobei sich Temperatur, Niederschlag und Meereisbedeckung sehr wahrscheinlich wesentlich schneller ändern würden als unter dem Einfluss steigender Treibhausgaskonzentrationen ohne Geoengineering"[1014]. Pro Jahr kann die Erwärmung 0,36 Kelvin betragen.[1015] An solch eine explosionsartige Veränderung kann sich nichts Lebendiges mehr anpassen.[1016] Letztlich müssen, wenn die Treibhausgasemissionen weiter gestiegen sind, die SRM-Maßnahmen mehrere tausend Jahre lang weiter geführt werden, wenn das CO_2 nur auf natürlichem Wege wieder sinken kann![1017]

Die Gefahr des Terminationsschocks wird für SRM-Techniken häufig erwähnt und stärkt die Bedenken dagegen. Deshalb bemühen sich deren Protagonisten um eine Entschärfung des Risikos. Parker und Irvine schlagen vor, Backup-Systeme für einen weiteren Einsatz bereitzuhalten oder „das solare Geoengineering durch eine Vereinbarung zwischen einigen wenigen mächtigen Ländern"[1018] umzusetzen. Das bestärkt nun wiederum alle Ängste vor einem erpresserischen Machtmonopol. Das Stoppen der SRM-Maßnahmen würde nach Reynolds, Parker und Irvine auch dann keine große Gefahr darstellen, wenn erstens nur eine geringe Kühlungsleistung durch SRM erbracht würde oder zweitens das SRM langsam genug, d. h. über Jahrzehnte hinweg, heruntergefahren und wenn drittens gleichzeitig massiv CO_2 aus der Atmosphäre entfernt würde.[1019] Das sind nun alles Voraussetzungen, die die am besten anzunehmenden Fälle herauspicken, die bei den wahrscheinlichsten politischen oder sozialen Ursachen der Beendigung der Maßnahmen nicht vorausgesetzt werden können. Was wir daraus lernen können: Um eine radikale Senkung der CO_2- und anderer Treibhausgasemissionen kommen wir sowieso nicht herum[1020], warum also nicht gleich ohne die zusätzlichen Techniken?

Nichtaufhebbare Unsicherheit

Die Wissenschaft schreitet in der Klimawissenschaft und auch in der Erforschung der Möglichkeiten des Climate Engineering immer weiter voran. Beide Wissenschaften beruhen weitgehend auf Computerprogrammen, in denen physikalische, chemische und biologische Zusammenhänge und Prozesse aus der Wirklichkeit mathematisch dargestellt werden. So entstehen mathematische, digitalisierte Modelle der Wirklichkeit. Ein mathematisches Modell erfasst „jene wesentlichen Eigenschaften und Beziehungen […], die den zu untersuchenden Prozeß charakterisieren"[1021], aber eben nicht alle. Das Modell ersetzt die Wirklichkeit, wir können mit ihm „experimentieren", und zwar im Computer. Dabei werden die entsprechenden Faktoren und Funktionen aufeinander losgelassen und beobachtet, was sich im Verlauf einer getakteten Zeit verändert. Das kann viele Male wiederholt werden, wobei Faktoren oder Funktionen immer wieder testweise verändert werden.[1022] Die Rechenkapazitäten erweitern sich im Laufe der Zeit ebenso, wie sich das Wissen darüber erweitert, wie immer mehr und komplexere wirkliche Verhältnisse modelliert werden können. Es ist aber nicht zu erwarten, dass man zum Zweck des Eingreifens in die wirklichen Klima- und Erdsysteme einmal so genaue Berechnungen machen könnte, um die Folgen und „Neben"-Wirkungen vollständig prognostizieren zu können. Das liegt einerseits an der unumgehbaren Komplexität der Erdsystemzusammenhänge selbst. Es heißt manchmal, Systeme, die man noch berechnen kann, seien nur „kompliziert"; Komplexität jedoch zeichnet sich durch eine unumgängliche Nicht-Vorausberechenbarkeit aus. Dies ist vor allem bei sich selbst organisierenden Systemen der Fall, wozu die globalen Erdsystemzusammenhänge zwischen Atmosphäre, Ozeanen, Eis auf den Meeren und an Land sowie den Biosystemen gehören. Prozesse verstärken und bremsen einander wechselseitig, es entstehen Rückkopplungen, die das Systemverhalten unberechenbar machen.[1023] Solche Systeme zeigen z. B. das Verhalten des sogenannten Schmetterlingseffekts. Ein Schmetterlingsflügelschlag in Berlin kann unter Umständen einen Orkan in Tokio bewirken. Eine sehr kleine Änderung an einer Stelle kann unter bestimmten Bedingungen extreme Auswirkungen anderswo haben. Schon im Bericht der US-Wissenschaftsakademie wurde darauf aufmerksam gemacht, dass sich Gefahren aus der Nichtlinearität und dem Schmetterlingseffekt ergeben[1024] und ein Hystereseeffekt[1025] zu erwarten ist.[1026] Steuerungsgläubige Technokraten meinen nun, genau dort könne man mit einem steuernden Eingriff ansetzen. So meinen Salter und Gadian: „… wenn wir glauben, dass Systeme, die wir derzeit nicht verstehen können, chaotisch sind, dann beseitigen wir unsere Chancen auf wissenschaftliche Entdeckungen vollständig. Der gemeinsame Faktor ist, dass sehr kleine Veränderungen […] verstärkt werden. Das bedeutet, dass eine kleine Menge an zugeführter Energie, die intelligent eingesetzt wird, große Veränderungen in der Ausgangsenergie erzeugen kann. Das ist genau das, was wir brauchen, um die sehr großen Energiemengen im Klima des Planeten zu kontrollieren. Scheinbares Chaos impliziert die Möglichkeit des Erfolgs."[1027] Sie vergessen aber, dass man bei einem komplexen System weder die Stelle noch den Zeitpunkt des Schmetterlings kennt, der seine Flügel schlägt, und dass außerdem gleichzeitig viele Schmetterlinge an vielen Stellen flattern können, und es zum Teil völlig unbestimmt ist, wessen Flügelschläge so verstärkt werden, dass sie extreme regionale bzw. auch globale Auswirkungen haben können. Im Klimasystem liegt immer auch eine interne Variabilität vor, die Klimaverläufe hängen z. B. von den El-Niño- und El-Niña-Zyklen, von Vulkanausbrüchen usw. ab, die bei der Modellierung in ihrem zeitlichen Verlauf nicht genau bekannt sind. Klima*projektionen*, die für sehr langfristige Zeiträume[1028] gelten, sind *keine* Klima*vorhersagen*; in kleinen Zeiträumen von 10 bis 20 Jahren zeigt das Klima Variabilitäten, die durch die Klimamodelle nicht erfasst werden können. Und diese Variablen können sich in prinzipiell unvorhersagbarer Weise aufschau-

keln: „Wenn wir versuchen, einzelne El Niño Ereignisse vorherzusagen, stoßen wir irgendwann an eine Grenze. Das System ist zu chaotisch. Wir werden nie in der Lage sein, jede
einzelne El Niño Phase unendlich weit in die Zukunft hinein vorherzusagen."[1029]

Gabriele Gramelsberger, die erkenntnistheoretisch untersucht, wie sich die Wissenschaften komplexer Wirklichkeiten
von den klassischen, bei denen nichtlineare Rückkopplungen
keine so große Rolle spielten, unterscheiden, meint dazu, dass
mit zunehmender Komplexität „die Garantie der Determiniert-
heit der Folgen, wie sie für analytisch deduzierte Prognosen ge-
währleistet war, nicht mehr gilt"[1030].

214

Der zweite Grund für bleibende Unsicherheiten[1031] ist
durch die Eigenheiten der mathematischen Modellierung gegeben.[1032] Ein Modell ist kein präzises Abbild der Wirklichkeit.
Auch viele Modelle enthalten nicht alle Faktoren. Im Modell
müssen wir Faktoren quantifizieren und sogar digitalisieren,
und das Rechnen kann nicht in gleicher Weise die Rückkopplungen berücksichtigen, wie sie in der Wirklichkeit auftreten.
Das Modell kann keinen El-Niño-Zyklus kennen, weil wir ihn
nicht kennen (können) – und den nächsten Vulkanausbruch
sowieso nicht. Nicht umsonst heißt es: „Die reale Welt ist alles,
was nicht ins Modell passt"[1033]. Warum verwenden wir dann
die Klimamodelle und vertrauen ihren Aussagen in Bezug auf
den Klimawandel? Weil wir damit keine Klima*prognosen* (mit
Zeiträumen unter 20 Jahre) erstellen, sondern Klima*projektionen* über viele Jahrzehnte hinweg. Um klarere Aussagen aus
der Verwendung von Klimamodellen treffen zu können, werden häufig viele Modelle verwendet, in denen z. B. die interne
Variabilität verschieden ist. Es wird dann jedesmal ein ganzes
Ensemble von Modellen durchgerechnet.[1034]

Wenn wir dies beachten, können wir sehen, dass die Modelle im Lauf der Zeit genauer werden. Und wenn wir testweise Klimaveränderungen, die wir aus der Vergangenheit kennen, berechnen, dann stimmen die berechneten Ergebnisse auch immer besser mit den tatsächlichen überein.[1035] Es gibt ein Projekt, das die Klimamodellsimulationen weltweit koordiniert und vergleicht, das *Coupled Model Intercomparison Project*[1036] (CMIP). Analog dazu werden die Modelle, die bei der Computerforschung des CDR verwendet werden, verglichen, das Projekt heißt „CDRMIP[1037]".[1038] Die Modelle und auch die Vergleiche entwickeln sich immer weiter, es wird auch von Modellgenerationen gesprochen – die aktuelle Modellgeneration ist die sechste: CMIP6. Die neuen Modelle ermöglichen vor allem eine „neue und bessere Darstellung von physikalischen, chemischen und biologischen Prozessen sowie eine höhere Auflösung"[1039]. Interessant ist nun die Frage, ob sich die grundsätzliche Unsicherheit deutlich verringern lässt, so dass sich einmal mit ähnlichen Modellierungen auch die Folgen von Climate-Engineering-Maßnahmen verlässlich prognostizieren lassen könnten.[1040] Dazu kann die Streuung der Ergebnisse der Modelle einer Generation ein gutes Zeichen sein. Zwischen den Modellgenerationen CMIP3 und CMIP5 sank die Streuung zwischen den Ergebnissen unterschiedlicher Modelle tatsächlich stark[1041], im Vergleich der Modellgeneration CMIP5 und CMIP6 blieb die Streuung aber ungefähr gleich groß.[1042]

Auch bei anderen Fragen zeigt sich eine Grenze der Verringerung der Unsicherheit: „Die Unsicherheiten bei den Prognosen für den künftigen Klimawandel haben sich in den letzten Jahrzehnten nicht wesentlich verringert. Sowohl Modelle als auch Beobachtungen ergeben breite Wahrscheinlichkeitsvertei lungen für den langfristigen Anstieg der globalen Mitteltemperatur, der bei einer Verdoppelung des atmosphärischen Kohlendioxids zu erwarten ist, wobei die Wahrscheinlichkeit eines sehr starken Anstiegs gering, aber endlich ist. Wir zeigen, dass die Form dieser Wahrscheinlichkeitsverteilungen eine unvermeidliche und allgemeine Folge der Natur des Klimasystems ist."[1043]

Die grundsätzlichen Grenzen der Genauigkeit liegen zum Beispiel darin, dass immer nur eine endliche Zahl an Punkten in Raum und Zeit erfasst werden kann, dass nicht alle Prozesse (wie bei der Wolkenbildung und kleinskaligen Wirbeln) aufgelöst werden können, dass bei der Umwandlung von stetigen Funktionen in diskrete Zahlenwerte Näherungen stattfinden müssen, dass es für die Biosysteme keine so klaren Funktionszusammenhänge gibt wie in Physik und Chemie und vielem mehr.[1044] Daher entstehen in jedem einzelnen Modell recht große Unsicherheitsbereiche, und die Modelle unterscheiden sich selbst noch einmal innerhalb der Ensembles. Je mehr Bereiche in das Modell integriert sind, desto größer wird der Gesamtunsicherheitsbereich.[1045] Und dies unabhängig davon, wie weit die Wissenschaft sich entwickeln wird. Je genauer die Klimaprozesse bekannt sind und einbezogen werden, desto größer kann die Unsicherheit werden: „Es ist üblich, dass mehr Forschung ein komplizierteres Bild aufdeckt; daher kann die Unsicherheit mit der Zeit wachsen."[1046]

Gegenüber den Grenzen des wissenschaftlichen Erfassens der zukünftigen Entwicklung von Klima und Wetter ist meines Erachtens die objektive Unbestimmtheit der Prozesse selbst noch wichtiger: „Das Klimasystem könnte von Natur aus zu komplex sein – und damit die Möglichkeit von ‚[unvorhergesehenen] schädlichen Nebenwirkungen' zu groß sein, als dass ein absichtlicher menschlicher Eingriff jemals als sicher angesehen werden könnte"[1047].

Zu diesen Unsicherheiten allein in der Klimawissenschaft kommt die Tatsache, dass die Verhältnisse bei Hinzunahme der Biosphäre noch viel unübersichtlicher werden, so dass vieles gar nicht mehr quantifiziert und diskretisiert werden kann. „Geoingenieure unterschätzen möglicherweise die Einführung einer Veränderung in ein Ökosystem mit vorhersehbaren Ergebnissen drastisch."[1048] Das bedeutet, „es gibt unzählige Möglichkeiten, wie Eingriffe schief gehen können"[1049].

Auch im gesellschaftlichen Umgang mit diesen Fragestellungen gibt es keine Sicherheiten. Es ist recht optimistisch, den folgenden beiden Möglichkeiten gleiche Wahrscheinlichkeiten zuzuordnen: „Meine Hoffnung ist, dass eine rasche Veränderung der gesellschaftlichen Normen die Politik dazu bringen kann, den Kohlenstoffabbau zu verstärken, so dass wir kein solares Geoengineering brauchen. Meine schlimmste Befürchtung ist, dass sich der Klimaschutz weiter verzögert und dass solares Geo-Engineering ohne ausreichende Forschung eingeführt wird, gepaart mit einer Politik des Autoritarismus oder der Fremdenfeindlichkeit – dass [Geo-Engineering] als Mittel eingeführt wird, um Klimamigranten zu stoppen, oder verpackt in eine toxische Politik; dass sich diese Kräfte gegenseitig verstärken."[1050]

Wie entscheiden?

Auch wenn wir nicht zu denen gehören, die über die Forschung oder den Einsatz von Climate Engineering entscheiden dürfen, werden wir weniger oder (nach diesem Buch hoffentlich) mehr informiertes Wissen dazu haben. Recht einfach wäre ein generelles Vertrauen in Wissenschaft und Technik und die Verantwortlichen. Auf der entgegengesetzten Seite steht eine pauschale Ablehnung. Für beide Positionen – auch für jene dazwischen oder daneben – gibt es Gründe. Das Nachdenken über Gründe für menschliches Handeln wird der *Ethik* zugeschrieben.[1051] Oft wird im Englischen „Ethics" auch als Bezeichnung für die Beschäftigung mit dem sozialen Kontext von Technik verwendet.[1052] Nicht die technisch-sachlichen Eigenschaften sind maßgeblich, sondern „die Eigenschaften eines neuen Produkts in einem Anwendungskontext"[1053]. Die folgenden Überlegungen gehören also im weitesten Sinne in eine Climate-Engineering-Ethik.

Climate-Engineering-Ethik

Ethische Fragen sind dann zu stellen, wenn es normative Unsicherheiten in Bezug auf eine Technik gibt.[1054] Was kann ethische Reflexion überhaupt zur Orientierung in diesem unsicheren Feld beitragen? Nach Grunwald lassen sich drei Aufgaben ableiten[1055]: 1. Ethik kann reflektieren, welche Typen von Folgen aus den Konstruktionsprinzipien der Technik erschließbar sind. Hier sind einerseits Folgen für die Gesellschaft zu berücksichtigen wie andererseits solche, die in den natürlichen, technisch beeinflussten Prozessen selbst auftreten (können). Bei Climate Engineering sind Risiken für geopolitische Spannungen und die Verstärkung von Machtungleichgewichten zu befürchten. Aber vor allem auf Grund des chaotisch-komplexen Prozessverhaltens der natürlichen Zusammenhänge im Erdsystem steht zu befürchten, dass hier sehr viele nicht gewünschte und sogar gefährliche Wirkungen auftreten. 2. Ethik kann sich damit beschäftigen, welche Zwecke der Technikentwicklung überhaupt rechtfertigbar sind. Wenn Climate Engineering als Plan B dazu führt, dass der Plan A, die Minderung der Treibhausgassmissionen, vernachlässigt wird, ist es nicht zu rechtfertigen. 3. Ethik kann sich mit den Mitteln auseinandersetzen, die im Forschungs- und Entwicklungsprozess eingesetzt werden. Hier geht es beim Climate Engineering z. B. um das Abwägen der Reichweite und Eingriffstiefe von Feldversuchen und Experimenten im Forschungsverlauf. Man kann bei solchen Überlegungen nicht konkret sagen, was bei der möglichen Entwicklung einer Technik herauskommen wird, aber man kann Vertretbarkeit und Angemessenheit der Annahmen und Erwartungen diskutieren, die in diese Forschungen einfließen.[1056]

Es gibt mehrere Querschnittsfelder, in denen normative Unsicherheiten in Bezug zu einer neuen Technik entstehen.[1057] Erstens ist hier die Ambivalenz zwischen einer Erweiterung der menschlichen Handlungsmöglichkeiten durch Technik und die gleichzeitige Unterordnung unter die technischen Gegebenheiten zu nennen. Climate Engineering könnte, wenn es seine Ziele ohne zu viele unerwünschte Nebenwirkungen erreichen könnte, die menschlichen Handlungsmöglichkeiten bei der Abschwächung des Klimawandels erweitern, die Menschheit würde aber von diesen Techniken abhängig (siehe das Problem des Terminationsschocks). Das gilt auch für die eher „natürlichen" Formen des Climate Engineering, denn auch das Aufrechterhalten der dafür nötigen Ökosystemfunktionen erfordert Aufwand und verringert z. B. die Fläche für die Nahrungsmittelproduktion und andere Nutz- oder Wildnisformen. Das zweite ethische Problem ist die Verteilungsgerechtigkeit in Bezug auf die Verteilung von Nutzen und eventuellen Risiken, auch über die Generationen hinweg. Dies wurde bereits diskutiert. Normative Unsicherheiten spielen drittens eine Rolle bei der Wechselbeziehung zwischen Technik und Umwelt. Da die Veränderung eines Umweltfaktors, nämlich des Klimas, das ausgesprochene Ziel der Climate-Engineering-Technik ist, kommt hier das dynamische Wechselverhältnis von gewünschten und unerwünschten Folgen des Einwirkens auf die Umwelt und deren Rückwirkungen in besonderem Maß zum Tragen. Insbesondere wird hierbei viertens das Verhältnis von Technik und Leben beeinflusst, denn direkt oder indirekt beeinflussen die Klimaverhältnisse die Organismen und Biosysteme, und diese wirken zurück auf klimatische Verhältnisse oder werden gar in den „natürlichen" Climate-Engineering-Techniken wesentlich eingesetzt, um angezielte Ergebnisse (Abkühlung, Kohlenstoffbindung) zu erreichen. Vor allem werden hier natürliche Wirkungsweisen speziell zu unseren Zwecken instrumentalisiert und damit das derzeitig herrschende instrumentalisierende Verhalten ausgeweitet und verstetigt. Dabei ist fünftens das Wissen über die Folgen des Einsatzes einer neuen Technik, vor allem in global-komplexen Zusammenhängen, recht ungewiss. Es geht bei dieser Frage darum, „welches Risiko unter welchen Bedingungen akzeptabel sei"[1058]. Die folgende Tabelle zeigt diese Aspekte für einige Climate-Engineering-Techniken:

Quer-schnitts-felder	SRM: AIS	SRM: Erhöhung des Reflexions-vermögens	CDR: DAC/ BECCS	CDR: Verbes-serte biologische Speicherung
Autono-mie	Abhängigkeit von der Weiter-führung, sonst „Terminations-schock"	Abhängigkeit von der Weiterfüh-rung, sonst „Ter-minationsschock"	Abhängigkeit von CCS-Infrastruktur und -Speichermög-lichkeit und -sta-bilität	Management kann Selbstbe-stimmung der lokalen Bevölke-rung aushebeln.
Vertei-lungs-gerechtig-keit	regional/lokale Probleme (Nieder-schlagsänderungen, Folgen fehlenden Ozons)	Auch bei loka-len Eingriffen sind die nichter-wünschten Folgen vor allem lokal/ regional wirk-sam.	Auf Kosten wel-cher bisher genutz-ter Flächen soll BECCS stattfin-den? Welche Ener-gie wird bei DAC genutzt?	Menschen in ver-änderten Öko-systemen müssen deren Nutzung anpassen.
Umwelt	Folgen ange-sichts des diffuse-ren Lichts für Pho-tosynthese, weißer Himmel	Je nach Methode: riesiger Plastik-einsatz (Abde-ckung Wüste/ Gletscher), Nie-derschlagsände-rung	Umwandlung rie-siger Fläche für Bioenergie, CO$_2$-Speicher-Sicherheit und Infrastruktur-auswirkungen	Veränderung der jetzigen Ökosys-teme zugunsten von geeigneten in Hinsicht auf die Kohlenstoffspei-cherung.
Technik und Leben	Regionale Verän-derungen beein-flussen mglw. Bio-systeme	Auch die Albedo von Ökosystemen soll sich erhö-hen (helle Pflan-zen…)	Umwandlung vie-ler Ökosysteme in Bioenergiepflanz-flächen bzw. Nut-zung für CO$_2$-Speicher	Starke Eingriffe in Ökosysteme, häu-fig als „Rückfüh-rung" in frühere, nicht durch Men-schen umgestal-tete Formen.
Umgang mit Un-sicherheit	Inhärente Unsi-cherheit durch cha-otischen Charak-ter des Weltklimas im Großen und der Wirkungsweise der Aerosole im Kleinen	Insbesondere bei Wolkenaufhel-lung Unsicher-heiten der Wech-selwirkung mit Atmosphärenche-mie…	Nach ausreichen-der Forschung we-nig Unsicherheit	Unsicherheit der biologischen Sen-kenwirkung, da diese sehr stark vom konkreten Umfeld abhängt.

Tabelle: Querschnittsfelder mit Bezug auf normative Unsicherheiten des Climate Engineering

Climate Engineering zählt in besonders hohem Maße zu den Techniken, die höchstwahrscheinlich viele nichter-wünschte Folgen mit sich bringen; deshalb bedeuten sie immer ein „Handeln unter Risiko"[1059]. Quantitativ kann man ein Risiko als Produkt des Schadens und der Wahrscheinlichkeit des Eintritts des Schadensfalls bestimmen.[1060] Es ist dann immer die Frage zu stellen, „welches Risiko unter welchen Bedingungen akzeptabel sei"[1061]. Auch in einer ARTE-Dokumentation wurde die Frage gestellt, was es heißt, „vorsorglich und präventiv" zu handeln.[1062] Die Sprecherin meinte erst lax: „Die Eisendüngung könnte sich negativ auf das Ökosystem auswirken, okay – aber möglicherweise wird sie uns helfen, das 1,5-Grad-Ziel doch zu erreichen." Was nützen 1,5 Grad, wenn die Ozeane zu weiten Teilen wegen Sauerstoffmangels tot sind? Aber es gilt natürlich auch: Was nützen intakte Ozeane, wenn sie die Folgen eines Klima-Umbruchs erleiden müssen? Sind wir in dem Dilemma, dass wir ein Risiko (heiße Erde) gegen ein anderes Risiko (Gefahren des Climate Engineering) abwägen müssen?

Ethik des Risikos und der Vorsorge beim Climate Engineering

Wir stecken inzwischen in einer „Risiko-Risiko-Abwägung"[1063] fest, denn „im Kontext der pausenlos und schnell wachsenden Risiken eines ungebremsten Klimawandels"[1064] geht es nicht mehr nur darum, das Risiko des Climate Engineering gegen normale, wünschbare Umweltbedingungen abzuwägen, sondern die Risiken des Climate Engineering werden gegen die Risiken des Klima-Umbruchs gestellt. Solares Climate Engineering „zu betreiben ist riskant, vielleicht sogar falsch. *Nicht* zu handeln, ist ähnlich riskant, vielleicht sogar weitaus mehr."[1065] David Keith geht davon aus, dass bei einer angemessenen Nutzung der Injektion von Aerosolen in die Stratosphäre die bisher bekannten Risiken sich im Vergleich zu einem rasanten Klimawandel als relativ klein erweisen würden.[1066] Es ginge dann um die Politik „des geringeren Übels"[1067]. Es müsste dann allerdings so gut wie sicher sein, dass die angestrebten Wirkungen des Climate Engineering auch erreicht werden und die Situation nicht weiter verschlimmert wird. Der Technikfolgen-Bericht schätzt auch für die globalen CDR-Techniken, dass es „starke Zweifel" gibt, „ob eine positive gesamtgesellschaftliche Nutzen-Risiko-Bewertung überhaupt realistisch erscheint: Die aktuell den Verfahren zur Ozeandüngung zugeschriebenen theoretischen Potenziale zur CO_2-Entlastung der Atmosphäre vermögen es nicht, die daraus resultierenden, potenziell hohen Risiken für die marinen Ökosysteme zu rechtfertigen"[1068].

Carl Friedrich Gethmann hatte festgestellt: „Wer das Risiko des Bergsteigens für sich akzeptiert, der soll auch bereit sein, das Fliegen mit Linienmaschinen zu riskieren!"[1069] Allgemeiner formuliert: Es lasse sich fordern, „daß sich der einzelne oder die Gruppe einer bestimmten risikobehafteten Situation gegenüber so verhält, wie sie es in einer Situation mit vergleichbarem Risikograd bereits getan haben."[1070] Noch allgemeiner, diesmal wohl auf Klimaveränderung und Climate Engineering anwendbar: „hat jemand durch die Wahl einer Lebensform den Grad eines Risikos akzeptiert, so darf dieser auch auch für eine zur Debatte stehende Handlung unterstellt werden."[1071] Haben wir also eine Lebensform akzeptiert, die uns dem Risiko des Klima-Umbruchs aussetzt, sollten wir uns auch dem Risiko bei der Minderung des Klima-Umbruchs durch Climate Engineering aussetzen … Spätestens wenn die Akteure nicht mehr derselben Generation angehören, funktioniert dieses Argument nicht mehr. Außerdem könnte es ja Lernprozesse geben. Manche, die das Risiko eingehen, wegen Rauchens an Lungenkrebs zu sterben, geben dieses Risikoverhalten später auf.

Gestellt wird diese Abwägungsfrage auch in der ARTE-Dokumentation: „Ja, und jetzt stellt sich sofort die Frage, was wiegt höher? Das ist der Kern dieser Abwägungsentscheidung. In dem Moment, wo durch Umweltverträglichkeitsprüfungen sichergestellt wird, dass die Wirkung auf die marinen Ökosysteme beherrschbar ist, in dem Moment sehe ich gar keine andere Möglichkeit, als dass der entsprechende Belang zurücktritt und der Klimawandel überwiegt als globale Herausforderung."[1072] Bisher stellen alle Analysen jedoch eher nicht fest, dass die Wirkungen beherrschbar wären, sondern es tun sich immer neue Zweifel auf. Die Risikoabwägung ist ein häufiges Thema in der Debatte.[1073] Das zeigte sich schon bei der Bewertung der Kernkraft in der Klimabewegung. Viele meinen: Lieber Kernkraft als Kohle! Damit steckt man fest in der „Illusion der zwei Alternativen"[1074] und vergisst die dritte und vierte, nämlich Energiesparen und sich erneuernde Energien. Beim Dilemma zwischen Klima-Umbruch und Climate Engineering ist das Fenster der dritten Möglichkeit einer *ausreichenden* Emissionsminderung bereits zugeschlagen. Außer uns gelänge noch – als vierte Möglichkeit – die Umsteuerung auf eine nicht wirtschaftswachstumsbasierte, sondern sogar eine Schrumpfung des Naturverbrauchs vertragende Gesellschaftsform[1075], was aber nicht (rechtzeitig) zu erwarten ist. Wir können dieses Dilemma nicht auflösen.[1076] Wir müssen von der Kategorie des Risikos zur Kategorie der Vorsorge übergehen. Wenn man *Risiken* vergleichen will, braucht man eine einheitliche Skala mit bestimmten Werten, z. B. der Wahrscheinlichkeit des Eintritts des Schadens. Wenn jedoch vor lauter Unsicherheiten gar keine Quantifizierung der Wahrscheinlichkeiten des Schadens und damit des Risikos möglich ist, geht das nicht.[1077] Wenn sich nun das Risiko nicht sicher bestimmen lässt, obwohl gefährliche Folgen wahrscheinlich sind, wird von einer Situation gesprochen, in der *Vorsorge* betrieben werden muss. Das ist etwas anderes, als bloß „Risiken zu managen". Das Vorsorgeprinzip kommt laut EU-Regelung „in Fällen zum Tragen, in denen die wissenschaftlichen Beweise nicht ausreichen, keine eindeutigen Schlüsse zulassen oder unklar sind, in denen jedoch aufgrund einer vorläufigen wissenschaftlichen Risikobewertung begründeter Anlaß zu der Besorgnis besteht, daß die möglicherweise gefährlichen Folgen für die Umwelt und die Gesundheit von Menschen, Tieren und Pflanzen mit dem von der EU angestrebten hohen Schutzniveau unvereinbar sein könnten."[1078] Es besteht derzeit durchaus „begründeter Anlass zu der Besorgnis", dass mit dem Einsatz von Climate Engineering „gefährliche Folgen für die Umwelt und die Gesundheit von Menschen, Tieren und Pflanzen" verbunden sind. Deshalb gilt hier der Grundsatz, ein hohes Schutzniveau zu gewährleisten[1079], das mit dem Einsatz vieler Climate-Engineering-Formen nicht gesichert werden kann.

Entlang dieses Kriteriums lassen sich auch die einzelnen Methoden des Climate Engineering bewerten. In den Bestimmungen des Vorsorgeprinzips in der EU ist vorgesehen, dass bestimmte Maßnahmen zugelassen werden müssen. Im Vorsorgefall wird die „Beweislast für den Nachweis eines Schadens umgekehrt, d. h. diese Produkte gelten solange als gefährlich, bis die Unternehmen die erforderlichen wissenschaftlichen Nachweise für deren Sicherheit erbringen können."[1080] Dies sollte – wie für gentechnisch veränderte Pflanzen[1081] – auch auf Maßnahmen des Climate Engineering angewandt werden. Es ist offensichtlich, dass Climate Engineering in seinen allermeisten Formen nicht bloß als Risiko gemanagt werden darf (mit Grenzwerten und ähnlichem), sondern dass hier eine Vorsorgesituation vorliegt. Das bedeutet aber nicht, dass die Umsetzung des Vorsorgeprinzips schon ein Verbot bedeutet, sondern es müsste wie für die Freisetzung gentechnisch veränderter Organismen eine Richtlinie erarbeitet werden, die z. B. ebenso auf einem „Fall für Fall (case by case)- und Schritt-für-Schritt (step by step)-Konzept beruht"[1082].

In den Bestimmungen der EU zum Vorsorgeprinzip ist die Vorsorgesituation ein Spezialfall im Risikomanagement. René von Schomberger und Armin Grundwald dagegen unterscheiden die Vorsorge von der Risikosituation. *Risikomanagement* ist angebracht, wenn die Wirkungen der Technik bekannt und die Risiken mit quantifizierbaren Wahrscheinlichkeiten verbunden sind. Wenn die Wirkungen zwar bekannt, die Kausalbeziehungen aber unbekannt oder unsicher sind, wodurch die Wahrscheinlichkeiten unbekannt sind, liegt eine *Vorsorgesituation* vor. Auch bei einem unbekannten Umfang der Wirkungen liegt eine Vorsorgesituation vor.[1083] Ein Übergang von einer Risiko- zu einer Vorsorgesituation bedeutet auch „eine Verlagerung der wissenschafts*zentrierten* Debatte über die Risikowahrscheinlichkeit hin zu einer auf wissenschaftliche Informationen *gestützten* Debatte über Unsicherheiten und plausible nachteilige Wirkungen"[1084]. Weitere Forschung kann jedoch eine Vorsorgesituation „in eine Situation klassischen Risikomanagements […] überführen"[1085].

Ist dies im Fall des Climate Engineering zu erwarten? Diese Hoffnung steckt ja hinter den Forderungen nach weiterer Forschung. Wahrscheinlich wird die Antwort auf diese Frage für unterschiedliche Formen des Climate Engineering unterschiedlich ausfallen. Zu erwarten ist jedoch, dass aufgrund des intrinsisch chaotisch-komplexen Verhaltens der Erdsystemzusammenhänge eine Überführung von nicht quantifizierbaren Risiken und unbekannten Ursache-Wirkungszusammenhängen in quantifizierbare Risiken bei bekannten Wirkungszusammenhängen prinzipiell nicht möglich sein wird.

Das Vorsorgeprinzip in Bezug auf die Umwelt ist folgendermaßen definiert: „Zum Schutz der Umwelt wenden die Staaten im Rahmen ihrer Möglichkeiten allgemein den Vorsorgegrundsatz an. Drohen schwerwiegende oder bleibende Schäden, so darf ein Mangel an vollständiger wissenschaftlicher Gewissheit kein Grund dafür sein, kostenwirksame Maßnahmen zur Vermeidung von Umweltverschlechterungen aufzuschieben."[1086] Für Climate Engineering ist diese Aussagen nicht eindeutig. Protagonisten dieser Maßnahmen könnten argumentieren, dass durch den Klima-Umbruch „schwerwiegende und bleibende Schäden" drohen, so dass „kostenwirksame Maßnahmen" wie Aerosolinjektionen in die Stratosphäre zur Vermeidung dieser Schäden nicht aufgeschoben werden sollten. Es widerspräche jedoch dem Sinn des Vorsorgeprinzips, wenn die Kur mindestens genau so gefährlich wäre wie die Krankheit, die Maßnahmen genau so unsicher und riskant wie das abzustellende Problem. Hier gelten letztlich Vorsorgeprinzipien für zwei Fälle: einmal den Klima-Umbruch und zum anderen die Maßnahmen des Climate Engineering. Es sollten für die Vorsorge im Fall des Klima-Umbruchs jene Maßnahmen bevorzugt werden, die gar nicht erst einen zusätzlichen Risiko- und Vorsorgefall (Climate Engineering) schaffen bzw. ihn verhindern. Dies entspricht auch dem Grundsatz der EU-Umweltpolitik, „Umweltbeeinträchtigungen mit Vorrang an ihrem Ursprung zu bekämpfen"[1087]. Wenn es dann aber so weit ist, dass das „Kind in den Brunnen gefallen" ist, dann muss tatsächlich auch über die Vorsorge im Plan B nachgedacht werden.

Im Fall der möglichen Zerstörung von wichtigen Lebensgrundlagen auf der ganzen Welt bekommen diese Fragen ein besonderes Gewicht. Menschen stehen in einer Verantwortung, die „sich neuerdings […] auf den Zustand der Biosphäre und das künftige Überleben der Menschenart erstreckt", und diese Verantwortung „ist schlicht mit der Ausdehnung der Macht über diese Dinge gegeben, die in erster Linie eine Macht der Zerstörung ist."[1088] Hans Jonas geht davon aus, „daß wir nicht das Recht haben, das Nichtsein künftiger Generationen wegen des Seins der jetzigen zu wählen oder auch nur zu wagen"[1089].

Die Frage, ob man die Gefährlichkeit der Lage offen bekunden solle oder ob man sich damit als Alarmist erweise, beantwortet er eindeutig: „Was kann als Kompaß dienen? Die vorausgedachte Gefahr selber! In ihrem Wetterleuchten aus der Zukunft, im Vorschein ihres planetarischen Umfanges und ihres humanen Tiefganges, werden zuallererst die ethischen Prinzipien entdeckbar, aus denen sich die neuen Pflichten neuer Macht herleiten lassen. Dies nenne ich die ‚Heuristik der Furcht'."[1090] Im Namen dieser von Furcht geleiteten Verantwortung weist Jonas bekanntermaßen auch das „Prinzip Hoffnung" zurück. „Verantwortlich darauf setzen, so scheint mir, kann man nicht"[1091], gilt auch für das Climate Engineering.

Bei Jonas begründet sich die Verantwortung aus der Macht über die Prozesse. Auch hier ist es wichtig, nicht nur auf deren technischen Aspekt zu schauen. Die Frage ist und bleibt: Wer hat warum oder auch nicht erstens die Macht, über gesellschaftliche, wirtschaftliche und technische Entwicklungswege zu entscheiden? Und wer hätte zweitens die Macht, diese Machtverhältnisse zu verändern? Von der zweiten Form der Macht kann sich niemand freisprechen!

Können wir es besser?

The better world we seek is not Geo-engineered![1092]

Derzeitig sitzen wir in einer verhängnisvollen Falle. In der wachstums- und profitorientierten kapitalistischen Gesellschaft versuchen Menschen, Probleme mit denselben Mitteln zu lösen, die das Problem herbeigeführt haben: mit mehr Technik, mehr Wachstum und auch damit, dass an der Lösung wieder verdient werden soll. Innerhalb dieser Rahmenbedingungen scheint es nur eine Alternative zum gefährlichen Klima-Umbruch zu geben: Climate Engineering. Erst vor kurzem kam ich während einer Demo mit einem Bekannten ins Gespräch, mit dem ich schon vor 15 Jahren in einer Klimaschutzgruppe in Jena aktiv war. Für ihn war klar: Da die Reduktion der Treibhausgasemissionen zu lange verzögert worden ist, sei es jetzt zu spät, um auf Climate Engineering verzichten zu können. Einerseits ist in der Natur keine Reserve mehr da, um die nicht verhinderbaren Emissionen weiterhin dem Wirken der Natur anzuvertrauen. Andererseits befindet sich inzwischen eine Menge des langlebigen Kohlendioxids in der Luft, das in den letzten beiden Jahrzehnten zu viel emittiert worden ist. Davon muss ein großer Teil zurückgeholt werden bzw. müssen seine Auswirkungen anders kompensiert werden, um unter 1,5 oder 2 Grad global-durchschnittlicher Erwärmung zu bleiben.

Wir befinden uns innerhalb der gegebenen gesellschaftlichen Rahmenbedingungen in der „Illusion der Alternativen" wir haben scheinbar nur eine „Wahl zwischen zwei Alternativen, die aber deswegen illusorisch ist, weil weder die eine noch die andere Alternative zutrifft"[1093]. Eine wirkliche Auflösung der Situation, ein Herausspringen aus dieser Illusion, ist nur möglich, wenn wir die Rahmenbedingungen aufsprengen. *Wenn wir kein Climate Engineering wollen, müssen wir eine neue Gesellschaft wollen.* Natürlich ist genau diese Forderung der Angstgegner derer, die am Climate Engineering festhalten, gerade um Systemwechselforderungen abzuwehren. Für sie bietet Climate Engineering „das verlockende Versprechen einer Lösung für den Klimawandel, die es uns ermöglichen würde, unsere ressourcenverschlingende Lebensweise auf unbestimmte Zeit fortzusetzen"[1094]. In Wirklichkeit geht es um folgende Alternative: Verharren in den kapitalistischen Strukturbedingungen, die uns auf technizistische Lösungen festlegen, Machtungleichgewichte und neue Ungerechtigkeiten mit sich bringen – oder Entwicklung einer neuen Gesellschaftsform, in der alle Menschen ihre Bedürfnisse befriedigen können, ohne die natürlichen Lebensgrundlagen zu zerstören. Diesmal bleibt keine Zeit, auf die Zukunft zu hoffen, wie es frühere Befreiungsbewegungen unter dem Motto „Die Enkel fechten's besser aus" konnten.

Allerdings müssen wir realistisch sein: Dass die nötige Revolution in der nächsten Zeit erfolgen wird – dafür spricht sehr wenig. Was machen wir bis dahin? Wir müssen trotz alledem daran arbeiten, die Treibhausgasemissionen zu senken, zu senken und noch zigmal zu senken. Dafür habe ich mir seit 30 Jahren den Mund ziemlich umsonst fusslig geredet und die Finger wund geschrieben. Auch der Hype um Fridays for Future hat da nichts Maßgebliches bewirkt, weil die systemisch-strukturellen Verhältnisse noch nicht aufgebrochen werden konnten, auch wenn noch so viele Plakate mit der Losung „System Change not Climate Change" hochgehalten wurden. Auch bei uns hängen die meisten Menschen am Konsumkapitalismus, dessen Credo lautet: „Niemals die Ursache bekämpfen, wenn man eine Industrie schaffen kann, die die Symptome behandelt."[1095] Deshalb schlägt den Klimakleber*innen so viel Wut aus der Gesellschaft entgegen. Auch die allermeisten von uns haben trotz aller möglichen Selbstbeschränkungen immer noch einen bis zu vierfach höheren CO_2-Ausstoß, als global-durchschnittlich zulässig wäre.[1096] Auch in der Bevölkerung und wohl sogar in der Klimabewegung kann die technikzentristische Sicht, die unsere Wirtschafts- und Lebensweise unberührt zu lassen scheint, attraktiv werden. Wenn man sich Medienberichte über Climate-Engineering-Themen anschaut, wird durchaus der Eindruck erweckt, dass damit ja nun Entwicklungen in Gang gekommen wären, die alles wieder ins Lot brächten. Man zeigt den Kindlein ein Licht, damit sie keine Angst bekommen … Und das funktioniert gut. Climate Engineering wirkt als Trostpflaster und wird als Rettungsanker dringlichst ersehnt. Es wird inzwischen sogar von einem „Gap" (d. h. einer Lücke) gesprochen zwischen dem, was technisch, ökonomisch und politisch in der nächsten Zeit umsetzbar ist, und dem, was gebraucht würde, wenn der Plan B innerhalb dieses Jahrhunderts überhaupt ausreichend funktionieren sollte, wie es in den Szenarien des IPCC-Berichts von 2018[1097] vorgesehen war.[1098] Wir werden in der Zukunft verzweifelte Versuche des Hochskalierens dieser Methoden erleben, wie es sich z. B. bei der Wiederbelebung der eigentlich schon abgeschriebenen CCS-Techniken zeigt, und dies bei ohnehin wachsenden geopolitischen Spannungen. Vor fünf Jahren forderten Wissenschaftler*innen noch eine „Vermeidung einer vorzeitigen Normalisierung der hypothetischen Klima-Geo-Engineering Techniken"[1099], aber das kann sich nicht mehr lange halten lassen, die Einbeziehung von Climate Engineering in die Klimaschutz-Überlegungen wird „normal" werden. In der Öffentlichkeit und den Klimabewegungen wird dies neue „Fronten" zwischen pauschaler Verweigerung, Nachgiebigkeit mangels Alternativen und Befürwortern aufmachen. Festzuhalten ist dabei zumindest an der Priorisierung der Minderung der Treibhausgasemissionen, denn „zunächst muss man sich der Null nähern, bevor man negativ werden kann"[1100]. Dass mittlerweile über den Plan B ernsthaft gesprochen werden muss, verweist umso mehr auf die Dringlichkeit der Minderung der Emissionen!

Die Verzögerung der tatsächlich notwendigen revolutionären Veränderungen in der Produktions- und Lebensweise führt dazu, dass auch wir, die wir eine gesellschaftliche Revolutionierung wollen, über Climate Engineering nachdenken müssen. Die Welt ist so widersprüchlich, wir kommen nicht mit einfachen Antworten durch. Wenn wir das Ansteigen der global-durchschnittlichen Temperaturen zu den gefährlichen Kipppunkten im Klimasystem verhindern wollen, müssen wohl zumindest einige CDR-Maßnahmen in Angriff genommen werden.[1101] Ich erinnere noch einmal daran, dass es nicht die *eine* Climate-Engineering-Technologie gibt, sondern dass sie im Einzelnen konkret zu bewerten sind.[1102] Deshalb kann man sicher verantworten, „Maßnahmen, die darauf ausgerichtet sind, im Einklang mit dem Schutz der Biodiversität die Klimaschutzwirkung von terrestrischen oder marinen Ökosysteme zu erhalten und möglichst zu verstärken"[1103], zu befürworten. Solche Maßnahmen werden auch Maßnahmen des Natürlichen Klimaschutzes genannt.[1104] „Diese Maßnahmen tragen sowohl zum Biodiversitätserhalt als auch zum Klimaschutz bei. Wird dabei die Fähigkeit der Ökosysteme gesteigert, CO_2 aus der Atmosphäre zu entnehmen und langfristig als Kohlenstoff zu speichern, kön-

nen Negativemissionen erzielt werden."[1105] Solche „natürlichen"
Maßnahmen, die die Aufnahmefähigkeit der CO_2-Senken erhöhen, sind schon bei den Bemühungen zur „Minderung" des
Klimawandels mitgemeint.[1106] Die Unterscheidung zwischen
solchen Minderungsbemühungen und dem „echten" Climate
Engineering wird üblicherweise dort gezogen, wo die Intervention natürliche Zustände maßgeblich verändert.[1107] So gehören
Maßnahmen zur Steigerung der CO_2-Aufnahmefähigkeit durch
(Wieder-)Aufforstung, eine verbesserte Speicherfähigkeit in Böden und die beschleunigte Verwitterung einerseits zur Minderung der THG-Emissionen, andererseits sind sie CE-Maßnahmen. Auch CCS reduziert CO_2 in der Atmosphäre; wenn
es jedoch in großem Maße in die geologischen Reservoirs ein-
greift, ist es eindeutig Climate Engineering. Dasselbe gilt für
BECCS. Die Entfernung von CO_2 aus der Atmosphäre durch
DAC(CS) gehört jedoch eindeutig zum Climate Engineering.
Auch zwischen Anpassungsmaßnahmen und Climate Engineering gibt es Überschneidungen. Als Beitrag zur Anpassung
werden Interventionen gezählt, wenn sie die Verletzlichkeit
von natürlichen und menschlichen Systemen gegenüber dem
Klimawandel verringern.[1108] Das Weißen von Oberflächen gehört hierzu, während dessen Anwendung in großem Maßstab
(etwa in Wüsten und auf Gletschern) zum Climate Engineering gehört. Letztlich gehört alles, was an der Abschattung der
Sonnenstrahlung und der Reduktion des CO_2-Gehalts der Luft
kritisch und gefährlich ist, zu Climate Engineering, was aber
nicht umgekehrt gilt. Denn nicht alles, was als Climate Engineering gilt, muss als kritisch und gefährlich eingeschätzt werden. Trotzdem muss auch bei den „naturnahen" Techniken darauf geachtet werden, dass es „nicht nach hinten losgeht". Auch
bei scheinbar „natürlichen" Lösungen wie einer vorgeschlage-

nen Eukalyptus-Bepflanzung der Sahara kann es daneben gehen: „Schnell kann so aus einer ökologischen Utopie eine Katastrophe werden."[1109]

Die „naturnahen" Formen des Climate Engineering sollten uns daran erinnern, dass es zuerst darum gehen muss, die natürlich vorhandenen Wirkmöglichkeiten der natürlichen Senken auf dem Land und in den Ozeanen zu stärken. Dafür müssen zuerst die massiven Rodungsmaßnahmen gestoppt werden[1110], und die Landwirtschaft muss nach ökologisch-regenerativen Maßnahmen umgestaltet werden. Feuchtgebiete, vor allem an den Küsten, müssen erhalten werden, Moore möglichst wieder renaturiert werden usw. Dagegen spricht nur dann etwas, wenn die Selbstbestimmungsrechte von Menschen, die in diesen Gebieten leben, mit Füßen getreten werden bzw. Land, das dringend für die Nahrungsmittelproduktion gebraucht wird, dafür umgewidmet wird. Allerdings ist es erschreckend, dass der Trend gegenwärtig beschleunigt in die falsche Richtung läuft; der schwindende Amazonaswald ist nur das offensichtlichste Zeichen dafür.

Bei anderen Climate-Engineering-Techniken als den „naturnahen" sind die Kosten enorm, die letztlich die Gesellschaft und nicht die Profiteure tragen werden. Die Forschung der letzten beiden Jahrzehnte hat eher darauf aufmerksam gemacht, was noch alles zu beachten sei, was noch alles schiefgehen könne, als den Eindruck vermitteln zu können, wir würden schnell lernen, dies in den Griff zu bekommen. Die Forschung drängt nach Jahrzehnten der Computermodellierung nun auch auf Experimente, die zur weiteren Verfeinerung der Computeranalysen gebraucht werden. Aus naturwissenschaftlicher Sicht spräche wohl nichts gegen Experimente wie das Ausbringen von Kalziumkarbonat-Teilchen im *SCoPEx*-Experiment. Grundsätzlich teile ich aber die Befürchtungen von Kritiker*innen, dass damit der „politische Wille und die Einigkeit, die notwendig sind, um der Lobby der fossilen Brennstoffe und anderer klimaschädigender Industrien die Stirn zu bieten"[1111], untergraben wird.

Neues Naturverhältnis?

Dem jetzt Herrschenden die Stirn zu bieten, verlangt Konzepte für ein neues gesellschaftliches Naturverhältnis. Dabei geht es letztlich „weniger um die Beherrschung der Natur als um die Kontrolle der Naturbeherrschung"[1112]. Es ist kaum vorstellbar, dass es sinnvoll ist, die Bevölkerungszahl so weit zurückzufahren, dass ein naturnahes Leben wie vor der Industrialisierung auf der ganzen Erde möglich ist. Auch wenn solche Lebensformen heute oft als Vorbilder gelten, weil sie der naturzerstörerischen kapitalistisch-industriellen Fehlentwicklung aus dem Weg gehen konnten, wird es für die meisten Menschen und Kulturen kein „Zurück zur (ursprünglichen) Natur" geben. Selbstverständlich müssen wir viel mehr „natürliche" Lösungen für die Praxis unserer Bedürfnisbefriedigung und der Reproduktion natürlicher Lebensgrundlagen entwickeln. Wir müssen das wegen des „Eigenwertes" der natürlichen Gegebenheiten und auch wegen ihrer Ökosystemleistung und ihrer Funktion als CO_2-Senken tun und gleichzeitig ihr komplexes Wirken im Zusammenhang mit Wasserkreisläufen etc. berücksichtigen. Es gilt, „dass das Klima ein Aspekt der Biosphäre und viel enger mit dem Leben verbunden ist, als die Wissenschaft geglaubt hat. Wenn wir also ein lebensfreundliches Klima haben wollen, müssen wir dem Gedeihen des Lebens in allen seinen Formen dienen."[1113]

Einige naturnahe CDR Konzepte sind da nah dran. Wenn wir die weitere Zerstörung dieser natürlichen Faktoren nicht beenden und sie nicht wiederherzustellen und zu stärken beginnen, haben wir zu anderen, eher gefährlichen und zerstörerischen technischen Lösungen kein Recht. Insgesamt bedeutet diese neue Orientierung, „dass wir nicht mehr versuchen, Ökosysteme zu kontrollieren, sondern mit ihnen zusammenzuarbeiten – auch, dass wir mit einigen Elementen (z. B. nützliche Raubtiere) zusammenarbeiten, um andere, wie Schädlinge, im Gleichgewicht zu halten. Wir schaffen eine Situation, in der wir weniger tun müssen, nicht eine Situation, in der wir versuchen müssen, immer mehr zu kontrollieren."[1114] Das schaffen wir nicht durch neue technozentrierte Expertokratien, sondern durch die Wirkung von gesellschaftlichen Räten in den jeweiligen Skalenbereichen: von der Dorfgemeinde über regionale Gestaltungsräte bis hin zu globalen regulierenden Institutionen … Das bedeutet, uns auf den Weg „hin zu einer gerechten, demokratischen, auf erneuerbaren Energien basierenden Gesellschaft"[1115] zu begeben.

Selbst dann ist die Herausforderung groß: Alle Interventionen, die den Klimawandel eindämmen und die Naturzerstörung beenden sollen, bewegen sich in globalen Größenordnungen. Auch die Summe des „Klein-Klein" würde im globalen Maßstab zusammenpassen müssen. Die Nutzung des Landes in einer Region wie Thüringen würde nicht bloß als unabgestimmte, kleinreichweitige Summe der Praxen von Dorfkommunen funktionieren, sondern bräuchte eine sach- und bedürfnisgerechte Abstimmung bis hin zum globalen Maßstab. Aufgrund der Einwirkungsmacht, die wir nicht einfach verleugnen können, beeinflussen wir mit jeder unverzichtbaren Arbeit für unsere Bedürfnisbefriedigung die natürlichen Gegebenheiten auch im globalen Maßstab. Wir müssen für die gesamte Biosphäre die Verantwortung übernehmen, weil wir die Macht darüber haben.[1116]

Auch wenn wir uns auf möglichst die Natur reproduzierende Techniken einigen, bewirken wir durch unsere Lebenstätigkeit eine maßgebliche Umgestaltung von Landschaften und Lebensformen, die ohne uns ganz anders aussehen und funktionieren würden. Erst recht, wenn wir bewusst nicht nur instrumentell ausbeutend vorgehen, sondern sorgsam re-produzierend, entsteht „eine absichtliche Manipulation der Umwelt in großen und größten Dimensionen auf globaler Skala. Die Entwicklung bzw. Implementierung einer Technologie, die absichtlich durchgeführt und global wirksam ist, ist in der Geschichte der Menschheit ohne Beispiel"[1117]. Auch zur Rettung vieler Biotope sind „interventionistische Herangehensweisen notwendig"[1118]; es gibt mittlerweile Arten, die ohne Naturschutz nicht überleben würden, „naturschutzabhängige Arten"[1119]. Auch die notwendige Anpassung an den bereits stattfindenden Klimawandel beruht u. a. auf Hoffnungen auf eine „assistierte Evolution"[1120], z. B. von Korallen, die die sauren und warmen Meere aushalten können … Ein Verantwortlicher meint dazu: „Wir sprechen hier nicht über Korallengartenbau. […] Wir sprechen über erhebliche Interventionen im industriellen Maßstab – das ganze Riff betreffend."[1121] Wir erleben bereits jetzt, „wie viel leichter es ist, ein Ökosystem zu ruinieren, als es zu betreiben"[1122], aber wir werden einige „betreiben" müssen, um die verbliebenen zu erhalten. Das Betreiben des globalen Ökosystems wird von Axel Kleidon „gaianisch" genannt.[1123] Der Begriff „Gaia" für das komplexe, sich selbst reproduzierende Erdsystem, der Wechselbeziehungen zwischen geologischen, atmosphärischen, ozeanischen und Bioprozessen in den Blick nimmt, stammt von James Lovelock.[1124] Wir agieren auf globaler Skala auch durch die Treibhausgasemissionen – und in der Anpassung an den unabwendbaren Klimawandel – bereits ohne globale Regulierung; wir müssen es schaffen, dieses Agieren vernünftig zu gestalten. Wir sollten nicht die natürlichen Prozesse gegen die Vernunft von Menschen ausspielen, auch wenn eine eingeschränkte, bloß instrumentelle Vernunft sich massiv gegen die Natur gerichtet hat. Das Beste aus beiden Komponenten, der nichtmenschlichen und der menschlichen, sollte zusammenkommen. Das kann auch das Entfernen von möglichst viel CO_2 auf vertretbaren, vernünftigen Wegen beinhalten. Der Klimawandel selbst und nun auch die Frage der technischen Abhilfe führen uns unabweislich zu Fragen unseres Handelns in umfassender planetarer Reichweite.[1125]

Auch wenn wir Climate Engineering (außer vielleicht im lokalen Maßstab die naturnahen Methoden) nicht anwenden, führt allein die Tatsache, dass wir erstens die Natur bereits irreversibel global verändern und zweitens über Technofixes nachdenken, dazu, dass wir eine globale Zivilisation geworden sind. Auch wenn wir „zurück zur Natur" gingen und unsere Einflüsse zu minimieren versuchten, wäre es *unsere* Entscheidung, dies zu tun – allein das verändert unsere Beziehung zum Planeten Erde tiefgreifend.

„Aus kosmischer Sicht" gesehen[1126], verändern wir den Typ des Planeten innerhalb einer Typologie.[1127] Ein Planet des Typs I wie der Merkur hat keine Atmosphäre, ein Planet des Typs II wie Venus und Mars hat eine Atmosphäre, ein Planet des Typs III, wie es die frühe Erde war, besitzt eine „dünne" Biosphäre, und erst auf einem Planeten des Typs IV ist die Biosphäre so „dick", dass das Leben andere Prozesse wie die Absorption der Sonnenstrahlung, den Wasserzyklus und die chemische Zusammensetzung der Atmosphäre verändert – wir erinnern uns an die Bezeichnung „Gaia". Ein Planetentyp V kann entstehen, wenn sein Zustand vorwiegend vom vernünftigen Tun seiner

Zivilisation reguliert wird. Vladimir Vernadsky[1128] verwendete für die Sphäre des Vernünftigen auf so einem Planeten den Begriff „Noosphäre".

Für Planeten gibt es unterschiedliche Entwicklungswege. Sie können sich vom Planetentyp II zum Planetentyp IV entwickeln, sie können sich zurück entwickeln, wenn sie ihre komplexe Biosphäre verlieren – vieles ist möglich. Wir als Menschheit auf dem Planeten Erde sind entweder auf dem Weg zurück oder stecken in einer Zwischenstufe in Richtung Typ V. „Wir sind dabei, den Planeten zu etwas Neuem zu entwickeln, aber wir können nicht sagen, ob dieser neue Zustand uns langfristig einschließen wird."[1129] Der neue Zustand mit einer Noosphäre im wahrsten Sinne des Wortes, also echter vernünftiger Regulierung des gesellschaftlichen Naturverhältnisses, wäre dann „agency-dominated"[1130], aber nicht mehr „beherrscht". Die Menschheit wäre dann *ein* „Globales Subjekt"[1131] und nicht mehr in gegensätzliche Klassen aufgeteilt. Der Übergang zu einem Planeten der Klasse V würde erfordern, dass wir vollständig zu solaren Energien übergehen[1132] und die Wirtschaft sich an ökologischer Effizienz statt ökonomischer Effizienz ausrichten müsste.[1133] Mit einem technozentrierten Blick würden wir nur den technischen Austausch der Energiequellen von den fossilen hin zu den sich selbst erneuernden, solarbasierten Energiequellen sehen. Aber, wie schon erwähnt, werden mittlerweile auch von den IPCC-Berichten „disruptive Veränderungen in der Wirtschaftsstruktur"[1134] gefordert, und im neuen Bericht an den Club of Rome wird „deutlich, dass sich im kommenden Jahrzehnt die schnellste wirtschaftliche Transformation der Geschichte vollziehen muss"[1135].

In diesem Bericht werden fünf Kehrtwenden gefordert. Die beiden wichtigsten sind: die Beendigung der Armut und die Beseitigung der eklatanten Ungleichheit, denn solange diese Armut und Ungleichheit existieren, können sich nicht alle Menschen an dem Weg zu einer umweltverträglichen Wirtschaftsweise beteiligen, sondern den Ärmsten und Schwächsten werden die Kosten aufgedrückt. Deshalb ist die klassenlose Gesellschaft nicht mehr nur die Erfüllung eines Menschheitstraums, sondern fungiert „sehr nüchtern als Bedingung der Menschheitserhaltung in der bevorstehenden Krisenepoche"[1136].

Es zeigt sich, dass gesellschaftspolitische Weichen neu gestellt werden müssen, bevor an ein neues Naturverhältnis gedacht werden kann. Ernst Bloch erkannte, dass eine soziale Revolution notwendig ist, „eher gibt es nicht einmal eine Treppe, geschweige eine Tür zur möglichen Naturallianz"[1137]. „Naturallianz" bedeutet nicht, dass die Natur in einem statischen Zustand konserviert wird, denn: „Die Natur ist kein Vorbei"[1138]. In einer Naturallianz hätte die Menschheit die Möglichkeit zur „Entbindung und Vermittlung der im Schoß der Natur schlummernden Schöpfungen"[1139]. Wir würden die Naturkräfte nicht zu überlisten versuchen, sondern wir „verwende[n] die Wurzel der Dinge mitwirkend"[1140]. Wen erinnert das nicht an einen gut gestalteten Garten? Johann Gottlieb Fichte schrieb einst hymnisch: Wo der Mensch hintritt, „erwacht die Natur; bei seinem Anblick bereitet sie sich zu, von ihm die neue schönere Schöpfung zu erhalten."[1141] Um von diesen schönen Worten zur Praxis zu kommen, die diese Worte nicht verrät, möge ein Beispiel eingefügt werden. Der Film „Die Waldmacher" von Volker Schlöndorff (2022) berichtet davon: In Äthiopien und anderen afrikanischen Ländern wird auf der Grundlage des noch intakten Wurzelwerks früherer bewachsener Gebiete die Wüste wiederbelebt. Solche Lösungen basieren auf traditionellem Wissen über die lokale Vegetation und dem „Zusammenhalt innerhalb der Dorfgemeinschaft"[1142]. Ich habe dergleichen „Commoning-basierte globale Permakultur"[1143] genannt. Demgegenüber sind Überlegungen zur Begrünung der gesamten Sahara wieder recht technizistisch. Wenn man die Potentiale des Erdsystems zur Unterstützung eines vernünftig von Menschen nutzbaren Energieumsatzes analysiert, bietet die Sahara gute Bedingungen.[1144] An diesem Projekt gibt es berechtigte Zweifel (Zerstörung der vorhandenen Ökosysteme, Verhinderung der Nährstoffverwehung …). Aber grundsätzlich kann man davon ausgehen, dass durch menschliche Arbeit der Bereich der nutzbaren Naturgegebenheiten auf vernünftige Weise auch ausgeweitet werden kann. Es kann auch ein „Wachstum der Grenzen"[1145] geben. Thermodynamisch betrachtet kann durch menschliche Aktivität, z. B. die Nutzung der Sonnenenergie durch Photovoltaik, mehr freie Energie (d. h. in Arbeit umsetzbare Energie) erzeugt und verfügbar gemacht werden.[1146] Nichtmenschliche Erdsystemprozesse wären dann „thermodynamisch aktiver"[1147]. Wichtig ist aber, dass dies nicht wieder zu technizistischem Denken und Handeln führt. Wir brauchen nicht mehr Technik im Sinne der „Situationsinvarianz der Geltung technischer Regeln"[1148], d. h. ihrer Unabhängigkeit von Ort, Zeit und Personen, sondern einen *Rückbau solcher Technik*. Stattdessen müssen wir lokal/regional passende ko-produktive Handlungen zum Anbau der Nahrung, zur Förderung der Biodiversiät, zur Kohlenstoffspeicherfähigkeit usw. entwickeln. Erhalten bleibt durchaus eine gewisse Regelhaftigkeit, und diese gewährt auch „die Übertragbarkeit von von Handlungsregeln und die dadurch ermöglichte Verlässlichkeit" als „Fundament menschlicher Kooperation" und „des Planens und der Arbeitsteilung"[1149]. Es geht also nicht gegen Technik, sondern für eine bestimmte Art Technik und für eine bestimmte Art Vernunft gegen die nur ausbeutend-instrumentelle. Dies erfordert vernünftige gesellschaftliche Verhältnisse. Wenn die Menschheit diesen Zustand noch erreichen sollte, könnte die Erde auf Dauer ein Planet des Typs V werden, bis dahin steht das noch in Zweifel. Der kosmische Blick auf den Planeten Erde verweist dabei erst mal nicht auf die Sterne, sondern: „Wenn wir so klug sind, wie wir behaupten, und zu den Sternen fliegen können, warum können wir unsere beträchtliche Intelligenz nicht nutzen, um die Probleme auf der Erde zu lösen, bevor wir sie ins All exportieren?"[1150]

Noch spricht wenig dafür, dass wir klug genug dazu sind. Die eher dystopische alternative Entwicklung wird stark auf Climate Engineering setzen. Dann werden viele der mit Recht befürchteten nicht erwünschten Auswirkungen eintreten. Wenn diese Techniken dann deswegen aufgegeben oder abgeschaltet werden, werden wir Terminationsschocks und weitere ökologische Zerstörungen erleben. Hat die Menschheit dann ihre Fähigkeit verloren, stark auf die Erdsysteme einzuwirken, entstehen über zig Jahrtausende hinweg Prozesse des Einspielens neuer natürlicher systemischer Wechselbeziehungen, in welche die Restmenschheit sich einzufügen lernen muss. Unter diesen sehr dystopischen natürlichen Bedingungen (instabile Wetterverhältnisse, zerstörte Böden und Ökosysteme …) und gesellschaftlichen Verhältnissen, wie sie sich schon andeuten (Abschottung statt Solidarität, kriegerische Lösung von Konflikten …), haben die dann noch lebenden Menschen trotzdem noch viele Entscheidungen in der Hand. Im günstigsten Fall lernen sie, dass sie nur in partnerschaftlichen Kooperationen untereinander und in ihrem Verhältnis zu den spärlichen Naturgegebenheiten einigermaßen gut leben können und wieder Entwicklungschancen bekommen.

Wäre es nicht besser, wir, die wir einige Jahrzehnte vor diesen Verhältnissen leben, würden bereits im Voraus aus der Antizipation dieser dystopischen Möglichkeiten lernen und aus dieser Antizipations-Zeitmaschine herauskommen und hier und jetzt anders handeln?

Außer der gesellschaftlichen Revolution haben wir in Bezug auf Climate Engineering noch Handlungsfelder, in denen wir aktiv werden sollten. Es sollte ein Moratorium für bestimmte Anwendungen geben, und bei Feldversuchen sollte eine öffentliche Debatte und Entscheidung maßgebend sein. Wir brauchen internationale Vereinbarungen. Der Einsatz von Climate-Engineering-Maßnahmen muss so gering wie möglich gehalten werden, um die Risiken möglichst klein zu halten. Das bedeutet, ihren Einsatz nur für nicht reduzierbare Emissionen, z. B. aus der Landwirtschaft, vorzusehen. Außerdem dürfen nur naturnahe Techniken in einem verträglichen Ausmaß, d. h. mit der Nahrungsmittelproduktion und der Biodiversität verträglich, eingesetzt werden, vor allem jene, die Charles Eisenstein „regenerative" nennt.[151] Climate Engineering darf nicht zum Feld für neue Profitmacherei werden, eventuelle Gewinne müssen in Ökologie und Soziales reinvestiert werden, z. B. muss ein Kostenausgleich für sozial Schwache bei einer allgemeinen Reduzierung des Luxuskonsums durchgesetzt werden. Das bedeutet auch, die wichtigsten Kehrtwenden, die im neuen Bericht an den Club of Rome gefordert wurden (Armut und Ungleichheit beseitigen), umzusetzen. Wenn dies geschieht, haben wir im Prinzip die Systemveränderung gleich mit in der Tasche. Dann kann unter neuen Bedingungen gemeinsam neu überlegt und entschieden werden, welche humanen und ökologisch verantwortbaren gesellschaftlichen Naturverhältnisse entwickelt werden sollen.

Abkürzungen

AfriTAP: African Technology Assessment Platform; Afrikanische Plattform zur Technologiebewertung.

AR: Assessment Report; Sachstandsbericht (des IPCC).

AWI: Alfred-Wegener-Institut.

BCM: Blue Carbon Management; Blaues Kohlenstoffmanagement.

BECCS: Bio Energy Carbon Capture and Storage; CO_2-Abscheidung und Speicherung aus Bioenergiepflanzen.

BfN: Bundesamt für Naturschutz.

BMEL: Bundesministerium für Ernährung und Landwirtschaft.

BMU: Bundesumweltministerium.

CBD: Convention on Biological Diversity; UN-Konvention über die biologische Vielfalt.

CCS: Carbon Capture and Storage; CO_2-Abscheidung und Speicherung.

CCT: Cirrus Cloud Thinning; Ausdünnung der Zirruswolken.

CDM: Clean Development Mechanism; Mechanismus für umweltverträgliche Entwicklung.

CDR: Carbon Dioxide Removal; Kohlendioxid-Entfernung (aus der Atmosphäre).

CDRMIP: Carbon Dioxide Removal Model Intercomparison Project; Projekt zum Vergleich von Modellen zum Abbau von Kohlendioxyd.

CE: Climate Engineering (oft auch als „Geoenginieering" bezeichnet): technisches Einwirken auf das irdische Klima.

CH_4: Methan.

CO_2: Kohlendioxid.

CSLF: Carbon Sequestration Leadership Forum; Führungsforum zur Kohlenstoffsequestrierung.

CSS: Carbon Capture and Storage; Abscheidung und Speicherung von CO_2.

DAC(CS): Direct Air Capturing (with carbon dioxide storage); direkte Luftabscheidung (mit Kohlendioxidspeicherung)

DFG: Deutsche Forschungsgemeinschaft.

DIW: Deutsches Institut für Wirtschaftsforschung e.V.

EDF: Environmental Defense Fund; Umweltverteidigungsfonds.

ENMOD: Convention on the Prohibition of Military or Any Other Hostile Use of ENvironmental MODfication Techniques; Konvention über das Verbot der militärischen oder sonstigen feindlichen Nutzung von Umwelt Modifikationstechniken (kurz: Umweltkriegsübereinkommen.)

ENSO: El-Niño-Southern Oscillation; El-Niño-Südliche Oszillation.

EOR: Enhanced Oil Recovery; dt. Verbesserte Ölgewinnung.

E-PEACE: Eastern Pacific Emitted Aerosol Cloud Experiment; Ostpazifisches Experiment zu emittierten Aerosolwolken.

FICER: Fund for Innovative Climate and Energy Research; Fonds für innovative Klima- und Energieforschung.

G2G: Carnegie Climate Governance; private Stiftung.

GBAM: Ground-based Albedo Modifications; Änderungen der Albedo am Boden.

GCM: General Circulation Models, spezielle Klimamodelle (dt.: Modelle der allgemeinen Zirkulation)

GGR: Greenhouse Gas Removal; Treibhausgasentfernung.

Gt: Gigatonne = 1 Milliarde Tonnen.

H.O.M.E.: Hands off Mother Earth; Hände weg von Mutter Erde.

HTC: HydroThermal Carbonisation; Karbonisierung.

IAM: Integrated Assessment Model; Integriertes Bewertungsmodell.

IEA: International Energy Agency: Internationale Energie-Agentur.

IEEFA: Institute for Energy Economics and Financial Analysis; Institut für energiewirtschaftliche und finanzielle Analysen.

IPCC: Intergovernmental Panel on Climate Change; Zwischenstaatlicher Ausschuss für Klimaänderungen, auch „Weltklimarat" genannt.

IRGC: International Risk Governance Council; Internationaler Rat für Riisikobeherrschung.

IV: Intellectual Ventures. Eigenname eines Unternehmens.

KSpG: Kohlendioxid-Speicherungsgesetz.

LfU: Bayerisches Landesamt für Umwelt.

MCB: Marine Cloud Brightening, Aufhellung von Mereswolken.

N_2O: Dickstoffmonixid = Lachgas.

NAS: National Academy of Sciences: Nationale Akademie der Wissenschaften (der USA).

NDC: Nationally Determined Contributions; National festgelegte Beiträge.

NERC National Environmental Research Council; Nationaler Rat für Umweltforschung.

NGO: Non-governmental organization; Nichtregierungsorganisation.

OAC: Ocean Albedo Change; Albedoveränderung der Ozeane.

OF: Ozean Fertilization; Ozeandüngung.

PAK: Polyzyklische Aromatische Kohlenwasserstoffe.

PETM: Paläozän/Eozän-Temperaturmaximum.

RCP: Representative Concentration Pathway; Repräsentativer Konzentrationspfad.

SAI: Stratosperic Aerosol Injection; Aerosoleinbringung in die Stratosphäre.

SCoPEx: Stratospheric controlled Perturbation Experiment; Stratosphärisches kontrolliertes Störexperiment.

SPICE: Stratospheric Particle Injection for Climate Engineering; Stratosphärische Partikelinjektion für Climate Engineering.

SPM: Summary for Policymakers; Zusammenfassung für Entscheidungsträger.

SR: Special Report; Spezial-Bericht (des IPCC)

SRM: Solar Radiation Management; Regulierung der Sonneneinstrahlung.

SROCC: (IPCC-) Special Report The Ocean and Cryosphere in a Changing Climate; Sonderbericht Ozean und Kryosphäre in einem sich wandelnden Klima.

SRU: Sachverständigenrat für Umweltfragen.

SWCE: Shortwave Climate Engineering; Climate Engineering mit Manipulation der kurzwelligen Sonnenstrahlung.

TAB: Büro für Technikfolgen-Abschätzung beim Deutschen Bundestag.

tCDR: terrestrial Carbon Dioxide Removal; landbasierte CO_2-Entfernung.

THG: Treibhausgase.

TRM: Thermal Radiation Management; Thermisches Strahlungsmanagement.

UNFCCC: United Nations Framework Convention on Climate Change; Rahmenübereinkommen der Vereinten Nationen über Klimaänderungen.

VDI: Verein Deutscher Ingenieure.

WG (I…III): Working group; Arbeitsgruppe (I…III) des IPCC.

Literatur

„4 per 1000"" Initiative (2015): Soils for Food Security and Climate, On-line: https://4p1000.org/wp-content/uploads/2021/01/strategic_plan_EN.pdf(abgerufen 2023-03-04).

ABFT (Ausschuss für Bildung, Forschung und Technikfolgenabschätzung) (2014): Technikfolgenabschätzung (TA) Climate Engineering, Deutscher Bundestag, Drucksache 18/2121, vom 15.07.2014.

Abibimman Foundation u.a. (2009): „Biochar', a new big threat to people, land, and ecosystems", Gemeinsame Presseerklärung, 8 April 2009, online: https://www.watchindonesia.de/1267/biochar-a-new-big-threat-to-people-land-and-ecosystems?lang=en (abgerufen 2023-03-24).

Abibiman* Foundation u.a. (2019): „Open Letter to Scopex Advisory Committee", Geoengineering Monitor, Aug 21 2019, online: https://www.geoengineeringmonitor.org/2019/08/open-letter-scopex/ (abgerufen 2023-03-12).

AfriTAP (African Technology Assessment Platform) (2022): „What's new with technologies in Africa?" AfriTAP Newsletter #2, Jun 23 2022, online: https://assess.technology/featured/whats-new-with-technologies-in-africa-newsletter-2/ (abgerufen 2023-03-20).

Anderson, Kevin; Peters, Glen (2016): „The trouble with negative emissions", Science 354 (6309).

AR: siehe IPCC.

Archer, David; Kheshgi, Haroon, Maier-Reimer, Ernst (1998): „Dynamics of fossil fuel CO_2 neutralization by marine $CaCO3$", Glob. Geochem. Cycles, Vol. 12, No. 2, p. 259-276.

ARD Alpha (2023): Können wir CO_2 aus der Luft einfach wegräumen?, online: https://www.ardalpha.de/wissen/umwelt/klima/klimawandel/treibhausgase-wegraeumen-CO_2-sauger-100.html (abgerufen 2023-03-17).

---

*   Schreibweise im Vergleich zur vorigen Literaturstelle unterschiedlich im Original.

ARTE (2022): „Kann Geoengineering das Klima retten?" – 42 – Die Antwort auf fast alles, ARTE tv. Online: https://www.arte.tv/de/videos/101938-006-A/kann-geoengineering-das-klima-retten/ (abgerufen 2023-02-26).

Asafu-Adjaje, John u.a. (2015), An Ecomodernist Manifesto.

Asimolar International Conference on Climate Intervention (2010): „The Asimolar Conference Recommendations on Principles for Research into Climate Engineering Techniques", online: http://climate.org/archive/resources/climate-archives/conferences/asilomar/report.html (abgerufen 2023-04-28)

Associated Press (2012): „Climate Change fears overblown, says ExxonMobil boss", The Guardian, 28 Jun 2012, online: https://www.theguardian.com/environment/2012/jun/28/exxonmobil-climate-change-rex-tillerson (abgerufen 2023-02-30).

Atkinson, Christopher J.; Fitzgerald, Jean D.; Hipps, Neil A. (2010): „Potential mechanisms for achieving agricultural benefits from biochar application to temperate soils: a review", Plant Soil (2010) 337:1 – 18.

Baez, John (2010): This Week's Finds (Week 310), online: https://math.ucr.edu/home/baez/week310.html (abgerufen 2023-04-25).

Bala, Govindasamy (2009): „Problems with geoengineering schemes to combat climate change", Current Science, Vol. 96, No.1, 10 January 2009.

Bala, Govindsalamy; Nag, Bappaditya (2012); „Albedo enhancement over land to counteract global warming: impacts on hydrological cycle", Clim Dyn (2012) 39:1527–1542.

Barbesgaard, Mads (2017): „Blue growth: savior or ocean grabbing?", The Journal of Peasant Studies, 45:1, 130-149.

Barrett, S. "The Incredible Economics of Geoengineering", Environmental and Resource Economics 39, no. 1 (January 12, 2008): 45-54.

Bastin, Jean-Francois; Finegold, Yelena; Garcia, Claude; Mollicone, Danilo et al. (2019a) „The global tree restoration potential", Science Vol 365, Issue 6448.

Bastin, Jean-Francois; Finegold, Yelena; Garcia, Claude; Mollicone, Danilo et al. (2019b) „Response to comments on „The global tree restoration potential"", Science Vol 366, Issue 6463.

Beckmann, Johann (1777): Anleitung zur Technologie oder zur Kenntniß der Handwerke, Fabriken und Manufacturen, vornehmlich derer, die mit der Landwirthschaft, Poilzey und Cameralwissenschaft in nächster Verbindung stehen, Göttingen: Witwe Vandenhoeck.

Benford, Gregory (1997): „Climate controls", reason, 1997 issue, online: https://reason.com/1997/11/01/climate-controls/ (abgerufen 2023-03-31).

Bengtsson, Lennart (2006): „Geo-Engineering to confine Climat Change: Is It Al Feasible?", Climatic Change 77(3):229-234.

Berenblyum, Roman (2018.): „Regional business case for CO_2-EOR and storage – the technology toolbox", online: http://www.cop24.CO$_2$geonet.com/media/10127/5_regional-business-case-for-CO$_2$eor.pdf (abgerufen 2023-03-16)

Biello, David (2010): „What is Geoengineering and Why Is It Considered a Climate Change Solution?" Scientific American, April 6, 2020, online: https://www.scientificamerican.com/article/geoengineering-and-climate-change/ (abgerufen 2023-02-12).

Binswanger Mathias (1994): Das Entropiegesetz als Grundlage einer ökologischen Ökonomie. In: F. Beckenbach, H. Diefenbacher (Hrsg.): Zwischen Entropie und Selbstorganisation. Perspektiven einer ökologischen Ökonomie. Marburg: Metropolis-Verlag. S. 155-200.

Blackstock, Jason J.; Battisti, David S.; Caldeira, Ken; Eardley, Douglas M.; Katz, Jonathan I.; Keith, David W.; Patrinos, Aristides A.N.; Schrag, Daniel P.; Socolow, Robert H.; Koonin, Steven E. (2009): Climate Engineering Responses to Climate Emergencies, Santa Barbara, California, online: http://arxiv.org/pdf/0907.5140 (abgerufen 2023-02-16).

Bloch, Ernst (1976): „Ein Marxist hat nicht das Recht, Pessimist zu sein". Gespräch mit Jean-Michel Palmier, in: Tagträume vom aufrechten Gang. Sechs Interviews mit Ernst Bloch, hrsg. und eingeleitet von Arno Münster, Frankfurt am Main, S. 101-120.

Bloch, Ernst (1985): Das Prinzip Hoffnung, Werkausgabe Band 5, Frankfurt am Main 1985.

Bloch, Ernst (1997): Fabelnd denken. Essayistische Prosa aus der „Frankfurter Zeitung", Tübingen 1997, S. 13-25.

Bloch, Jan R., Maier, Willfried (Hrsg.), Wachstum der Grenzen. Selbstorganisation in der Natur und die Zukunft der Gesellschaft, Frankfurt am Main: Sendler 1984.

BMEL (Bundesministerium für Ernährung und Landwirtschaft) (2023). Ergebnisse der Waldzustandserhebung 2022.

BMWK (Bundesministerium für Wirtschaft und Klimaschutz) (2022): Evaluierungsbericht der Bundesregierung zum Kohlendioxid-Speicherungsgesetz (KSpG).

BMWK (Bundesministerium für Wirtschaft und Klimaschutz) (2023): CCU/
CCS: Baustein für eine klimaneutrale und wettbewerbsfähige Industrie,
online: https://www.bmwk.de/Redaktion/DE/Artikel/Industrie/weitere-
entwicklung-ccs-technologien.html (abgerufen 2023-04-07).

Böck, Hanno (2021): „Sonnenverdunkelungsexperiment in Schweden abgesagt, Teil II", golem.de, 9. April 2021, online: https://www.golem.de/
news/solares-geoengineering-sonnenverdunkelungsexperiment-in-schwe-
den-abgesagt-2104-155576-2.html (abgerufen 2023:03-12).

Boulton, Chris A.; Lenton, Timothy M.; Boers, Niklas (2022): Pronounced
loss of Amazon rainforest resilience since the early 2000s., Nat. Clim.
Change. 12, 271-278.

Bowie, Andrew R.; Maldonado, Maria T.; Frew, Russell D.; Croot, Peter L.;
Achterberg, Eric P.; Fauzi, R.; Mantoura, C.; Worsfold, Paul J.; Law,
Cliff S.; Boyd, Philip W. (2001): „The fate of added iron during a me-
soscale fertilisation experiment in the Southern Ocean", Deep-Sea Research II 48 (2001) 2703-2743.

Boyd, Philip W.; Law, C.S. (2001): „The Southern Ocean Iron RElease Experiment (SOIREE)—introduction and summary", Deep Sea Research
Part II Topical Studies in Oceanography 48(11):2425-2438.

Boysen, Lena R., Lucht, Wolfgang; Gerten, Dieter; Heck, Vera; Lenton, and
Timothy M.; Schellnhuber, Hans Joachim (2017a): „The limits to glo-
bal-warming mitigation by terrestrial carbon removal", Earth's Future,
5, 463–474.

Boysen, Lena R.; Lucht, Wolfgang; Gerten, Dieter (2017b): „Trade-offs for food
production, nature conservation and climate limit the terrestrial carbon
dioxide removal potential", Glob Change Biol. 2017 ;23: 4303 – 4317.

Brand, Steward (2009): Whole Earth Discipline: An Ecopragmatist Manifesto, London 2009.

Brovkin, Victor; Petoukhov, Vladimir; Claussen, Martin; Bauer, Eva; Archer,
David; Jaeger, Carlo (2009): Geoengineering climate by stratospheric
sulfur injections: Earth system vulnerability to technological failure. Climatic Change (2009) 92: 243-259.

Budyko, Michail I. (1977): Climatic Changes, Washington DC: American Geophysical Union.

Bundesinformationszentrum Landwirtschaft (2021): Klimawandel – Einfluss der Landwirtschaft, online: https://www.praxis-agrar.de/umwelt/klima/klimawandel-einfluss-der-landwirtschaft (abgerufen 2023-03-25).

Bundesregierung (2012): Antwort der Bundesregierung auf die Kleine Anfrage der Abgeordneten René Göspel, Dr. Ernst Dieter Rossmann, Oliver Kaczmarek, weitere Abgeordneter und der Fraktion der SPD – Drucksache 17/9943 – (Drucksache 17/1031) vom 16.07.2012.

Caldeira, Ken; Bala, Govindasamy (2017): „Reflecting on 50 years of geoengineering research", Earth's Future, 5, 10–17.

Camill, Philip; McKone, Mark; Sturges, Sean; Severund, William; Ellis, Erin (2004): „Community and Ecosystem-level Changes in a Species-rich Tallgrass Prairie Restoration", Ecological Applications 14, (6): 1680-1694.

Cao, Shixiong; Chen, Li; Shankman, David; Wang, Chunmei; Wang, Xiongbin; Zhang, Hong (2011): „Excessive reliance on afforestation in China's arid and semi-arid regions: Lessons in ecological restoration", Earth-Science Review, Vol. 104, Issue 4, February 2011, 240-245.

Carbon Engineering (2019): „Carbon Engineering Announces Investment from Oxy Low Carbon Ventures and Chevron Technology Ventures to Advance Innovative Low-Carbon Technology", Global Newswire, online: https://www.globenewswire.com/news-release/2019/01/09/1682623/0/en/Carbon-Engineering-Announces-Investment-from-Oxy-Low-Carbon-Ventures-and-Chevron-Technology-Ventures-to-Advance-Innovative-Low-Carbon-Technology.html (abgerufen 2023-03-17).

Carrington, Damian (2010): „Interview: Stuart Brand: My plan B for climate change", The Guardian, online: https://www.theguardian.com/environment/2010/oct/03/my-bright-idea-stewart-brand (abgerufen 2023-04-08).

Cassidy, Emily (2023): „How Nepal Regenerates Its Forests", earth observatory, online: https://earthobservatory.nasa.gov/images/150937/how-nepal-regenerated-its-forests?s=35 (abgerufen 2023-03-21).

Castaneda, Isla S.; Mulitza, Stefan; Schefuß, Enno et al. (2009): „Wet phases in the Sahara/Sahel region and human migration patterns in North Africa", PNAS, 106 (48) 20159-2016.

Caviezel, Claudio, Revermann Christoph (2014): Climate Engineering. Kann und soll man die Erderwärmung technisch eindämmen? Berlin: edition sigma.

CBD (2012): „Impacts of Climate-Related Geoengineering on Biodiversity: Views and Experiences of Indigenous and Local Communities and Stakeholders", Subsidary Body on Scientific, Technical and Technological Advice, Sixteenth Meeting, Montreal, 30. April – 5 May 2012.

Chalmin, Anja (2022): „Geoengineering Projects in Afrika Intensify along with Oil and Gas Expansion", Geoengineeringmonitor Nov 07, 2022, online: https://www.geoengineeringmonitor.org/2022/11/geoengineering-projects-in-africa-intensify-along-with-oil-and-gas-expansion/ (abgerufen 2023-03-20).

Chang, David B., I-Fu Shih (1991): "Stratospheric welsbach seeding for reduction of global warming," U.S. Patent No. US5003186A, Raytheon Co (1991), online: https://patents.google.com/patent/US5003186A (abgerufen 2023-03-09).

Chu, Jennifer (2019): „A ‚pacemake' for North African climate", MIT News, online: https://news.mit.edu/2019/study-regulating-north-african-climate-0102 (abgerufen 2023-03-21).

CIEL (Center for International Environmental Law) (2019): Fuel to the Fire. How Geoengineering Threatens to Entrench Fossil Fuels and Accelerate the Climate Crisis, Washington.

Collomb, Jean-Daniel (2019): „US Conservative and Libertarian Experts and Solar Geoengineering: An Assessment", European journal of American studies, 2019, 14 (2).

Committee on Science, Space, and Technology (2017): Geoengineering: Innovation, Research and Technology: Joint Hearing Before the Subcommittee on Environment & Subcommittee on Engergy…", First Session, November 8, 2017, Serial No. 115-36.

Crowther, Thomas W.; Glick, Henry B.; Covey, Kristofer et al. (2015): „Mapping Tree Density at a Global Scale", Nature 525 (10. September), S. 201-205.

Crutzen, Paul J. (2002): „Geology of mankind", Nature 415, 3 Jan 2002, p. 23.

Crutzen, Paul J. (2006): „Albedo enhancement by stratospheric sulfur injections: A contribution to resolve a policy dilemma?", Climatic change 77.3 (2006): 211-220.

CSLF (Carbon Sequestration Leadership Forum) (2018): „Technical Summary of Bioenergy Carbon Capture and Storage (BECCS)", Report Prepared for the Carbon Sequestration Leadership Forum (CSLF) Technical Group, By the Bioenergy Carbon Capture and Storage (BECCS) Task Force, April 3, 2018.

Dalmia, Shikha (2017): „Why the Left Can't Solve Global Warming", Reason Foundation, July 28, 2017, online: https://reason.com/archives/2017/07/28/why-the-left-cant-solve-global-warming (abgerufen 2023-03-31).

Davidson, Nick (2014): „How Much Wetland Has the World Lost? Long-Term and Recent Trends in Global Wetland Area", Marine and Feshwater Research 65, Nr. 10, S. 934-941.

Debnath, Ramit; Reiner, David M.; Sovacool, Benjamin K.; Müller-Hansen, Finn; Repke, Tim; Alvarez, R. Michael; Fitzgerald, Shaun D. (2023): „Conspiracy spillovers and geoengineering", iScience (2023), https://doi.org/10.1016/ j.isci.2023.106166.

Delbrück, Matthias (2023): „Cleanup für die Atmosphäre", in: Physik Journal 22 (2023), Nr. 3, S. 16-17.

Deutscher Bundestag (2009): „Das LOHAFEX-Experiment im südlichen Polarmeer", Antwort der Bundesregierung auf die Kleine Anfrage der Abgeordneten Undine Kurth (Quedlinburg), Bärbel Höhn, Cornelia Behm, weiterer Abgeordneter und der Fraktion BÜNDNIS 90/DIE GRÜNEN, Drucksache 16/12119 vom 11.03.2009.

Deutscher Bundestag (2012): „Geoengineering/Climate Engineering", Antwort der Bundesregierung auf die Kleine Anfrage der Abgeordneten René Röspel, Dr. Ernst Dieter Rossmann, Oliver Kaczmarek, weiterer Abgeordneter und der Fraktion der SPD, Drucksache 17/9943 vom 16.07.2012.

Deutscher Bundestag (2014): „Technikfolgenabschätzung (TA) Climate Engineering", Bericht des Ausschusses für Bildung, Forschung und Technikfolgenabschätzung (18. Ausschuss) gemäß § 56a der Geschäftsordnung, Drucksache 18/2121 vom 15.07.2014.

Deutscher Bundestag (2018): „Ausarbeitung: Erkenntnisse aus der Erprobung von Technologien zur CO_2-Abscheidung und CO_2-Speicherung (CCS) in Deutschland", Ausarbeitung WD 8 – 3000 – 055/18.

Deutscher Bundestag (2020): „Forschungsförderung im Bereich Wetterbeeinflussung und Geoengineering", Antwort der Bundesregierung auf die Kleine Anfrage der Abgeordneten Nicole Höchst, Dr. Götz Frömming, Dr. Michael Espendiller, weiterer Abgeordneter und der Fraktion der AfD, Drucksache 19/19759, Drucksache 19/20183 vom 18.06.2020.

Deutscher Bundestag (2022): Unterrichtung durch die Bundesregierung. Stellungnahme des Sachverständigenrates für Umweltfragen. Wie viel CO_2 darf Deutschland maximal noch ausstoßen? Fragen und Antworten zum CO_2-Budget, Drucksache 20/2795 vom 07.07.2022, (nach einer Stellungnahme des Sachverständigenrats für Umweltfragen (SRU)).

Deutscher Bundestag (2023a): Abgesetzt: Evaluierungsbericht zum Kohlendioxid-Speicherungsgesetz, online: https://www.bundestag.de/dokumente/textarchiv/2023/kw11-de-kohlendioxid-936498 (abgerufen 2023-04-04).

Deutscher Bundestag (2023b): Offensive für CO_2-Speicherung und –Nutzung einleiten, Antrag der Fraktion der CDU/CSU, Drucksache 20/6178 vom 28.03.2023.

Deutscher Bundestag (2023c): Aktionsprogramm Natürlicher Klimaschutz, Drucksache 20/6344 vom 23.03.2023.

DFG (2012): Climate Engineering: Forschungsfragen einer gesellschaftlichen Herausforderung, Gemeinsame Stellungnahme für den Senat der Deutschen Forschungsgemeinschaft.

DFG (2019): Climate Engineering und unsere Klimaziele – eine überfällige Debatte, Schwerpunktprogramm 1689 der Deutschen Forschungsgemeinschaft.

Diamond, Michael S.; Director, Hannah M.; Eastman, Ryan; Possner, Anna; Wood, Robert (2020): "Substantial Cloud Brightening from Shipping in Subtropical Low Clouds", AGU Advances, Vol. 1, Iss. 1, March 2020.

DIW (Deutsches Institut für Wirtschaftsforschung e.V.) (2012): „CCS-Technologie ist für die Energiewende gestorben", Pressemitteilung vom 8. Februar 2012, online: https://www.diw.de/de/diw_01.c.392660.de/ccs_technologie_ist_fuer_die_energiewende_gestorben.html (abgerufen 2023-03-16)

Dixxon-Decléve, Sandrine; Gaffney, Owen; Ghosh, Jayati; Randers, Jørgen; Rockström, Johan; Stoknes, Per Espen (2022): Earth for all. Ein Survivalguide für unseren Planeten. Der neue Bericht an den Club of Rome, 50Jahre nach „Die Grenzen des Wachstums". München: oekom.

DOE (Department of Energy's) (2023a): Energy Earthshot Initiative, online: https://www.energy.gov/fecm/carbon-negative-shot (abgerufen 2023-03-28)

DOE (Department of Energy's) (2023b): DOE is Addressing Climate Change by Removing Carbon Pollution from the Air, online: https://www.energy.gov/fecm/carbon-negative-shot (abgerufen 2023-03-28)

Doerenbruch, Kerstin (2021): Total Reset. Ein Geo-Engineering-Thriller, Oberhausen: NOEL-Verlag.

Doughty, Christopher E.; Roman, Joe; Faurby, Soren; Svenning, Jens-Christian u.a. (2016): „Global Nutrient Transport in a World of Giants", Proceedings of the National Academy of Sciences 113, Nor. 4, (26.01.2016), 868-873.

Doyle, Alister (2023): „With cash infusion, developing nations boost sundimming research", Context, online: https://www.context.news/climate-risks/with-cash-infusion-developing-nations-boost-sun-dimming-research (abgerufen 2023-04-02)

Dpa (2023): dpa:230214-99-595819/3.

Du, Jioanghui; Mix, Alan C.; Haley, Brian A.; Belanger, Christina L.; (2022): Volcanic trigger of ocean deoxygenation during Cordilleran ice sheet retreat. Nature 611, 74–80 (2022).

Dykema, John, A.; Keith, David W.; Anderson, James G.; Weisenstein, Debra (2014): „Stratospheric controlled perturbation experiment: a small-scale experiment to improve understanding of the risks of solar geoengineering", Phil. Trans. R. Soc. A 372: 20140059.

EASAC (European Academies Science Advisory Council) (2018): „Negative emission technologies: What role in meeting Paris Agreement targets?" EASAC policy report, February 2018.

Eisenstein, Charles (2021): Klima. Eine neue Perspektive, Berlin u.a.: Europa-Verlag.

Englisch, Michael (2007): „Ökologische Grenzen der Biomassenutzung in Wäldern", BFW – Praxisinformation Nr. 13-2017, S. 8-10.

Ernsting, Almuth; Smolker, Rachel, Paul, Helena (2011): „Biochar and carbon markets", Biofuels Vol. 2, Issue 1, 9-12.

Erp, Alexis van (2020): „De grote klimaatprijs van Richard Branson die in lucht opging", de Volkskrant, 6.3.2020, online: https://www.volkskrant.nl/wetenschap/de-grote-klimaatprijs-van-richard-branson-die-in-lucht-opging-b91bc8c7/?referrer=https Prozent 3A Prozent 2F Prozent 2Fen.wikipedia.org Prozent 2F (abgerufen 2023-03-05).

ETC Group (2009): „The better world we seek is not Geo-engineered! A Civil society Statement against Ocean Fertilization", online: https://www.

etcgroup.org/content/better-world-we-seek-not-geo-engineered-civil-society-statement-against-ocean-fertilization (abgerufen 2023-03-16)

ETC Group (2010): „A Huge Cloud-Whiteing Experiment goes Public, global coalition urges an immediate halt to geoengineering", ETC Group News Release, 10 May 2010.

ETC Group (2017): „Civil society: „Oil companies should not author IPCC report"", etc Group-Blog, May 3 2017, online: https://www.etcgroup.org/content/open-letter-ipcc-108-civil-society-organizations (abgerufen 2023-03-30)

ETC Group, Biofuelwatch, Heinrich-Böll-Stiftung (2018): The Big Bad Fix. The Case Aginst Climate Geoengineering.

EU (Europäische Union) (2000): Die Kommission verabschiedet eine Mitteilung zum Vorsorgeprinzip, IP/00/96; online: https://ec.europa.eu/commission/presscorner/detail/de/IP_00_96 (abgerufen 2023-0404). (siehe auch Kommission 2000)

Europäischer Rechnungshof (2018): „Sonderbericht: Großkommerzielle Demonstration von CO_2-Abscheidung und -Speicherung und innovativen Technologien für erneuerbare Energien in der EU: Die für die letzten zehn Jahre geplanten Fortschritte wurden nicht erzielt", Europäische Union.

European Commission (2022): Commission Staff Working Document. Impact Assessment Report, Brüssel.

Fang, Lee (2015): Attorney hounding Climate Scientists is Covertly Funded by Coal Industry, The Intercept, Aug 25 2015, online: https://theintercept.com/2015/08/25/chris-horner-coal/ (abgerufen 2023-03-30).

Fears, Darryl (2013): „Study says U.S. can't keep us with loss of wetlands", Washington Post, 08.12. 2013.

Fichte, Johann Gottlieb (1845): Sämmtliche Werke. Erste Abtheilung. Zur theoretischen Philosophie. Erster Band, (Hrsg. von J.H. Fichte), Berlin 1845.

Fischer, Tin; Knuth, Hannah (2023): CO_2-Zertifikate: Grün getarnt", Zeit, 18. Januar 2023, online: https://www.zeit.de/2023/04/CO_2-zertifikate-betrug-emissionshandel-klimaschutz (abgerufen 2023-03-21).

Fleming, James Rodger (2010): Fixing the Sky: The Checkered History of Weather and Climate Control, New York: Columbia University Press.

Fleming, James Rodger (2017): „In the Year 2017 – A Soviet Fantasy of the Future", History of Meteorology 8 (2017), S. 222-224.

256

Flohn, Hermann (1965): Probleme der theoretischen Klimatologie. in: Arbeiten zur Allgemeinen Klimatologie, Darmstadt: Wissenschaftliche Buchgesellschaft 1971. S. 266-280.

Flohn, Hermann (1969): Klimaschwankungen oder Klima-Modifikation? in: Arbeiten zur Allgemeinen Klimatologie, Darmstadt: Wissenschaftliche Buchgesellschaft 1971. S. 290-309.

Foyster, Greg (2016): „Sulphur Sunshade is a stupid pollution solution", Geoengineering Monitor, online: https://www.geoengineeringmonitor.org/2016/04/sulphur-sunshade-is-a-stupid-pollution-solution/ (abgerufen 2023-02-16)

Frank, Adam; Alberti, M.; Kleidon, A. (2017): Earth as a Hybrid Planet – The Anthropocene in an Evolutionary Astrobiological Context. Anthropocene, 2017; 19.

Frank, Adam (2018): Light of the Stars. Alien Worlds and the Fate of the Earth, New York, London 2018.

Friends of the Earth Australia (2019): „Reef Restoration and Adaptation Program", The RRAP Investment Case and Concept Feasibility Study reports.

Friends of the Earth Australia (2020): Geoengineering threatens oceans, online: https://www.foe.org.au/geoengineering_threatens_oceans (abgerufen 2023-03-14)

Fuss, Sabine; Lamb, William F.; Callaghan, Max W., et al. (2018): „Negative emissions – Part 2: Costs, potentials and side effects", Environ. Res. Lett. 13 (2018) 063002.

Gaskill, Alvia, Reese, Charles D. (2003): Global Warming Mitigation by Reduction of Outgoing Long-wave Radiation through Large-Scale Surface Albedo Enhancement of Deserts Using White Plastic Polyethylene Film – the Global Albedo Enhancement Projecte (GAEP)", Slideshare online: https://www.slideshare.net/AlviaGaskillJr/theglobalalbedoenhancementproject-53664037 (abgerufen 2023-03-13)

Gaskill, Alvia (2004): „Summary of Meeting with U.S.DOE to discuss Geoengineering Options to Prevent Abrupt and Long-Term Climate Change", Slideshare online: https://www.slideshare.net/AlviaGaskillJr/summaryofmeetingwithdoetodiscussgeoengineeringoptions (abgerufen 2023-03-13)

Gasparini, Blaz; Lohmann, Ulrike (2016): „Why cirrus cloud seeding cannot substantially cool the planet, in: Journal of Geophysical Research: Atmospheres, Vol. 121(9), 4877 – 4893.

Geoengineering-Monitor (CCT) (2021): Cirrus Cloud Thinning (CCT), Geoengineering Technologie - Geoengineering Technology Briefing, Jan 2021.

Geoengineering Monitor (Biochar) (2021): „Biochar", Geoengineering Monitor Briefing Jan. 2021.

Gethmann, Carl Friedrich (1994): „Handeln unter Risiko", in: Essener Unikate, Berichte aus Forschung und Lehre, Naturwissenschaft 4/5, 1994, S. 20-28.

Gingrich, Newt (2008): „Stop the Green Pig: Defeat the Boxer-Warner-Lieberman Green Pork Bill Capping American Jobs and Trading America's Future," Human Events, 3 June 2008.

Godelier, Maurice (1990): Natur, Arbeit, Geschichte. Zu einer universalgeschichtlichen Theorie der Wirtschaftsformen, Hamburg: Junius.

Goldenberg, Suzanne (2016): „UN climate science chief: It's not too late to avoid dangerous temperature rise", The Guardian, 11 May 2016, online: https://www.theguardian.com/environment/2016/may/11/un-climate-change-hoesung-lee-global-warming-interview (abgerufen 2023-04-24).

Gonzáles, Miriam Ferrer; Ilyina, Tatiana; Sonntag, Sebastian, Schmidt, Hauke (2018): Enhanced rates of regional warming and ocean acidification after termination of large-scale ocean alkalinization. Geophysical Research Letters, 45, 7120–7129.

Goode, P.R.; Pallé, E.; Shoumko, A.; Shoumko, S.; Montanes-Rodriguez, P.; Koonin, S.E. (2021): „Earth's albedo 1998–2017 as measured from earthshine", Geophysical Research Letters, 48, e2021GL094888.

Goodell, Jeff (2006a): „Can Dr. Evil Save The World?" Rolling Stone Magazine, online: http://web.archive.org/web/20071015104038/http://rollingstone.com/news/story/12343892/can_dr_evil_save_the_world (abgerufen 2023-02-17).

Goodell, Jeff (2006b): „Can Geoengineering Save The World?", Rolling Stone, November 16, 2006 issue, online: https://www.rollingstone.com/politics/politics-news/can-geoengineering-save-the-world-238326/ (abgerufen 2023-04-08).

Goodell, Jeff (2010): „A Hard Look at the Perils and Potential of Geoengineering", Yale Environment 360, online: https://e360.yale.edu/features/a_hard_look_at_the_perils_and_potential_of_geoengineering (abgerufen 2023-02-17).

Görg, Christoph (1999): Gesellschaftliche Naturverhältnisse, Münster: Westfälisches Dampfboot.

Gramelsberger, Gabriele (2010): Computerexperimente. Zum Wandel der Wissenschaft im Zeitalter des Computers, Bielefeld: Transcript.

Granger Morgan, M. (2008): Unilateral Geoengineering. A few basic ideas about the science to start our discussions, online: http://web.archive.org/web/20110207135521/http://www.cfr.org/content/thinktank/GM_CFR_briefing_REV.pdf (abgerufen 2023-02-16)

Granger Morgan, M.; Gottlieb, Paul; Nordhaus, Robert R. (2013): „Needed: Research Guidelines for Solar Radiation Management", Issues in Science and Technology 29, no. 3 (Spring 2013).

Great Barrier Reef Foundation (2020): Corporate Partners, online: https://www.barrierreef.org/what-we-do/partners/corporate-partners (abgerufen 2023-02-14).

Great Barrier Reef Foundation (2022): Project List, online: https://www.barrierreef.org/uploads/Reef-Trust-Partnership-Project-List.pdf (abgerufen 2023-03-14)

Greenpeace (2008): CO_2-Endlager – keine Lösung, sondern Risiko.

Grunwald, Armin (2002): Technikfolgenabschätzung – eine Einführung, Berlin: Edition Sigma.

Grunwald, Armin (2008a): Auf dem Weg in eine nanotechnologische Zukunft. Philosophisch-ethische Fragen, München: Verlag Karl Alber.

Grunwald, Armin (2008b): Technik und Politikberatung, Frankfurt am Main: Suhrkamp.

Gunther, Marc (2011): „The Business of cooling the planet", The Energy Collective Group, Oct 10, 2011, online: https://energycentral.com/c/ec/business-cooling-planet (abgerufen 2023-03-28).

Halpern, Michael (2015): „Digging into big coal's climate connections", The Guardian, 28 Aug 2015, online: https://www.theguardian.com/science/political-science/2015/aug/28/digging-into-big-coals-climate-connections (abgerufen 2023-03-30).

Halpern, Michael (2016): „What will Trump's presidency mean for American science policy?", The Guardian, 17 Nov 2016, online: https://www.theguardian.com/science/political-science/2016/nov/18/what-will-trumps-presidency-mean-for-american-science-policy (abgerufen 2023-03-30).

Halthore, Rangasayi N. (2017): „Responses to Citizen enquiry on the nature of contrail and contrail-induced cirrus clouds" to James F. Lee Jr., Federal Aviation Administration (FAA) Aviation Climate Change Research Initiative (ACCRI) (2017).

Hamilton, Clive (2013): „Geoengineering: Can We Save the Planet by Messing with Nature?" Clive Hamilton in interview with Amy Goodman, Democracy Now, May 20, 2013, online: https://www.democracynow.org/2013/5/20/geoengineering_can_we_save_the_planet (abgerufen 2023-02-22).

Hamilton, Clive „The Theodicy of the „Good Anthropocene"", Environmental Humanities (2016) 7 (1): 233–238.

Hansson, Anders, Anshelm, Jonas (2015), Has the grand idea of geoengineering as Plan B run out of steam? The Anthropocene Review, 1-11.

Hartmann, Kathrin (2018): Die Klima-Frankensteine, online: https://www.lunapark21.net/die-klima-frankensteine/ (abgerufen 2019-04-16).

Haubold-Rosar; Michael; Heinkele, Thomas; Rademacher, Anne u.a. (2016): „Chancen und Risiken des Einsatzes von Biokohle und anderer ‚veränderte' Biomasse als Bodenhilfsstoffe oder für die C-Sequestrierung in Böden", UBA (Umweltbundesamt) 2016.

Heck, Vera; Gerten, Dieter; Lucht, Wolfgang; Popp, Alexander (2018): „Biomass-based negative emissions difficult to reconcile with planetary boundaries", Nat. Clim. Change, Vol. 8, February 2018, 151-155.

Hegel, Georg Wilhelm Friedrich (HW 5): Wissenschaft der Logik I, Auf d. Grdl. der Werke von 1832-1845 neu ed. Ausg. Band 5, Frankfurt a.M.: Suhrkamp Verlag, 1990.

Helfrich, Silke (2009): „Zukunftsmarkt Meeresdüngung – Polarstern fährt weiter", CommonsBlog 28. Januar 2009, online: https://commons.blog/2009/01/28/zukunftsmarkt-meeresdungung-polarstern-fahrt-weiter/ (abgerufen 2023-03-18).

Henriksen, Christina; Sandahl, Johanna; Sundström, Mikael; Wronski Isadoro (2021): „To: Members oft he SCoPEx Advisory Committee", online: https://static1.squarespace.com/static/5dfb35a66f00d54ab0729b75/t/603e2167a9c0b96ffb027c8d/1614684519754/Letter+to+Scopex+Advisory+Committee+24+February.pdf (abgerufen 2023-03-12).

Hilmi, Nathalie; Chami, Ralph; Sutherland, Michael D.; Hall-Spencer, Jason M.; Lebleu, Lara; Belen Benitez, Maria, Levin, Lisa A. (2021): „The Role of Blue Carbon in Climate Change Mitigation and Carbon Stock Conservation", Front. Clim., Volume 3 – 2021.

Hilsenbeck, Annette (2023): „Italien: Muscheln essen fürs Klima", ZDF, online: https://www.zdf.de/nachrichten/heute-in-europa/italien-muscheln-essen-fuers-klima-100.html#xtor=CS5-282 (abgerufen 2023-03-20).

Hodor-Lee, Alex (2021): „In a warming world, an engineered climate edges towards reality", online: https://www.documentjournal.com/2021/02/in-a-warming-world-an-engineered-climate-edges-towards-reality/ (abgerufen 2023-04-25).

Hoffert, Martin I.; Caldeira, Ken; Benford, Gregory et al. (2002): „Advanced Technology Paths to Global Climate Stability: Energy for a Greenhouse Planet", Science Vol. 298, 1 November 2002, pp. 981-987.

Höhne, Niklas; Emmrich, Julie; Fekete, Hanna; Kuramochi, Takeshi (2019): 1.5°C: Was Deutschland tun muss, New Climate Institute.

Holloway, John (2002): Die Welt verändern ohne die Macht zu übernehmen, Münster: Westfälisches Dampfboot.

Holz, Franziska; Schwerwath, Tim; Crespo del Granado, Pedro; Skar, Christian; Olmos, Luis; Ploussard, Quentin; Ramos, Andrés; Herbst, Andrea (2021): „A 2050 perspective on the role for carbon capture and storage in the European power system and industry sector", Energy Economics 104 (2021) 105631.

H.O.M.E. u.a. (2011): „Open Letter to IPCC in Geoengineering", Hands Off Mother Earth, online: https://www.etcgroup.org/content/open-letter-ipcc-geoengineering (abgerufen 2023-04-24).

Honegger, Matthias; Michaelowa, Axel; Roy, Joyashree (2021): „Potential implications of carbon dioxide removal for the sustainable development goals", Climate Policy, 21:5, 678-698.

Hörz, Herbert; Paul, Siegfried (1989/2014): Mathematisierung der Wissenschaften. Beiträge zu ihrer weltanschaulichen, erkenntnistheoretischen und methodologischen Problematik. Manuskript 1989. 2014 veröffentlicht auf der Website: www.max-stirner-archiv-leipzig.de.

House, Kurt Zenz; Baclig, Antonio C.; Ranjan, Manya; van Nierop, Ernst A.; Wolcox, Jenniver, Herzog, Howard J. (2011): „Economic and energetic analysis of capturing CO_2 from ambient air", PNAS, Dec 10, 2011, vol. 108, no. 51, 20428–20433.

IEA (International Energy Agency) (2015): „Storing CO_2 through Enhanced Oil Recovery: Combining EOR with CO_2 storage (EOR+) for profit", OECD/IEA 2015.

IPCC: AR3 Syn: Intergovernmental Panel on Climate Change (IPCC), Climate Change 2001, Synthesis Report, 2001.

IPCC: AR4 WG III: Intergovernmental Panel on Climate Change (IPCC), Climate Change 2007, Mitigation of Climate Change, 2007.

IPCC: AR4 WG III SPM: Intergovernmental Panel on Climate Change (IPCC), Climate Change 2007, Mitigation of Climate Change, Summary for Policymakers, 2007.

IPCC: AR5 WGI SPM: Intergovernmental Panel on Climate Change (IPCC), Climate Change 2013, The Physical Science Basis. Summary for Policymakers, 2013.

IPCC: AR5 WGI: Intergovernmental Panel on Climate Change (IPCC), Climate Change 2013, The Physical Science Basis, 2013.

IPCC: AR5 WGIII: Intergovernmental Panel on Climate Change (IPCC), Climate Change 2014, Mitigation of Climate Change. 2014.

IPCC: AR6 WGI SPM: Intergovernmental Panel on Climate Change (IPCC), Climate Change 2021, The Physical Science Basis. Summary for Policymakers, 2021.

IPCC: AR6 WGII: Intergovernmental Panel on Climate Change (IPCC), Climate Change 2022, Impacts, Adaptation and Vulnerability. 2022.

IPCC: AR6 WGIII SPM: Intergovernmental Panel on Climate Change (IPCC), Climate Change 2022, Mitigation of Climate Change. Summary for Policymakers, 2022.

IPCC: AR6 WGIII: Intergovernmental Panel on Climate Change (IPCC), Climate Change 2022, Mitigation of Climate Change, 2022.

IPCC: CSS: Carbon Dioxide Capture and Storage, Intergovernmental Panel on Climate Change (IPCC), 2005.

IPCC: SR 1.5 SPM: Intergovernmental Panel on Climate Change (IPCC), Special Report Global Warming of 1.5 °C, Summary for Policymakers, 2018.

IPCC: SROCC: The Ocean and Cryosphere in a Changing Climate. A Special Report of the Intergovernmental Panel on Climate Change, Intergovernmental Panel on Climate Change (IPCC), 2019.

Irving, Doug (2021): Manipulating the Climate: What Are the Geopolitical Risks? online: https://www.rand.org/blog/rand-review/2021/12/manipulating-the-climate-what-are-the-geopolitical-risks.html (abgerufen 2023-02-12).

isw-Report 129 (2022): Vom „Rio-Erdgipfel" bis Glasgow. 30 Jahre in Etappen in die Klimakatastrophe. München: Institut für sozial-ökologische Wirtschaftsforschung e.V..

IV (Intellectual Ventures) (2009): The Stratospheric Shield, online: https://weathermodificationhistory.com/wmh/pdf/Stratoshield-white-paper-300dpi.pdf (abgerufen 2023-02-16).

Izrael, Yu.A.; Zakharov, V.M.; Petrov, N.N.; Ryaboshapko, A.G.; Ivanov, V.N.; Savchenko, A.V.; andreev, Yu.V.; Puzov, Yo.A.; Danelyan, B.G.; Kulyapin, V.P. (2009) „Field Experiment on Studying solar Radiation Passing throug Aerosol Layers", Russian Meterology and Hydrology, 2009, Vol. 34, No. 5, pp. 265-273.

Janich, Nina; Stumpf, Christiane (2018): „Verantwortung unter der Bedingung von Unsicherheit – und was Klimawissenschaftlerinnen darunter verstehen", in: Nina Janich, Lisa Rhein (Hrsg.), Unsicherheit als Herausforderung in der Wissenschaft. Reflexionen aus Natur-, Sozial- und Geisteswissenschaften, Berlin: Peter Lang 2018, S. 179-205.

Jauch, Matthias (2021): „Atomkraft als Retter?" TAGESSPIEGEL, online: https://www.tagesspiegel.de/politik/jedes-abgeschaltete-atomkraftwerk-ist-eine-investitionsgarantie-4288570.html (abgerufen 2023-02-11).

Jay, Dru; Ribeiro, Silvia (2020): „The Sugar Daddy of Geoengineering", ETC Group, online: https://www.etcgroup.org/content/sugar-daddy-geoengineering (abgerufen 2023-02-11).

Jimmy (2011): Commentary to Pablos (2009): Our Answers about Geoengineering, online: http://web.archive.org/web/20130311144906/http://intellectualventureslab.com/?p=338 (abgerufen 2023-02-17).

Jobbágy, Esteban; Jackson, Robert B. (2004): „Groundwater use and salinization with grassland afforestation", Glob. Change. Bio. 10: 1299-1312.

Johannessen, Sophia C.; Macdonald, Robie W. (2006): „Geoengineering with seagrasses: is credit due where credit is given?", Environ. Res. Lett. 11 113001.

Johnson, Lyndon B. (1962): control the weather, to control the world, online: https://www.youtube.com/watch?v=qKB4L6r17FE (abgerufen 2023-02-11).

Johnson, Lyndon B. (1965): Message to the Congress Transmitting Sixth annual Report on Weather Modification, May 24, 1965, online by Gerhard Peters and John T. Woolley, The American Presidency Project https://www.presidency.ucsb.edu/node/241409. (abgerufen 2023-02-12).

263

Jonas, Hans (1979/2003): Das Prinzip Verantwortung, Frankfurt am Main: Insel Verlag

Jones, Andy; Haywood, Jim M.; Alterskaer, Kari; Boucher, Olivier u.a. (2013): „The Impact of Abrupt Suspension of Solar Radiation Management (Termination Effect) in Experiment G2 of the Geoengineering Model Intercomparison Project (GeoMIP)", Journal of Geophysical Research: AtmospheresVolume 118, Issue 17, S. 9511-10.242.

Jones, Chris D.; Ciais, P.; Davis, SJ et al. (2016): „Simulating the Earth system response to negative emissions", Environ. Res. Lett. 11 (2016) 095012.

Kaeser, Eduard (2021): „Die reale Welt ist alles, was nicht ins Modell passt", Neue Zürcher Zeitung, 10.10.2021, online: https://www.nzz.ch/wissenschaft/die-reale-welt-ist-alles-was-nicht-ins-modell-passt-ld.1642234 (abgerufen 2023-04-10)

Kahlert, Joachim (2011): „CCS-Demonstrationsprojekt Kraftwerk Jänschwalde – Stand der Projektbearbeitung", DEBRIV-Braunkohlentag, 12. Mai 2011, Köln.

Kehl, Christoph (2014): „Chancen und Risiken lokaler CDR.Maßnahmen. Das Beispiel Aufforstung", TAB-Brief Nr. 44, September 2014, S. 27-32.

Keith, David W., Dowlatabati, Hadi (1992): „A Serious Look at Geoengineering", Eos, Vol. 73, No. 27, July 1992, S. 289-296.

Keith, David W. (2000): „Geoengineering the climate: History and prospect", Annu. Rev. Energy Environ., 25, 245–284, doi:10.1146/annurev.energy. 25.1.245.

Keith, David (2010): „Photophoretic laviatation of engineered aerosols for geoengineering", PNAS, Sept. 21, 2010, Vol. 21, No. 38, 16428-16431.

Keith, David (2013): A Case for Climate Engineering. MIT, Boston Review.

Keith, David W.; Parker, Andy (2013): „The fate for an engineered planet", Scientific American, 308: 34-36.

Keith, David W.; Irvine, Peter J. (2016): „Solar geoengineering could substantially reduce climate risk – A research hypothesis for the next decade", Earth's Future, 4, doi:10.1002/2016EF000465.

Keith, David W.; Wagner, Gernot (2017): „Fear of solar geoengineering is healthy – but don't distort our research", Guardian, 29 Mar 2017, online: https://www.theguardian.com/environment/2017/mar/29/criticism-harvard-solar-geoengineering-research-distorted (abgerufen 2023-02-19)

Keith, David W.; Wagner, Gernot; Zabel, Claire L. (2017): „Solar geoengineering reduces atmospheric carbon burden“, Nature Climate Change, Vol. 7, September 2017.

Keith, David W.; Dykema, John (2018): Why we chose not to patent solar geoengineering technologies, online: https://keith.seas.harvard.edu/blog/why-we-chose-not-patent-solar-geoengineering-technologies (abgerufen 2023-02-19).

Keith, David; Morton, Oliver; Shyur, Yomay; Worden, Pete; Wordsworth, Robin (2020): Reflections on a Meeting about Space-Based Solar Geoengineering. Online: https://geoengineering.environment.harvard.edu/blog/reflections-meeting-about-space-based-solar-geoengineering (abgerufen 2023-03-09)

Keller, David P.; Feng, Ellias Y.; Oschlies, Andreas (2014): „Potential climate engineering effectiveness and side effects during a high carbon dioxide-emission scenario“, Nat. Commun. 5:3304.

Keller, David P.; Lenton, Andrew; Scott, Vivian; Baughan, Naomi E., et al. (2018): „The Carbon Dioxide Removal Model Intercomparison Project (CDRMIP): rationale and experimental protocol for CMIP6“, Geosci. Model Dev., 11, 1133–1160.

Kheshgi, Haroon (1995): „Sequestring Atmospheric Carbon Dioxide by Increasing Ocean Alkanity“, Energy Vol. 10, Issue 9, September 1995, Pages 915-922.

Kleidon, Axel (2012): „How does the Earth system generate and maintain thermodynamic disquilibrium and what does it imply for the future of the planet?“ Phil. Trans. R. Soc. A (2012), 1012-1040.

Kleidon, Axel (2023): „Understanding the Earth as a Whole System: From the Gaia Hypothesis to Thermodynamic Optimality and Human Societies“, in: König, Peter und Schlaudt, Oliver (Eds.): Kosmos: Vom Umgang mit der Welt zwischen Ausdruck und Ordnung, Heidelberg: Heidelberg University Publishing, 417-446.

Klein, Naomi (2009): Die Schockstrategie. Der Aufstieg des Katastrophen-Kapitalismus, Frankfurt am Main: Fischer Taschenbuch Verlag.

Klein, Naomi (2012): „Geoengineering: Testing the Waters“, New York Times, 27 October 2012.

Kleist, Heinrich von (1964): Anekdoten, kleine Schriften, München. Deutscher Taschenbuch Verlag.

Koalitionsausschuss (2023): Modernisierungspaket für Klimaschutz und Planungsbeschleunigung, https://table.media/berlin/wp-content/uploads/sites/21/2023/03/Ergebnis-Koalitionsausschuss-28.-Maerz-2023.pdf (abgerufen 2023-04-04).

Kolbert, Elizabeth (2021): Wir Klimawandler. Wie der Mensch die Natur der Zukunft erschafft. Berlin: Suhrkamp.

Kommission (Kommission der europäischen Gemeinschaften) (2000): Mitteilung der Kommission, die Anwendbarkeit des Vorsorgeprinzips, online: https://eur-lex.europa.eu/legal-content/DE/TXT/PDF/?uri=CELEX:52000DC0001&from=IT (abgerufen 2023-04-05). (siehe auch EU 2000)

König, Wolfgang (2013): „VDI-Richtlinie zur Technikbewertung", in: Grunwald, A., Simonidis-Puschmann, M. (eds) Handbuch Technikethik, Stuttgart: J.B. Metzler.

Knutti, Reto; Sedláček, Jan (2013): „Robustness and uncertainties in the new CMIP5 climate model projections", Nature Climate Change, October 2012.

Kramer, David (2020): „Negative carbon dioxide emissions", Physics Today 73, 1, 44 (2020).

Kravitz, Ben; Robock, Alan; Boucher, Olivier; Schmidt, Hauke; Taylor, Karl E.; Stenchikov, Georgiy; Schulz, Michael (2011): „The Geoengineering Model Intercomparison Project (GeoMIP)", Atmos. Sci. Lett., 12, 162–167, doi:10.1002/asl.316.

Kristjánsson, Jón Egill; Muri, Helene; Schmidt, Hauke (2015): „The hydrological cycle response to cirrus cloud thinning", in: Geophys. Res. Lett., Vol. 42(24): 10,807 – 10,815.

Krohn, Wolfgang (1976): „Technischer Fortschritt und fortschrittliche Technik – die alternativen Bezugspunkte technischer Innovation", in: W. Ch. Zimmerli (Hrsg.): Technik oder: wissen wir, was wir tun? Basel, Stuttgart, S. 27-34.

Kuhnhenn, Kai (2018): Ein blinder Fleck. Globale Szenarien aus wachstumskritischer Perspektive. Heinrich Böll Stiftung.

Kurth, Undine; Höhn, Bärbel; Behm, Cornelia u.a. (2009): „Das LOHAFEX-Experiment im südlichen Polarmeer" Kleine Anfrage, Deutscher Bundestag, Drucksache 16/11860 vom 09.02. 2009.

Lackner, Klaus S.; Wendt, Christopher H. (1995): „Exponential Growth of Large Self-Reproducing Machine Systems", in: Mathematical and Computer Modelling 21 (1995), S. 55-81.

Lackner, Klaus S.; Grimes, Patrick; Ziock, Hans-Joachim (1999): Carbon dioxide Extraction From Air: Is ist an Option? 24h Annual Conference on Coal Utilization & Fuel Systems, March 8-11, 1999, Clearwater, Florida.

Lackner, Klaus S., Jospe, Christophe (2017): „Climate Change is a Waste Management ProblemE, in: Issues in Science and Technology Vol. XXXIII, No. 3, Spring 2017.

Lane, Lee (2006): Strategic Policy Options for the Bush Administration Climate Policy, Washington DC: AEI Press.

Latham, John; Bower, Keith; Choularton, Tom; et al. (2012): „Marine Cloud Brightening, in Wood, et al. (2017) Could spraying particles into marine clouds help cool the planet?", in Philosophical transactions, Series A, Mathematical, physical, and engineering sciences, Vol. 370: 4217 – 4262.

Lawrence, Mark G.; Schäfer, Stefan; Muri, Helene; Scott, Vivian; Oschlies, Andreas; Vaughan, Naomi E.; Boucher, Olivier; Schmidt, Hauke; Haywood, Jim; Scheffran, Jürgen (2018): „Evaluating climate geoengineering proposals in the context of the Paris Agreement temperature goals", NATURE COMMUNICATIONS (2018) 9:3734.

Lee, Richard B. (1985): Models of Human Colonization. !Kung san, Greeks, and Vikings. Interstellar migration and the human experience (ed. By B.R. Finney, E.M. Jones), University of California Press, pp. 180-208.

Lee Jr., James (2021): „September 11, 2001 Airline Groundings: Contrails Affect Daily Temperature Range", Weather Modification History, online: https://weathermodificationhistory.com/september-11-2001-airline-groundings-contrails-affect-daily-temperature-range/ (abgerufen 2023-02-16).

Leisen, Josef (2000): PZ-Information 1/2000: Energie und Entropie, Bad Kreuznach: Päd. Zentrum Rheinland-Pfalz.

Lenton, Timothy (2010): „The potential for land-based biological CO_2 removal to lower future atmospheric CO_2 concentration", Carbon Management (2010) 1(1), 145-160.

Lenz, Christfried (2023a): „CCS: Denkt Habeck weiter?" pv magazine, 5. Januar 2023, online: https://www.pv-magazine.de/2023/01/05/ccs-denkt-habeck-weiter/ (abgerufen 2023-03-17).

Lenz, Christfried (2023b): „CCS: ‚sacrificium intellectus‘" pv magazine, 4. April 2023, online: https://www.pv-magazine.de/2023/04/04/ccs-sacri-ficium-intellectus/ (abgerufen 2023-04-07).

Lesch, W.; Scott, David F. (1997): „The response in water yield tot he thinning of Pinus radiata, Pinus patula and Eucalyptus grandis plantations", Forest Ecology and Management, ol. 99, Iss. 3, pp. 295-307.

Levin, Karin; Brandhuber, Robert; Freibauer, Annette; Wiesinger,Klaus (2019): „Klimaanpassung", in: Sanders, Jürn; Heß, Jürgen (Hrsg.) (2019): Leistungen des ökologischen Landbaus für Umwelt und Gesellschaft; Thünen Report 65, Johann Heinrich von Thünen-Institut: Braunschweig. S. 191-219.

Levitt, Steven D.; Dubner, Stephen J. (2009): SuperFreakonomics. Global Cooling, Patriotic Prostitutes, and Why Suicide Bombers Should By Life Insurance, New York u. a., 2009.

LfU (Bayerisches Landesamt für Umwelt) (2014): Vergleichende Analyse Globaler Klimamodellsimulationen für Bayern (Süddeutschland) und umliegende Gebiete, Augsburg.

Liebelson, Dana; Mooney, Chris (2013): „Climate Intelligence Agency: The CIA is now funding research into manipulating the climate", Slate, online: https://slate.com/technology/2013/07/cia-funds-nas-study-into-geo-engineering-and-climate-change.html (abgerufen 2023-03-27).

Lohmann, Ulrike (2006): "Aerosol Effects on Clouds and Climate", Space Sci Rev. 125 (1–4): 129–37.

Lorenzen, Anna (2022): „Stärkster Vulkanausbruch seit 30 Jahren", Spektrum. de, online: https://www.spektrum.de/news/tonga-heftigster-vulkanaus-bruch-seit-30-jahren/1971865 (abgerufen 2023-02-12).

Lorenz-Meyer, Andreas (2021): „Fliegender Sonnenschirm über dem Ozean", Forschung Frankfurt, 2.2021, S. 12-15.

Lovelock, James E. (1972): Gaia: A New Look at Life on Earth, Oxford: Oxford University Press.

Lovelock, James E.; Rapley, Chris (2007): „Ocean Pipes Could Help the Earth to Cure Itself", Nature 449 (7161): 403.

Lucht, Wolfgang (2022): Twitter-Meldung, online: https://twitter.com/w_lucht/status/1482703978752323588?lang=da (abgerufen 2023-02-12).

Lukacs, Martin; Goldenberg, Suzanne; Vaughan, Adam (2013): „Russia urges UN climate report to include geoengineering", The Guardian, 19

Sep. 2013, online: https://www.theguardian.com/environment/2013/sep/19/russia-un-climate-report-geoengineering (abgerufen 2023-03-14).

Luoma, Jon (2012): „China's Reforestation Program: Big Success or Just an Illusion?", Yale Environment 360, 17.01.2012, online: https://e360.yale.edu/features/chinas_reforestation_programs_big_success_or_just_an_illusion (abgerufen 2023-03-08)

Mace, M.J., Fyson, C.L., Schaeffer, M., Hare, W.L. (2021). „Governing large-scale carbon dioxide removal: are we ready? – an update", Carnegie Climate Governance Initiative (C2G), February 2021, New York, US.

MacMartin, Douglas G.; Kravitz, Ben; Tilmes, Simone; Richter, Jadwiga H.; Mills, Michael J.; Lamarque, Jean-Francois; Tribbia, Joseph J.; Vitt, Francis (2017): „The Climate Response to Stratospheric Aerosol Geoengineering Can Be Tailored Using Multiple Injection Locations", Journal of Geophysical Research: Atmospheres Volume 122, Issue 23 p. 12,574-12,590

Mahowald; Natalie M, Ward, Daniel S.; Doney, Scott C.; Hess, Peter G.; Randerson, James T. (2017): „Are the Impacts of Land Use on Warming Underestimated in Climate Policy?", Environmental Research Letters 12, Nr. 9.

Major, Julie; Rondon, Marco; Molina, Diego; Riha, Susan J.; Lehmann, Johannes (2010): „Maize yield and nutrition during 4 years after biochar application to a Colombian savanna oxisol", Plant Soil (2010) 333:117 – 128.

Manabe, Syukuro; Strickler, Robert F. (1964): „Thermal Equilibrium of the Atmosphere with a Convective Adjustment", Journal of the Atmospheric Sciences, Vol. 21, 361-385.

Mann, Michael E.; Toles, Tom (2016): The Madhouse Effect, How Climate Change Denial I Threatening Our Planet, Destroying Our Politics, and Driving us Crazy, New York: Colombia University Press.

Marchetti, Cesare (1977): „On geoengineering and the CO_2 problem", Environmental Science. 1 March 1977.

Marshall, Jessica (2010): „Reflective Crops could Cool the Planet", NBCnews, Dezc. 3, 2010, online: https://www.nbcnews.com/id/wbna40491274 (abgerufen 2023-03-13)

Martin, Patrick; Rutgers von der Loeff, Michiel; Cassar, Nicolas et al. (2013): „Iron fertilization enhanced net community production but not downward particle flux during the Southern Ocean iron fertilization experiment LOHAFEX", Global Biogeochem. Cycles , 27, 1 – 11.

Mathesius, Sabine; Hofmann, Matthias; Caldeira, Ken; Schellnhuber, Hans Joachim (2015): „Long-term response of oceans to CO_2-removal from the atmosphere", Nat. Clim. Change 5, 1107-1113.

Matzner, Nils; Barben, Daniel (2018): „Verantwortungsvoll das Klima manipulieren? Unsicherheit und Verantwortung im Diskurs des Climate Engineering", in: Nina Janich, Lisa Rhein (Hrsg.), Unsicherheit als Herausforderung in der Wissenschaft. Reflexionen aus Natur-, Sozial- und Geisteswissenschaften, Berlin: Peter Lang 2018, S. 143-178.

McClellan, Justin; Keith, David W.; ‚Apt, Jay (2012): „Cost analysis of stratospheric albedo modification delivery systems", Environ. Res. Lett. 7 (2012) 034019.

Merk, Christine; Pönitzsch, Gert; Rehdanz, Katrin (2016): „Knowledge about aersol injection does not reduce individual mitigation efforts", Environ. Res. Lett. 11 (2016) 054009.

Merk, Christine; Pönitzsch, Gert; Rehdanz, Katrin (2019): „Do climate engineering experts display moral-hazard behaviour?", Climate Policy, Vol, 19, No. 2, 231-243.

Metzger, Robert A.; Benford, Gregory (2001): „Sequestering of atmospheric carbon through permanent disposal of crop residue", Climatic Change 49 (2001), 11-19.

Meyer-Ohlendorf, Nils; Siemons, Anne; Schneider, Lambert; Böttcher, Hannes (2023): „Certification of Carbon Dioxide Removals. Evaluation oft he Commission Proposal", German Environment Agency, Dessau: Umweltbundesamt.

Millar, Richard, J.; Fuglestvedt, Jan S.; Friedlingstein, Pierre; Rogelj, Joeri; Grubb, Michael; Matthews, H. Damon; Skeie, Ragnhild B.; Forster, Piers M.; Frame, David J.; Allen, Myles R. (2017): „Emission budgets and pathways consistent with limiting warming to 1.5 °C", Nature Geoscience, October 2017.

Minx, Jan (2023): „Wir könnten längst viel mehr CO_2 aus der Atmosphäre holen", interviewt von Alexandra Endres, in: Zeit Online: https://www.zeit.de/wissen/umwelt/2023-01/negative-emissionen-CO_2-atmosphaere-klimapolitik/komplettansicht (abgerufen 2023-05.02)

Mitchell, David L.; Finnegan, William (2009): „Modification of cirrus clouds to reduce global warming", Environmental Research Letters 4.4 (2009): 045102.

Mooney, Chris (2009): Copenhagen: Geoengineering's Big Break?" Mother Jones, 14 December 2009, online: https://www.motherjones.com/environment/2009/12/copenhagen-geoengineerings-big-break/ (abgerufen 2023-03-10).

Mooney, Chris (2016): „Rex Tillerson's view of climate change: It's just an ‚engineering problem'", The Washington Post, December 14, 2016, online: https://www.washingtonpost.com/news/energy-environment/wp/2016/12/13/rex-tillersons-view-of-climate-change-its-just-an-engineering-problem/ (abgerufen 2023-03-30).

Moosbrugger, Volker (2014): „(Bio-)Geoengineering als ein Schlüssel zur Nachhaltigkeit", Labor&More 4 / 2014. Online: http://www.laborundmore.com/archive/452970/(Bio-)Geoengineering-als-ein-Schuessel-zur-Nachhaltigkeit.html (abgerufen 2023-0302)

Morton, Oliver (2015): „After Tambora", The Economist, Apr 11th 2015, online: https://www.economist.com/briefing/2015/04/11/after-tambora (abgerufen 2023-04-19).

Muri, Helene; Kristjánsson, Jón Egill; Storelvmo, T.; Pfeffer, M.A. (2014): „The climatic effects of modifying cirrus clouds in a climate engineering framework", Geophys. Res. Atmos., 119, 4174-4191.

Myhrvold, Nathan (2012): 50 simple things won't fix the climate – but a few complex things might. Antwort auf Fragen von David Roberts, Online: https://grist.org/climate-change/myhrvold-50-simple-things-wont-fix-the-climate-but-a-few-complex-ones-might/ (abgerufen 2023-02-15).

Närmann, Felix; Birr, Friedrich; Kaisser, Moritz; Nerger, Monique; Luthardt, Vera; Zeitz, Jutta; Tanneberger, Franziska (2021): „Klimaschonende, biodiversitätsfördernde Bewirtschaftung von Niedermoorböden", BfN-Skripten 616.

NAS (National Academy of Sciences) (1992): Policy Implications of Greenhouse Warming. Mitigation, Adaption, and the Science Basism Washington, D.C.: National Academy Press.

NASA (2007): „Workshop Report on Managing Solar Radiation", ed. by Lane, Lee; Caldeira, Ken et al., Report of a workshop jointly sponsored by NASA Ames Research Center and the Carnegie Institution of Washington Department of Global Ecology held at Ames Research Center, Moffett Field, California on November 18   19, 2006.

Nebelung, Reiner; Schlemm, Annette (2023): Climate-Engineering als Allianz-Technik? Furcht und Freude des Ingenieurs. In: VorSchein 38. Jahrbuch 2022 der Ernst-Bloch-Assoziation. Nürnberg: ANTOGO Verlag 2023. S. 153-168.

Nellemann, Christian; Corcoran, Emily; Duarte, Carlos M.; Valdés, Luis, De Young, Cassandra; Fonseca, Luciano; Grimsditch, Gabriel (2009): „Blue Carbon: A Rapid Response Assessment", United Nations Environment Programme, GRID Arendal.

NERC (National Environmental Research Council) (2010): „Experiment Earth? Report on a Public Dialogue on Geoengineering", Ipsos MORI.

Neuber, Friederike (2018): „Buying Time with Climate Engineering? An analysis of the buying time framing in favor of climate engineering", Dissertation.

Nguyen, Tien (2018): „Wird die Welt jemals bereit sein für solares Geo-Engineering?", C&EN, 2018, 96 (13), pp 28–33, March 26, 2018, online: https://pubs.acs.org/doi/10.1021/cen-09613-cover (abgerufen 2023-02-25)

Niemeier, Ulrike; Schmidt, H.; Timmreck, C. (2011): „The dependency of geoengineered sulfate aerosol on the emission strategy"m Atmos. Sci. Let. 12: 189-194. (2011).

NOAA (National Odeanic and Atmospheric Administration) (2021): „Climate Intervention", State oft he Science FACT SHEET.

Norhasyima, Rahmad S.; Mahlia, T.M. Indra (2018): „Advances in CO_2 utilization technology: A patent landscape review", Journal of CO_2 Utilization Volume 26, July 2018, Pages 323-335.

Oberzig, Klaus (2020): „Mächtige Investoren propagieren die Rückkehr zur Atomkraft", pv magazine, Online: https://www.pv-magazine.de/2020/11/26/maechtige-investoren-propagieren-die-rueckkehr-zur-atomkraft/ (abgerufen 2023-02-11).

Odenwald, Michael (2015): „Größenwahnsinnig oder genial? So versuchen Forscher den Klimawandel zu begrenzen", FOCUS online: https://www.focus.de/wissen/weltraum/odenwalds_universum/die-letzte-rettung-eine-grosstechnische-manipulation-des-erdsystems_id_4860933.html (abgerufen 2023-04-19).

Oldham, Paul; Szerszynski, Bronislaw; Stilgoe, Jack; Brown, C.; Eacott, B.; Yuille, Andy (2014): „Mapping the landscape of climate engineering", Phil. Trans. R. Soc. A 372: 20140065.

Olson, Robert L. (2012): Soft Geoengineering: A Gentler Approach to Addressing Climate Change, Environment: Science and Policy for Sustainable Development, 54:5, 29-39.

Ornstein, Leonard; Aleinov, Igor; Rind, David (2009): „Irrigated afforestation of the Sahara and Australian Outback to end global warming", Climatic Change (2009) 97:409–437.

Oschlies, A.; Pahlow, M.; Yool, A.; Matear, R.J. (2010): „Climate engineering by artificial ocean upwelling: Channelling the sorcerers apprentice", Geophys. Res. Lett, Vol. 37, L04701.

Oschlies, Andreas; Klepper, Gernot (2017): „Research for assessment, not deployment, of Climate Engineering: The German Research Foundations' Priority Program SSP 1689", Earth's Future, 5, doi:10.1002/2016EF000446.

Oschlies, Andreas (2018): „Bewertung von Modellqualität und Unsicherheiten in der Klimamodellierung", in: Nina Janich, Lisa Rhein (Hrsg.): Beispielhafte Problemlagen: Unsicherheiten in der Umweltforschung, Berlin, Bern, Wien: Peter Lang, S. 15-30.

Osterhage, Wolfgang (2016): Climate Engineering. Möglichkeiten und Risiken. Wiesbaden: Springer.

Ott, Konrad K. (2018): „On the Political Economy of Solar Radiation Management", Front. Environ. Sci. 6:43.

Owen, Richard (2014): „Solar Radiation Management and the Governance of Hubris", Issues in Environmental Science and Technology 2014(38):212-248.

Oxfam (2020): „Confronting Carbon Inequality in the European Union", Oxfam Media Briefing, 8 December 2020.

Oxfam (2022): Ein Milliardär ist so klimaschädlich wie eine Million Menschen, online: https://www.oxfam.de/ueber-uns/aktuelles/oxfam-studie-milliardaer-so-klimaschaedlich-million-menschen (abgerufen 2023-03-30).

Pablos (2009): Our Answers about Geoengineering, online: http://web.archive.org/web/20130311144906/http://intellectualventureslab.com/?p=338 (abgerufen 2023-02-17).

Parker, Andy; Irvine, Peter J. (2018): „The Risk of Termination Shock From Solar Geoengineering", Earth's Future 6, 456–467.

Parker, Andy; Horton, Joshua; Keith, David W. (2018): „Stopping Solar Geoengineering Through Technical Means. A Preliminary Assessment of Counter-Geoengineering", Earth's Future Volume 6, Issue 8 p. 1058-1065.

Paul, Helena; Read, Rupert (2019): „Geoengineering as a Response to the Climate Crisis: Right Road or Disastrous Diversion?", in: Facing up to Climate Reality: Honesty, Disaster and Hope, (Ed.: John Foster), London Publishing Partnership, 109-133.

Paull, John (2009): „Geo-Engineering in the Southern Ocean", ELEMENTALS – Journal of Bio-Dynamics Tasmania, # 93, 16-20.

Pausata, Francesco S.R.; Gaetani, Marco; Messori, Gabriele; Berg, Alexis u.a.: (2020): „The Greening of the Sahara: Past Changes and Future Implications", One Earth 2, March 20, 235-250.

Payne, Richard J. (2010): „The ‚Meteorological Imaginations and Conjectures' of Benjamin Franklin", North West Geography, Vol. 10, Number 2, 2010, 1-7.

Pidgeon, Nick; Parkhill, Karen; Corner, Adam; Vaughan, Naomi (2013): „Deliberating stratospheric aerosols for climate geoengineering and the SPICE project", Nat. Clim. Change, 3, 451–457, doi:10.1038/nclimate1807.

Pierrehumbert, Raymond (2017): „The trouble with geoengineers ‚hacking the planet'", Bulletin oft he Atomic Scientists, June 23, 2017, online: https://thebulletin.org/2017/06/the-trouble-with-geoengineers-hacking-the-planet/ (abgerufen 2023-03-12)

Possner, Anna (2019): „Weak sensitivity of cloud water to aerosols", Nature, vol. 572, no. 7767, Aug. 2019.

Pousi, Matti (2021): Bubbles of Promise: The Role of Biochar and voluntary Carbon Markets in Sustainable Low-Carbon Pathways, University of Helsinki.

Prechtelt, Lutz (2017): „Techniksoziologie: Die Brücken des Robert Moses", Vorlesung „Auswirkungen der Informatik", Freie Universität Berlin, online: http://www.inf.fu-berlin.de/inst/ag-se/teaching/V-AdI-2017/05_Techniksoziologie.pdf (abgerufen 2023-04-02).

Qui, Yuanwi; Xiao, Xiangming; Wigneron, Jean-Pierre; Ciais, Philippe; Brandt, Martin u.a. (2021), Carbon los from forest degradation exceeds that from deforestation in the Brazilian Amazon. Nat. Clim. Change 11, 442-448.

Rahmstorf, Stefan (2019): „Können Bäume das Klima retten?", SciLogs 16. Juli 2019, online: (abgerufen 2023-03-26).

Rayner, Steve; Redgewell, Catherine; Savulescu, Julian; Pidgeon, Nick; Kruger, Tim (2009): Memorandum on draft principles for the conduct of geoengineering research.

Rayner, Steve; Heyward, Clare; Kruger, Tim; Pidgeon, Nick; Redgewell, Catherine; Savulescu, Julian (2013): „The Oxford Principles", Climatic Change (2013) 121:499 – 512.

Reichle, Dave; Houghton, John; Kane, Bob; Ekmann, Jim u.a. (1999): „Carbon Sequestration Research and Development", Rep. DOE/SC/FE-1, US Dep. Energy, Washington, DC.

Rendon, Jim (2010): „Who Eats Geoengineering Risk", The Climate Response Fund, online: http://www.climateresponsefund.org/index.php?option=com_content&view=article&id=162:who-eats-geoengineering-risk&catid=37:recent-press&Itemid=62 (abgerufen 2023-04-01).

Revermann, Christoph (2014a): „Climate Engineering – Einführung in das Schwerpunktthema", TAB-Brief Nr. 44, September 2014, S. 5-7.

Revermann, Christoph (2014b): „Technologien des Climate Engineering", TAB-Brief Nr. 44, September 2014, S. 8-13.

Revkin, Andrew (2009): „Branson on the Biofuels and Elders", New York Times, 15 October 2009, online: https://archive.nytimes.com/dotearth.blogs.nytimes.com/2009/10/15/branson-on-space-climate-biofuel-elders/ (abgerufen 2023-04-21).

Reynolds, Jesse L. (2019): Uncovering the origins of false claims in the solar geoeingineering discourse, online: https://geoengineering.environment.harvard.edu/blog/uncovering-origins-false-claims-solar-geoengineering-discourse (abgerufen 2023-02-20)

Reynolds, Jesse (2020): „Linking Solar Geoengineering and Emissions Reductions: Strategically Resolving an International Climate Change Policy Dilemma" (March 13, 2020). Available at SSRN: https://ssrn.com/abstract=3710736 or http://dx.doi.org/10.2139/ssrn.3710736 .

Reynolds, Jesse; Parker, Andy; Irvine, Peter (2016): „Five solar geoengineering tropes that have outstayed their welcome", Earth's Future, 4, 562–568.

Ricke, Katherine; Morgan, M. Granger; Apt, Jay; Mellon, Carnegie, Victor, David; Steinbruner, John (2008): Unilateral Geoengineering. Nontechnical Briefing Notes for a Workshop At the Council on Foreign Relations, Washington DC, May 05, 2008, online: http://web.archive.org/web/20110207135521/http://www.cfr.org/content/thinktank/GeoEng_041209.pdf (abgerufen 2023-02-14).

Rickels, Wilfried; Klepper, Gernot; Dovern, Jonas; u.a. (2011): „Gezielte Eingriffe in das Klima? Eine Bestandsaufnahme der Debatte zu Climate

Engineering", Sondierungsstudie für das Bundesministerium für Bildung und Forschung.

Rio (1992): Rio-Erklärung über Umwelt und Entwicklung, online: https://www.un.org/depts/german/conf/agenda21/rio.pdf (abgerufen 2023-04-05).

Robertson, Bruce (2022): „Carbon Capturing has a long history. Of failure", IEEFA September 02,2022, online: https://ieefa.org/resources/carbon-capture-has-long-history-failure (abgerufen 2023-03-16).

Robertson, Bruce; Mousavian, Milad (2022): „Gorgon Carbon Capture and Storage: the Sting in the Tail", IEEFA April 2022, online: https://ieefa.org/wp-content/uploads/2022/03/Gorgon-Carbon-Capture-and-Storage_The-Sting-in-the-Tail_April-2022.pdf (abgerufen 2023-03-16).

Robock, Alan (2008): „20 Reasons why geoengineering may be a bad idea", Bull. Atomic Sci., 64(2), 14–18, doi:10.2968/064002006.

Rockström, Johann; Steffen, Will; Noone, Kevin; Persson, Asa; Chapin III; F. Stuart; Lambin, Eric F.; Lenton, Timothy M.; Scheffer, Martin; Folke, Carl; Schellnhuber, Hans Joachim et al. (2009): „A safe operating space vor humanity", Nature, Vol. 461, September 2009, 471-475.

Roe, Gerard H.; Baker, Marcia B. (2007): „Why Is Climate Sensitivity So Unpredictable", Science Vol 318, Issue 5850, pp. 629-632.

Rogelj, Joeri; Luderer, Gunnar; Pietzcher, Robert C.; Kriegler, Elmar; Schaeffer, Michiel, Krey, Volker; Riahi, Keywan (2015): „Energy system transformations for limiting end-of-century warming to below 1,5°C", Nature Climate Change, Vol. 5, June 2015, S. 519-538.

Rosen, Richard A. (2020): „How will Geoengineering Aerosols affect Air Temperature?", Geoengineering Monitor, September 16, 2020, Online: https://www.geoengineeringmonitor.org/2020/09/how-will-geoengineering-aerosols-affect-air-temperature/ (abgerufen 2023-03-10)

Royal Society (2009): Geoengineering the climate: Science, governance and uncertainty, London.

Runge-Metzger, Artur (2023): „Foreword", in: Smith, Steven M.; Geden, Oliver, Nemet, Gregory F., Gidden, Matthew, Lamb, William F., Powis, Carter, Bellamy, Rob, et al. (2023). The State of Carbon Dioxide Removal – 1st Edition, Online: https://www.stateofcdr.org (abgerufen 2023-03-04), S. 6-7.

Russell, Lynn M. (2012): „Offsetting Climate Change by Engineering Air Pollution to Brighten Clouds", in: National Academy of Engineering.

2013. Frontiers of Engineering: Reports on Leading-Edge Engineering from the 2012 Symposium. Washington, DC: The National Academies Press. Pp. 19-27.

Sabine, Christopher L.; Feely, Richard A.; Gruber, Nikolas et al. (2004): „The Oceanic sink for Anthropogenic CO_2", Science, Vol. 305, 367-371.

Sachs, Wolfgang (2010): „One World", in: Wolfgang Sachs (Ed.): The Development Dictionary. A Guide to Knowledge als Power, London, New York: Zed Books. S. 116-126.

Sanders, Jürn; Heß, Jürgen (Hrsg.) (2019): „Leistungen des ökologischen Landbaus für Umwelt und Gesellschaft"; Thünen Report 65, Johann Heinrich von Thünen-Institut: Braunschweig.

Salter, Stephen; Sortino, Graham; Latham, John (2008): „Sea-going hardware for the cloud-albedo method of reversing global warming", Phil. Trans. Roy. Soc., 366, 3843-3862.

Salter, Stephen; Gadian, Alan (2013): Coded Modulation of Computer Climate Models for the Prediction of Precipitation and Other Side-effects of Marine Cloud Brightening 3 (research proposal, Jan. 25, 2013), online: http://www.homepages.ed.ac.uk/shs/Climatechange/DECC Prozent 20coded Prozent 20modulation.pdf (abgerufen 2023-03-01).

Saurugg, Herbert (o.J.): Vernetzung und Komplexität, online: https://www.saurugg.net/hintergrundthemen/vernetzung-komplexitaet (abgerufen 2023-04.10)

Schäfer, Stefan; Lawrence, Mark; Stelzer, Harald; Born, Wanda; Low, Sean (2015): The European transdisciplinary assessment of climate engineering (EuTRACE): Removing greenhouse gases from the atmosphere and reflecting sunlight away from earth (Final report of the FP7 CSA project EuTRACE).

Scheffran, Jürgen (2018): „Klima der Extreme: Die Risiken des Geo-Engineering", Blätter für deutsche und internationale Politik 12/2018, S. 69-77.

Schellnhuber, Hans Joachim (1998): Earth System Analysis – The Scope of the Challenge. In: Earth System Analysis. Integrating Science for Sustainability. Berlin et al.: Springer. S.3-195.

Schellnhuber, Hans-Joachim (2011): „Geoengineering: The good, the MAD, and the sensible", PNAS, December 20, 2011, vol. 108, no. 51, 20277–20278.

Schlemm, Annette (1996): „Die Natur ist kein Vorbei", Philosophenstübchen, online: http://www.thur.de/philo/as251.htm (abgerufen 2023-05-02)

Schlemm, Annette (2010): „Ethik der Technikentwicklung" Philosophenstübchen, online: http://philosophenstuebchen.wordpress.com/2010/08/25/ethik-der-technikentwicklung/ (abgerufen 2023-04-03)

Schlemm, Annette (2011): „Technik im Kampf um Gestaltungsmacht", in: Technik – für ein gutes Leben oder für den Profit?, Hrsg. Stiftung Frei-Räume, Saasen, S. 5-9.

Schlemm, Annette (2013): Schönwetter-Utopien im Crashtest, Osnabrück 2013.

Schlemm, Annette (2017): „Die Herausforderung", Philosophenstübchen, online: https://philosophenstuebchen.wordpress.com/2017/05/04/die-herausforderung/ (abgerufen 2023-06-05).

Schlemm, Annette (2019): „Warum ist CO_2 so gefährlich im Klima-Treibhaus?" Philosophenstübchen, online: https://philosophenstuebchen.wordpress.com/2019/04/24/warum-ist-CO_2-so-gefaehrlich-im-klima-treibhaus/ (abgerufen 2023-03-03)

Schlemm, Annette (2020): „Negativ-Emissionen", Philosophenstübchen, online: https://kurzelinks.de/Negativ-Emissionen (abgerufen 2023-02-11).

Schlemm, Annette (2021a): „Mensch – Gesellschaftsformation – Natur", Philosophenstübchen, online: https://kurzelinks.de/MGFN (abgerufen 2023-02-25).

Schlemm, Annette (2021b): Im Kosmos wie auf Erden... Oder: Das Anthropozän aus kosmischer Sicht. In: ASSOZIATION. Reiner E. Zimmermann zum Siebzigsten. Berlin: Wissenschaftlicher Verlag. S. 227-236.

Schlemm, Annette (2021c): Wenn Utopie und Überlebensnotwendigkeit zusammenfallen. Die Philosophie von Ernst Bloch und Hans Jonas im Licht aktueller Probleme. In: VorSchein 37. Jahrbuch 2019 der Ernst-Bloch-Assoziation. Nürnberg: ANTOGO Verlag 2021. S. 145-158.

Schlemm, Annette (2022a): Kokettieren mit dem Plan B. In: junge Welt, 11. Oktober 2022, Nr. 236, S. 12-13.

Schlemm, Annette (2022b): Geil wie ein Bock. In: junge Welt, 13. Juni 2022, Nr. 134, S. 12-13.

Schlemm, Annette (2023/2024): Woher kommt der Wachstumszwang im Kapitalismus? Oder: Warum die Wachstumsdynamik unauflöslich mit dem Klassencharakter des Kapitalismus verbunden ist, Vortrag auf der Tagung „Der Widerspruch zwischen dem Kapital und der Natur" vom 10.-11.

Juni 2022 an der Carl von Ossietzky Universität Oldenburg. Der Sammelband wird 2023/2024 im PapyRossa Verlag erscheinen.

Schmidt, Hans-Peter (2012): „Wälder in der Wüste pflanzen", Ithaka Journal 1/ 2012: 95–99.

Schmidt, Micheal W.I.; Torn, Margaret S.; Abiven, Samuel; Dittmar, Thorsten; Guggenberger, Geeorg; Janssens, Ivan A.; Kleber, Markus; Kogel-Knabner, Ingrid; Lehmann, Johannes; Manning, David A.C.; Nannipieri, Paolo; Rasse, Daniel P.; Weiner, Steve; Trumbore, Susan .E. (2011): „Persistence of soil organic matter as an ecosystem property", Nature, vol 478. 49-56.

Schmidt, H.; Alterskjaer, K.; Bou Karam, D.; Boucher, O.; Jones, A.; Kristjánsson, J.E.; Niemeier, U.; Schulz, M.; Aaheim, A.; Benduhn, F.; Lawrence, M.; Timmreck, C. (2012): „Solar irradiance reduction to counteract radiative forcing from a quadrupling of CO_2: climate responses simulated by four earth system models", Earth Syst. Dynam., 3, 63–78, 2012.

Schnare, David W. (2007): „A Framework to Prevent the Catastrophic Effects of Global Warming using Solar Radiation Management (Geo-Engineering)", Supplement to Testimony Before the United States Senate Committee on Environment and Public Works, Washington, D.C..

Schnare, David W. (2008): „Climate Change and the Uncomfortable Middle Ground: The Geoengineering and ‚No Regrets' Policy Alternative", The Thomas Jefferson Institute for Public Policy.

Schneider, Linda (2021): „Umstrittenes Geoengineering-Experiment in Schweden verhindert", Blog „Klima der Gerechtigkeit", 7. April 2021, online: https://klima-der-gerechtigkeit.boellblog.org/2021/04/07/umstrittenes-geo-engineering-experiment-in-schweden-verhindert/ (abgerufen 2023-03-12)

Schultz, Alison; Senn, Magdalena (2023): „Greenwashing in Zeiten von Ukrainekrieg und Energiekrise", Finanzwende Recherche. Februar 2023.

Searchinger, Timothy; James, Oliver; Dumas, Patrice; Kastner, Thomas; Wirsenius, Stefan (2023): „Klimaschutz auf Kosten der Natur", in Spektrum der Wissenschaft 5.23, S. 50-56.

Seynsche, Monika (2014): „Warum Modelle keine Vorhersagen sind", Deutschlandfunk, 21.07.2021, online: https://www.deutschlandfunk.de/klima-wandel-warum-modelle-keine-vorhersagen-sind-100.html (abgerufen 2023-04-10)

Seitz, Russell (2011): „Bright water: Hydrosols, water conservation and climate change. Climatic Change", Climatic Change, volume 105, pages 365–381 (2011).

Servigne, Pablo; Stevens, Raphaël (2022): Wie alles zusammenbrechen kann. Handbuch der Kollapsologie, übersetzt von Lou Marin, Wien, Berlin: mandelbaum kritik & utopie.

Shell (2018): „Shell Scenarios, Sky, Meeting the goals of The Paris Aggreement", Shell International B.V..

Singer, S. Fred; Revelle, Roger; Starr; Chauncey (1992): „What to Do about Greenhouse Warning: Look Bevor You Leap", Cosmos: A Journal of Emerging Issues Vol. 5, No. 2, Summer 1992.

Smith, Lydia J.; Torn, Margaret S. (2013): „Ecological limits to terrestrial biological carbon dioxide removal", Climatic Change (2013) 118:89 – 103.

Smith, Pete; Davis, Steven J.; Creutzig, Felix; Fuss, Sabine et al. (2015): „Biophysical and economic limits to negative CO_2 emissions", nature climate change, 7 December 2015, 42-50.

Smith, Steven M.; Geden, Oliver, Nemet, Gregory F., Gidden, Matthew, Lamb, William F., Powis, Carter, Bellamy, Rob, et al. (2023). The State of Carbon Dioxide Removal – 1st Edition, Online: https://www.state-ofcdr.org (abgerufen 2023-03-04).

Smith, Wake; Wagner, Gernot (2018): „Stratospheric Aerosol Injection Tactics and Costs", Environ. Res. Lett. 13 (2018) 124001.

Smith, Wake; Henly, Claire (2021): „Updated and outdated reservations about research into stratospheric aerosol injection", Climatic Change (2021) 164: 39.

Smolker, Rachel (2020): „What Have we Learned about Biochar since Biofuelwatch 2011 Report was published?", Biofuelwatch – Biochar Update, January 2020.

Snider, Laura (2017): „New Approach to Geoengineering Simulations is Significant Step Forward", NCAR & UCAR News, online: https://news.ucar.edu/129835/new-approach-geoengineering-simulations-significant-step-forward (abgerufen 2023-04-03).

Spangenberg, Joachim H.; Polotzek, Lia (2019): „Like blending chalk and cheese – the impact of standard economics in IPCC senarios", real-world economics review, issue no. 87.

Spangenberg, Joachim H.; Neumann, Werner; Klöser, Heinz; Wittig, Stefan; Uhlenhaut, Tilman; Mertens, Martha; Günther, Edo; Valentin, Ingo; Große Ophoff; Markus (2020): Falsche Hoffnungen, vertane Chancen: Wie ökonomische Modelle die Vorschläge des IPCC im Special Report 15 „Global Warming of 1.5 °C" (2018) beeinträchtigen. Eine Analyse aus dem wissenschaftlichen Beirat des BUND. Bund für Umwelt und Naturschutz Deutschland/Friends of the Earth Germany, Berlin.

Specter, Michael (2012): „The Climate Fixers. Is there a technological solution to global warming?", The New Yorker May 14, 2012 Issue. Online: https://www.newyorker.com/magazine/2012/05/14/the-climate-fixers (abgerufen 2023-03-05)

Spektrum (2006): „Der Schwefelschirm", Spektrum.de, online: https://www.spektrum.de/kolumne/der-schwefelschirm (abgerufen 2023-04-25).

Spotts, Pete (2015): „Can ‚climate intervention' help fend off global warming?" Christian Science Monitor, 11 February 2015.

Steiner, Achim (2009): „Preface", in: Nellemann, Christian; Corcoran, Emily; Duarte, Carlos M.; Valdés, Luis, De Young, Cassandra; Fonseca, Luciano; Grimsditch, Gabriel (2009): „Blue Carbon: A Rapid Response Assessment", United Nations Environment Programme, GRID Arendal. S. 5.

Stephens, Jennie C.; Surprise, Kevin (2019): „The hidden injustices of advancing solar geoengineering research", in: Global Sustainability, Vol. 3: 1 – 6, online: https://www.cambridge.org/core/journals/global-sustainability/article/hidden-injustices-of-advancing-solar-geoengineering-research/F61C5DCBCA02E18F66CAC7E45CC76C57 (abgerufen 2023-03-10)

Stieler, Wolfgang (2009): „Grünes Licht für Meeresdüngung", heise online, online: https://www.heise.de/newsticker/meldung/Gruenes-Licht-fuer-Meeresduengung-202409.html (abgerufen 2023-03-18).

Stilgoe, Jack (2015): „Balloon debate", in: Experiment Earth. Responsible innovation in geoeingineering, London, New York: Routlegde. S. 1-20.

Stocker, Thomas F. (2013): „The Closing Door of Climate Targets", Science 339, 280 (2013); DOI: 10.1126/science.1232468.

Strefler, Jessica; Amann, Thorben; Bauer, Nico; Kriegler, Elmar; Hartmann, Jens (2018): „Potential and costs of carbon dioxide removal by enhanced weathering of rocks", Environ. Res. Lett. 13 (2018) 034010.

Strong, Aaron, Chisholm, Sallie; Miller, Charles; Cullen, John ()2009): „Ocean fertilization: time to move on", Nature 461, September 2009, 347-348.

Strunk, Guido (o.J.): Komplexitätsmanagement. Umgang mit komplexen Systemen, online: https://www.complexity-research.com/pdf/Seminare/01_Skript.pdf (abgerufen 2023-04-11).

Suarez, Pablo; van Aalst, Maarten K. (2016): „Geoengineering: a humanitarian concern", Earth's Future 5(2), December 2016.

Szerszynski, Bronislaw; Kearnes, Matthew; Macnathen, Phil: Owen, Richard; Stilgoe, Jack (2013): „Why solar radiation management geoengineering and democracy won't mix", Environment and Planning A 2013, volume 45, pages 2809 – 2816.

Táíwò, Olúfẹ́mi O. (2019): „Climate Colonialism and Large-Scale Land Acquisitations", G2G, online: https://www.c2g2.net/climate-colonialism-and-large-scale-land-acquisitions/ (abgerufen2023-02-24).

Target GmbH (2023): Klima-Aktionsplan Jena, Klimaneutralität bis 2023. (Hrsg.: Stadt Jena).

Taylor, Josh (2018) The Tiny Foundation That Got $443 Million To Save The Great Barrier Reef Asked A Mining Company To Vouch For It, 15. November 2018, online: https://www.buzzfeed.com/joshtaylor/the-great-barrier-reef-foundation-got-a-mining-company-to (abgerufen 2023-02-14).

Teichmann, Isabel (2014): „Klimaschutz durch Biokohle in der deutschen Landwirtschaft: Potentiale und Nutzen", DIW Wochenbericht, Vol. 1-2, 3-14.

Teller, Edward; Wood, Lowell; Hyde, Roderick (1997): Global Warming and Ice Ages: I. Prospects for Physis-Based Modulation of Global Change, (22nd International Seminar on Planetary Emergencies, Erice (Sicily), Italy, August 20-23, 1977), online: https://weathermodificationhistory.com/wmh/pdf/Teller_etal_LLNL231636_1997.pdf (abgerufen 2023-02-16).

Teller, Edward; Caldeira, K.; Canavan, G.; Govindasamy, B.; Grossmann, A.; Hyde, Roderick; Ishikawa, M.; Ledebuhr, A.; Leitz, C.; Molenkamp, C.; Nuckolls, J.; Wood, L. (1999): Long-Range Weather Prediction And Prevention of Climate Catastrophes: A Status Report. (24th International Seminar on Planetary Emergencies, Erice, Italy; August 19 – 24, 1999), online: https://weathermodificationhistory.com/wmh/pdf/Teller_etal_LLNL236324_1999.pdf (abgerufen 2023-02-16)

Teller, Edward; Hyde, Roderick; Wood, Lowell (2002): Active Climate Stabilization: Practical Physics-Based Approaches to Prevention of Climate Change, (National Academy of Engineering Symposium, Washington, D.C. April 23 – 24, 2002), online: https://weathermodificationhistory.com/wmh/pdf/Teller_etal_LLNL236324_1999.pdf (abgerufen 2023-02-16).

Tingley, Dustin; Wagner, Gernot (2017): „Solar geoengineering and the chemtrails conspiracy on social media", Palgrave Communications volume 3, Article number: 12 (2017), online: https://www.nature.com/articles/s41599-017-0014-3 (abgerufen 2023-02-20).

Toll, Velle; Christensen, Matthew; Quaas, Johannes; Bellouin, Nicolas (2019): „Weak average liquid-cloud-water response to anthropogenetic aerosols", Nature 572, 51-55.

Tollefson, Jeff (2012): „Geoengineering auf eigene Faust", Spektrum.de, online: https://www.spektrum.de/news/umwelt-geoengineering-auf-eigene-faust/1168722 (abgerufen 2023-03-18).

Tollefson, Jeff (2018): „IPCC says limiting global warming to 1.5 [degrees] will require drastic action", Nature Vol. 562, S. 172-173.

Trick, Charles G.; Bill, Brian D.; Cochlan, William P.; Wells, Mark L.; Trainer, Vera L.; Pickell, Lisa D. (2010): „Iron enrichment stimulates toxic diatom production in high-nitrate, low-chlorophyll areas", PNAS, Vol. 107, no. 13, 5887–5892.

Trisos, Christopher H.; Amatulli, Guiseppe; Gurevich, Jessica; Robock, Alan; Xia, Lili; Zambri, Brian (2018): „Potentially dangerous consequences for biodiversity of solar geoengineering implementation and termination", Nature Ecology & Evolution 2, 475-482.

Tsung-Hung, Peng; Broecker, Wallace S.; Östlund, H.G. (1992): „Dynamik Constraints on CO_2 Uptake by an Iron-Fertilized Antarctic", Modeling the Earth System 77.

Turney, Jon (2010): „Whole Earth Discipline: An Ecopragmatist Manifesto by Steward Brand", The Guardian, online: https://www.theguardian.com/books/2010/jan/09/whole-earth-catalog-book-review (abgerufen 2023-04-08).

UBA (Umweltbundesamt) (2011): Geo-Engineering – wirksamer Klimaschutz oder Größenwahn?, online: https://www.umweltbundesamt.de/sites/default/files/medien/publikation/long/4125.pdf (abgerufen 2023-03-05)

UBA (Umweltbundesamt) (2020): Die Treibhausgase, online: https://www.umweltbundesamt.de/themen/klima-energie/klimaschutz-energiepolitik-in-deutschland/treibhausgas-emissionen/die-treibhausgase (abgerufen 2023-04-02).

UBA (Umweltbundesamt) (2022): Berichterstattung unter der Klimarahmen-konvention der Vereinten Nationen und dem Kyoto-Protokoll 2022. Nationaler Inventarbericht zum Deutschen Treibhausgasinventar 1990-2020.

US-Senat (1972): Hearings before the Subcommittee on Oceans and International Environment of the Committee on Foreign Relations United States Senate, U.S. Government Printing Office Washington D.C..

Van Nostrand (2011): Making Climate Change Mitigation Profitable, online: https://energy.law.wvu.edu/energy-forward-blog/2011/10/11/making-climate-change-mitigation-profitable (abgerufen 2023-03-28)

Vaughan, Naomi; Lenton, Timothy (2011): „A review of climate geoengineering proposals", Climate Change 109 (3-4), S. 745-790.

VDI 3780:2000-09 (2000): „Technikbewertung – Begriffe und Grundlage", VDI-Richtlinie.

Vereinte Nationen (2015): „Übereinkommen von Paris", Amtsblatt der Europäischen Union, 19.10. 2016 (dt. Übersetzung), online: https://eur-lex.europa.eu/legal-content/DE/TXT/?uri=CELEX:22016A1019(01) (abgerufen 2023-02-11)

Vergano, Dan (2016): „Trump Transition Lawyer Has Spent Years Suing For Climate Emails", Buzzfeed. News, Dez 13, 2016, online: https://www.buzzfeednews.com/article/danvergano/trump-transition-lawyer-has-spent-years-suing-for-climate-em#.qkyaK1MPR2 (abgerufen 2023-03-30).

Vernadsky, Vladimir (1938/2012): The Transition From the Biosphere To the Noösphere. Excerpts from Scientific Though as a Planetary Phenomen. In: 21st Century Science & Technology, Spring-Summer 2012, S. 16-31

Vidal, John (2012): „Bill Gates backs climate scientists lobbying for large-scale geoengineering", The Guardian 6 Feb. 2012, online: https://www.theguardian.com/environment/2012/feb/06/bill-gates-climate-scientists-geo-engineering (abgerufen 2023-03-14)

Vinke, Kira (2022): Sturmnomaden, Wie der Klimawandel uns Menschen die Heimat raubt, München, dtv.

Von Schomberg, René (2005): „Die normativen Dimensionen des Vorsorge-prinzips", in: Risikoregulierung bei unsicherem Wissen: Diskurse und Lösungsansätze, hrsg. TAB (Büro für Technikfolgen-Abschätzung beim Deutschen Bundestag), S. 91-118.

Wagner, Gernot (2023): Und wenn wir einfach die Sonne verdunkeln? München: Oekom Verlag.

Watson, Matt (2011): „Testbed news", The reluctant geoengineer, 16 May 2011, Online: http://thereluctantgeoengineer.blogspot.com/2012/05/ (abgerufen 2023-03-05)

Watzlawick, Paul (2002): Die Möglichkeit des Andersseins. Zur Technik der therapeutischen Kommunikation. Bern u.a.: Verlag Hans Huber.

Waycott, Michelle; Duarte, Carlos M.; Carruthers, Tim J.B. et al. (2009): „Accelerating Loss of Seagrasses across the Globe Threatens Coastal Ecosystems", Proceedings oft he National Academy of Sciences of the United States of America 106, Nr. 30, 12377-12381.

Welch, Charles (2012): „Ozone Hole 1991", The Ozone Hole Inc., online: http://web.archive.org/web/20170408060014/https://theozonehole.com/ozone1991.htm (abgerufen 2023-02-17).

White House (1965): Restoring the Quality of Our Environment. Report of The Environmental Pollution Panel President's Science Advisory Committee, November 1965.

Wikipedia: „Ethik", Wikipedia, online: https://de.wikipedia.org/wiki/Ethik (abgerufen 2023-04-03).

Wikipedia: „Yuri Izrael", Wikipedia, online: https://en.wikipedia.org/wiki/Yuri_Izrael (abgerufen 2023-03-10)

Wikipedia: „Politik", Wikipedia, online: https://de.wikipedia.org/wiki/Politik (abgerufen 2023-04-02).

Winner, Langdon (1980): „Do artifacts have politics?" Daedalus 109(1) 121–136.

Woolf, Dominic; Amonette, James E.; Street-Perrott; F. Alayne; Lehmann, Johannes; Joseph, Stephen (2010): „Sustainable biochar to mitigate global climate change", Nat. Commun. 1:56.

Zakaria, Fareed (2009): „Solving global Warming with Nathan Myhrvold", CNN-Transcripts, December 20, 2009, online: https://transcripts.cnn.com/show/fzgps/date/2009-12-20/segment/01 (abgerufen 2023-03-26)

Zimov, Sergey A. (2005): „Pleistocene Park: Return of the Mammoth's Ecosystem". Science. 308 (5723): 796–798.

Zundel, Trudi (2017): „Trump Administration – A Geoengineering Administration?", etc Group-Blog, 2017-03-28, online: https://www.etcgroup.org/content/trump-administration-geoengineering-administration (abgerufen 2023-03-30).

Zurn, Michael; Schäfer, Stefan (2013): „The Paradox of Climate Engineering", Global Policy (2013).

Anmerkungen

1   Zitat von Kathrin Hartmann (2018). Ich nehme diese Redewendung dankbar auf.
2   Siehe auch Schlemm 2022a und Nebelung, Schlemm 2023.
3   Benford 1997
4   Schlemm 2013, Schlemm 2021.
5   „Die Traumlaterne scheint bei abstrakten Utopisten in einen leeren Raum, das Gegebene hat sich der Idee zu fügen. Ungeschichtlich und undialektisch, abstrakt und statisch wurden derart die konstruktiven Wunschbilder an eine Wirklichkeit herangebracht, die wenig oder nichts von ihnen wußte." (Bloch 1985: 675)
6   Bloch 1976: 115.
7   AR6 WGIII SPM-9. Die IPCC-Berichte werden zitiert wie folgt: ARx WGn: … AR bedeutet Sachstandsbericht (AR: Assessment Report) mit der Nummer x, WG die Arbeitsgruppe (WG: Workinggroup) mit der Nummer n= I … III. Der jeweilige Syntheseberichte wird mit „Syn" angezeigt. Das Kürzel SPM verweist auf die Zusammenfassung für Entscheidungsträger (SPM: Summary for Policymakers). Das Kürzel SR statt AR verweist auf einen Sonderbericht (SR: Special Report).
8   isw-report 129, 2022: 20.
9   „Der Abbau von Teersanden gehört zu den schmutzigsten und umweltschädlichsten Formen der Gewinnung fossiler Brennstoffe." (ebd.)
10 Jay, Ribeiro 2020.
11 Zur Unterscheidung von „Technik" und „Technologien": Ich folge hier der Begriffsbestimmung des Begründers der „Technologie" als eigenständiger Wissenschaft, Johann Beckmann (1777), indem ich den Sachverhalt als „Technik" bezeichne und die *Wissenschaft darüber* als „Techno*logie*".
12 Ebd., vgl. auch CIEL 2019: 25.
13 Spektrum 2006.
14 Die widersprechenden typischen Handlungsoptionen zeigen sich hier in den Handlungen einer Person. Dies soll die typischen Handlungsoptionen aufzeigen, keinesfalls ist das gesamte Problem dem Handeln

einzelner Personen zuzuschreiben.

15 AR6 WGIII SPM-38.

16 Ebd.

17 Ebd.: 56. In den Modellen der Klimaforschenden, die mehr und mehr auch wirtschaftliche Faktoren einberechnen, fehlt aus ideologischen Gründen allerdings die mögliche Option, auf ein weiteres Wirtschaftswachstum zu verzichten (Kuhnhenn 2018).

18 Dixxon-Decléve u. a. 2022: 9.

19 Hier fehlt die Forderung nach einem Ende des Klassenverhältnisses, also der Ausbeutung (die bloß nicht mehr ein so großes Ausmaß annehmen soll) und erst recht des Monopols über die Entscheidungen über (Re-)Produktionsziele auf Seiten der Kapitalistenklasse. Dabei drücken sich diese Kernverhältnisse auch in Fragen von Armut und Vermögensungleichheit aus, was ihre Bedeutung verdeutlicht.

20 DOE 2023a, vgl. DOE 2023b.

21 DOE 2023a.

22 Teller, Hyde, Wood 2002: 1.

23 Das Paläozän/Eozän-Temperaturmaximum (PETM) vor ca. 56 Millionen Jahren war dagegen schon durch klimawirksame

Ausgasungen verursacht worden.

24 Teller und Co. leugnen nicht wirklich die durch CO_2-Emissionen hervorgerufene global durchschnittliche Temperaturerhöhung, auch nicht, dass sie durch Menschen verursacht wird. Sie leugnen stattdessen die negativen Wirkungen und preisen sogar die erhöhte Bioproduktivität bei erhöhten CO_2-Werten.

287

25 Fred Singer, der 2020 starb, blieb bei dieser Meinung und gehörte auch zu jenen, die gezielt Zweifel am menschengemachten Klimawandel streuten. Vor den 90ern hatte er auch zu jenen gehört, die die gesundheitlichen Gefahren des Rauchens und das Ozonloch leugneten.

26 Singer u. a. 1992.

27 Dies bezieht sich auf die abschattende Wirkung von Jalousien.

28 Ebd.: 8.

29 Committee on Science, Space, and Technology 2017: 14.

30 Collomb 2019: 5.

31 AR5 WGI: 1454, vgl. Schäfer u. a. 2015: 21, kursiv AS.

32 Der Begriff „Geoengineering" wurde 1977 von Cesare Marchetti (Marchetti 1977) geprägt.

Die sprachlichen Wurzeln liegen im griechischen „geo" für „Erde" und dem Ingenieurswesen. Genau genommen ist das Climate Engineering eine Form des Geoengineerings, das sich speziell auf das Klima richtet („Climate Geoengineering", was ich aber zu lang finde). Geoengineering wird vom IPCC definiert als der gezielte, groß angelegte Eingriff in das System Erde, um unerwünschten Auswirkungen des Klimawandels auf den Planeten entgegenzuwirken (AR5 WGI: 98). Die US-amerikanische *National Academy of Sciences* definiert Geoengineering ebenfalls als „Optionen, die in großem Maßstab in unsere Umwelt eingreifen, um die Auswirkungen von Veränderungen in der Atmosphärenchemie zu bekämpfen." (NAS 1992: 433) Eine sehr weitgefaßte Definition findet sich auch hier: „,Geoengineering' beschreibt, wie die Systeme der Erde durch technische Lösungen beeinflusst werden können." (Pablos 2009) Zu dieser Begriffsbestimmung gehört vor allem, dass die Umweltveränderung der Zweck der Intervention ist (und nicht bloß ein Nebeneffekt) und dass diese eine kontinentales bis globales Ausmaß hat (Keith 2000: 247). Für die Wetter- und Klimaveränderungsansätze seit den 1940er-Jahren gibt es derartige Bemühungen; bei den neueren Climate-Engineering-Konzepten kommt noch hinzu, dass sie sich speziell gegen die Folgen des anthropogenen Klimawandels richten (Keith 2000: 250). Sehr verwandt mit dem Geoengineering sind auch Terraforming-Überlegungen, die sich eher auf die Umwandlung anderer Planeten richten (ebd.: 253 ff.).

33 DFG 2012: 2. Ich verwende deshalb konsequent den Begriff „Climate Engineering" und verweise auf die entsprechende Bedeutung, wo in Zitaten von anderen „Geoengineering" verwendet wird. (vgl. auch die Begriffsverwendung in: Deutscher Bundestag 2012: 2, Frage 2; Deutscher Bundestag 2014: 32-33, DFG 2019: 24).

34 Spotts 2015, NOAA 2021, Pierrehumbert 2017, Wanser in Hodor-Lee 2021.

35 Reichle, Houghton u. a. 1999.

36 Koalitionsausschuss 2023: 3.

37 Es mag nervig sein, so viele Literaturquellen vorzufinden, aber

ich möchte es allen ermöglichen, die entsprechenden Quellen selbst zu lesen und damit zu arbeiten.

38 Debatten um die technische Möglichkeit, Kohlendioxid abzuscheiden und sicher zu speichern (CCS, s. u.), beinhalten z. B. immer auch eine Debatte darüber, ob diese Technik z. B. dazu dienen soll, weiter Kohle (nun mit CCS) nutzen zu können oder um der Kohle zumindest die Funktion einer „Brückentechnologie" geben zu können oder ob der Grundsatz „CO_2-Vermeidung vor CO_2-Abscheidung" gilt (vgl. BMWK 2022: 22), was in die Forderung „Keine CO_2-Abscheidung" münden kann. All diese unterschiedlichen Positionen werten Kosten- oder Risikofragen unterschiedlich.

39 Ich nenne das, was mit dem Klima in den nächsten Jahrzehnten geschieht, weder bloß *Klimawandel* noch *Klimakrise*, sondern markiere die Sprunghaftigkeit der qualitativen Veränderungen im Klimageschehen mit dem Wort *Klima-Umbruch*.

40 Siehe https://kurzelinks.de/Sorry.

41 Siehe https://kurzelinks.de/Knick.

42 AR6 WGIII: SPM-4.

43 „Nach 1000 Jahren sind davon noch etwa 15 bis 40 Prozent in der Atmosphäre übrig. Der gesamte Abbau dauert jedoch mehrere hunderttausend Jahre." (UBA 2020)

44 AR6 WGI: SPM-37.

45 Ähnlich in Millar u. a. 2017.

46 Kleist 1964: 98.

47 Stocker 2013, siehe Schlemm 2017 mit der Abbildung: https://kurzelinks.de/Stocker.

48 Ebd..

49 dpa 2023.

50 Vgl. Servigne, Stevens 2022: 272.

51 Höhne u. a. 2019.

52 Albedo: Rückstrahlkraft, welche die Reflexion von Sonnenstrahlung durch reflektierende Materialien oder weiße/helle Farbe ermöglicht, bevor die Strahlung absorbiert werden kann, was zu einer Erwärmung führen würde.

53 Granger Morgan 2008: 36.

54 Goldenberg 2016.

55 Morgan u. a. 2013.

56 ARTE 2022.

57 Moosbrugger 2014.

58 Tollefson 2018.

59 SR1.5 SPM: 19.

60 „Giga" vor einer Maßzahl bedeutet eine Milliarde. Bei den Werten für Kohlenstoff/Kohlendioxid ist zu unterscheiden,

was gemeint ist: Kohlenstoff oder Kohlendioxid. Eine Tonne Kohlenstoff (C) entspricht 3,67 Tonnen CO2.

61 Die Autoren eines Beitrags über „Advanced Technologies…" (dt. „verbesserte Technologien"), darunter der Science-Fiction-Autor Gregory Benford in seiner Funktion als Universitätsprofessor, gehen davon aus, dass sich auch bei Erfolgen bei der Steigerung der Energieeffizienz der Energiebedarf der Menschheit vervielfachen wird! (Hoffert u. a. 2002: 981)

62 Vgl. Jauch 2021. Allerdings längst nicht bei allen. Bill Gates etwa investiert mit seiner Stiftung in die Entwicklung von Kernkraftwerken der sog. vierten Generation, die „noch als schwer beherrschbar" gelten. (Oberzig 2020)

63 Siehe zur wissenschaftlichen Grundlage Rogelj u. a. 2015: „Großflächige Anwendung von BECCS oder alternativen CDR-Technologien in der zweiten Hälfte des einundzwanzigsten Jahrhunderts scheint für 1,5 °C-Szenarien unerlässlich, da sich die Temperaturen in solchen Szenarien nicht nur stabilisieren, sondern auch einen

Höchststand erreichen und zurückgehen müssen." (ebd.: 524)

64 Der Geschäftsführer des ExxonMobil-Konzerns, Rex Tillerson, sah in der Anpassung kein großes Problem: „Unser Plan B beruhte schon immer auf unserer Überzeugung, dass wir die Technologie und die technischen Lösungen weiterentwickeln müssen, um auf die Folgen der Veränderungen des Klimasystems zu reagieren, sei es in Form eines Anstiegs des Meeresspiegels, dem man unserer Meinung nach durch verschiedene technische Anpassungen in den Küstengebieten begegnen kann, oder in Form einer veränderten landwirtschaftlichen Produktion aufgrund veränderter Wettermuster, die durch den Klimawandel bedingt sein können oder auch nicht." (zit. nach Mooney 2016) Nicht zu überlesen: der weiter verfochtene Zweifel daran, dass die Veränderung der Wettermuster vom Klimawandel bedingt sind.

65 Das sind die drei dort aufgeführten Szenarien, in denen 1,5 Grad noch geschafft oder nach einem zeitweisen „Überschießen" wenigstens im Jahr 2100 wieder erreicht werden bzw.

wenn wir zwar über 1,5 Grad, aber doch „deutlich unter 2 Grad" bleiben.

66   AR6 WGIII: 3-75.

67   EASAC 2018.

68   Ken Caldeira in: Biello 2010.

69   Abgekürzt CDR, meint Maßnahmen zur Abscheidung von CO2 aus der Luft und dessen Speicherung in Kohlenstoffsenken.

70   Minx 2023.

71   Ich bezeichne die Minderung der Treibhausgasemissionen als Plan A, Climate-Engineering-Maßnahmen als Plan B und die sowieso notwendigen Anpassungsmaßnahmen als Plan C. Plan A und Plan C sind schon systematisch in den IPCC-Berichten enthalten.

72   Crutzen 2006.

73   Deutscher Bundestag 2014: 199.

74   Rickels u. a. 2011.

75   Deutscher Bundestag 2012, 2014, 2020, 2022. Von vornherein kritischer ist die Position des Umweltbundesamts (UBA 2011).

76   Rickels u. a. 2012: iii.

77   NGO: Nichtregierungsorganisation

78   ETC Group u. a. 2018: 39.

79   Ebd..

80   Vgl. Schlemm 2020.

81   AR3 Syn: 328. Zur Erwähnung von Geoengineering in früheren Umwelt-Reports und IPCC-Berichten siehe Keith 2000: 254 ff.

82   Ebd.: 322.

83   Dieser Bericht wurde noch erarbeitet und fertig gestellt, bevor der „Dammbruch" durch die Veröffentlichung von Paul J. Crutzen einsetzte.

84   AR4 WG III SPM: 15.

85   Unter anderem Russland hatte gefordert, Geoengineering als „mögliche Lösung dieses [Klimawandel]Problems [...] zur Stabilisierung des gegenwärtigen Klimas" (nach Lukacs u. a. 2013) zu betrachten. Hier wird das nicht nur als Notfallplan betrachtet, sondern es ist ein Beispiel für den Versuch, Climate Engineering als „normale" Lösung des Klimaproblems zu betrachten.

86   2006 fand an der Carnegie Institution ein Workshop statt, bei dem der Begriff „Solar Radiation Management" zum ersten Mal verwendet wurde: „Der Begriff wurde mit der Absicht eingeführt, so bürokratisch wie möglich zu klingen und so das Treffen von NASA-Bürokraten genehmigen zu lassen, die für mögliche Kontroversen im Zusammenhang mit dem Begriff

‚Geo-Engineering' sensibilisiert waren." (Caldeira, Bala 2017: 11, vgl. Wagner 2023: 89)

87 AR 5 WGI: 552.

88 AR 5 WGIII: 488.

89 Ebd., 114.

90 Ebd.: 125.

91 Hanssen, Anshelm 2015: 2.

92 Bundesregierung 2012: 14.

93 Caviezel, Revermann 2014: 218.

94 ETC Group u. a. 2018: 7.

95 Hansson, Anshelm 2015: 2.

96 Ebd..

97 Vereinte Nationen 2015, Artikel 2.

98 nach Nguyen 2018: 30.

99 IPCC SR 1.5 SPM.

100 Deutscher Bundestag 2022: 17.

101 SRU: Sachverständigenrat für Umweltfragen, aus dessen Stellungnahme diese Drucksache erarbeitet wurde.

102 Ebd., 18.

103 IPCC SR1.5 SPM: 22.

104 Schultz, Senn 2023: 3-

105 Myhrvold 2012.

106 AR5 WGI: 98. Damit kann man das lange unbewusst vorgenommene globale „Experiment", die Atmosphäre mit mehr Treibhausgasen zu fluten, als natürlicherweise vorkommen würden, nicht als „Climate Engineering" bezeichnen.

107 Das Klima „wandelt" sich nicht nur in kontinuierlicher Weise, sondern das gesamte Klimasystem rutscht aus den sich selbst stabilisierenden Regulierungsmechanismen, die das Klima fast 11 000 Jahre recht stabil hielten, heraus. Es findet eher ein „Klima-Umbruch" statt. Hier verwende ich trotzdem vorwiegend die Bezeichnung „Klimawandel", meine damit aber vor allem die Gefahr diskontinuierlicher Umbrüche in atmosphärischen und Biosystemen.

108 Kleine Wellenlängen sind physikalisch mit einer hohen Frequenz der Strahlung verbunden, und diese ist direkt proportional zur Energie.

109 Ausführlich dazu siehe Schlemm 2019.

110 In Jena erlebten wir gerade, dass der erarbeitete „Klima-Aktionsplan" von vielen Vertretern im Stadtrat blockiert wurde, obwohl der Klimanotstand ausgerufen wurde. Nachtrag wenig später: Letztlich wurde er doch beschlossen.

111 AR5 WG I: 1462.

112 Die Wellenlänge von sog. kurzwelliger Sonnenstrahlung ist kleiner als 3 Mikrometer.

113 AR5 WGI: 1449.

114 Ebd., 546.

115 Die IPCC-Berichte liefern an den entsprechenden Stellen auch die Informationen über die maßgeblichen Quellen. Differenzen in zitierten Seitenzahlen zu aktuellen Reportversionen können deshalb entstehen, weil die endgültigen Versionen häufig erst nach den zuerst veröffentlichten Versionen zur Verfügung stehen. Trotzdem versuche ich, die Stellen zu verorten, weil ich es als ungeeignet ansehe, bei Quellen aus den IPCC-Berichten wie üblich nur den Bericht mit seinen mitunter mehreren hundert oder tausend Seiten als Literaturangabe anzugeben.

116 Dieses Verhalten von Strahlung wird in der Physik mit dem Wienschen Verschiebungsgesetz erfasst.

117 Die von der Erde abgestrahlten Wellenlängen liegen ungefähr zwischen 8 und 14 Mikrometern, im sogenannten „Infraroten", auch als Wärmestrahlung benannt und fühlbar.

118 K Kelvin: die in der Physik üblicherweise verwendete Maßeinheit für die Temperatur, die gegenüber der Celsius-Skala um –273,15 K verschoben ist.

119 Letsen 2000: 20. Es wird auch gesagt, die Strahlung habe mehr

Entropie. Entropie ist dabei ein „Maß dafür, wie Energie auf der Ebene der Atome und Moleküle verteilt ist" (Kleidon 2023: 425).

120 Blackstock, Battisti u. a. 2009: 8.

121 Pierrehumbert 2017.

122 Bei einer der weiter unten erläuterten Methoden, der Manipulation der langwelligen Rückstrahlung von der Erde (CCT), wird nicht direkt die Sonnenstrahlung beeinflusst, deshalb ist sie eher als Strahlungsmanagement (RM) zu bezeichnen.

123 Siehe z. B.: https://kurzelinks.de/Strahlungsbilanz.

124 Benford 1997.

125 NAS 1992: 447.

126 Bala 2009: 43.

127 Teller, Hyde, Wood 2002: 6.

128 Vaughan, Lenton 2011: 762.

129 Zum Ausgleich der steigenden Treibhausgasemissionen.

130 Deutscher Bundestag 2014: 69.

131 Keith u. a. 2020.

132 NAS 1992: 448.

133 Ebd.

134 Teller, Wood, Hyde 1997: 10-11.

135 White House 1965: 127.

136 Keith u. a. 2020.

137 Ebd.

138 Ebd.

139 Vgl. ABFT 2014: 69.

140 Keith u. a. 2020.

141 Bereits 1784 hatte Benjamin Franklin einen Zusammenhang zwischen harten Wintern, Sommernebeln und Vulkanausbrüchen vermutet (Franklin, zit. in: Payne 2010: 2). Die spektakuläre Eruption des Vulkans Tonga im Jahr 2022 warf übrigens keine ausreichende Menge an Schwefeldioxid aus, um eine kühlende Wirkung auf das Klima zu haben (Lucht 2022, vgl. Lorenzen 2022).

142 Lovelock, zitiert in Levitt, Dubner 2009: 93.

143 Blackstock, Battisti u. a. 2009: 30.

144 Budyko 1977.

145 Teller, Hyde, Wood 2002: 5.

146 Vgl. Deutscher Bundestag 2014: 36.

147 Z. B. Chang u. a. 1991.

148 In Beaz 2010.

149 Crutzen 2002.

150 Genau genommen „reflektieren" die Aerosol-Teilchen die Strahlung nicht nur, sondern sie „streuen" sie, denn die Strahlung geht durch sie hindurch. Ein Teil des Lichts wird dabei von seiner geradlinigen Bahn abgelenkt. Bei der Rayleigh-Streuung müssen die Teilchen kleiner als die Wellenlänge der Strahlung sein, und die kurzwellige Strahlung wird dann stärker gestreut als die langwellige; das ist auch die Ursache dafür, dass der Himmel blau aussieht. Wenn die Teilchen ungefähr der Wellenlänge entsprechen, gilt die Theorie von Gustav Mie.

151 AR6 WGII: 2475.

152 Diese Technologien haben nichts zu tun mit dem, was in den Chemtrail-Verschwörungstheorien diskutiert wird, obwohl „etwa 60 Prozent des Diskurses auf Social Media zum Thema Geoengineering […] von Verschwörungstheorien geprägt" ist (Wagner 2023: 77; Tingley, Wagner 2017).

153 „geschichtet" – aus dem Englischen: „stratified", die Bezeichnung kommt von lateinischen stratum: „Decke".

154 Goodell 2006b.

155 Deutscher Bundestag 2014: 153.

156 AR6 WGI: 624.

157 Photophoresische Kräfte entstehen, wenn auf Festkörper (z. B. Staubteilchen) in einem dünnen Gas ein Strahlungsdruck wirkt. Dadurch entsteht ein Temperaturunterschied zwischen dem Partikel und dem ihn umgebenden Gas. Zusätzlich wirken in der Atmosphäre Gravitationskräfte. Geeignet gestaltete Objekte wie kleine Scheibchen

können durch diese Kräfte „zum Schweben" gebracht werden.

158 Keith 2010.

159 Ebd., vgl. Keith 2013: 105 f..

160 NAS 1992: 451 ff., 817 f., Chang u. a. 1991.

161 Smith, Wagner 2018.

162 Kolbert 2021: 198.

163 Lewitt, Dubner 2009: 101-102.

164 IV 2009.

165 Levitt, Dubner 2009: 100.

166 Im Bereich des solaren Strahlungsmanagements legt er Wert darauf, dass die Forschung und mögliche Anwendung nicht durch wirtschaftliche Interessen getragen werden sollten, für die Kohlendioxidentfernung mit Direktenfernung (DAC, siehe unten) betreibt er selbst ein Unternehmen.

167 Keith 2013: 7.

168 Smith, Henly 2021: 39.

169 NAS 1992: 450, vgl. auch Blackstock, Battisti u. a. 2009: 13. Dies geschieht vor allem dadurch, dass die Aerosole die Menge der Stickoxide reduzieren, die in der Stratosphäre Chlorine binden, die als Katalysatoren der Ozonzerstörung wirken. (Keith 2013: 69) Beim Ausbruch des Pinatubo, der als Beispiel für das „natürliche" Vorkommen des gewünschten Effekts verwendet wird, musste ein Rückgang des Ozongehalts in der Atmosphäre um ein Drittel festgestellt werden.

170 AR6 WGI: 769.

171 Welch 2012.

172 Irving 2021.

173 Ricke u. a. 2008.

174 Blackstock, Battisti u. a. 2009: 10.

175 AR6 WGI: 104; vgl. Caldeira in Biello 2010.

176 AR6 WGII: 2477.

177 Geoengineering Monitor SAI. Das Ausmaß der möglichen nicht erwünschten Auswirkungen hängt oft mit dem Ausmaß der Intervention zusammen. Deshalb muss unterschieden werden zwischen manchen Computersimulationen, bei denen eine Verdopplung der CO_2-Emissionen durch SRM kompensiert werden soll, und z. B. jenen, bei denen nur die Hälfte der Emissionen kompensiert werden soll (weil angenommen wird, dass die andere Hälfte durch Emissionsreduktionen „gespart" werden muss). (vgl. Keith 2013: 54)

178 AR6 WGI: 104.

179 Der Strahlungsantrieb ist „ein Maß für den Einfluss, den ein Prozess [...] auf die Änderung des Gleichgewichts von einfal-

lender und abgehender Energie im System Erdoberfläche/Atmosphäre hat." (UBA 2011: 12)

180 Shortwave Climate Engineering (SWCE): Climate Engineering mit Manipulation der kurzwelligen Sonnenstrahlung

181 Blackstock, Battisti 2009: 15.

182 AR6 WGII: 2475.

183 AR6 WGII: 2475.

184 AR6 WGI: 769.

185 Rosen 2020.

186 Blackstock, Battisti u. a. 2009: 28.

187 Rosen 2020.

188 Niemeier u. a. 2011.

189 AR6 WGI: 768.

190 Ebd..

191 AR6 WGII: 2477.

192 AR6 WGI: 768.

193 Ebd..

194 AR6 WGII: 2477.

195 ABFT 2014: 71.

196 Robock 2008: 15.

197 AR6 WGI: 768.

198 AR6 WGII: 2477.

199 AR5 WGI: 631, 634, AR6 WGI: 104, AR6 WGI: 768.

200 AR6 WGII: 2477.

201 AR6 WGI: 769.

202 Andere Möglichkeiten eines Abbruchs sind gegeben, „wenn die SRM-Kühlung unter einem bestimmten Schwellenwert bleibt", wenn sie „langsam wieder heruntergefahren wird" oder wenn der Abbruch „mit dem großflächigen Einsatz von Kohlendioxidspeicherung zusammenfällt" (Reynolds u. a. 2016: 563).

203 Ebd.: 217.

204 Stephens, Surprise 2019.

205 Eine lineare Reihenfolge der Forschungsphasen Forschung zu Anwendung gibt es rein faktisch so gut wie nie (Keith 2013: 79 f.).

206 Gramelsberger 2010: 172 f..

207 Keith 2013: 83 f..

208 Kravitz u. a. 2011.

209 Keller et al. 2018.

210 Stephens, Surprise 2019.

211 Smith, Henly 2021: 39.

212 Wagner 2023: 153.

213 Ebd..

214 Blackstock, Battisti u. a. 2009: 24.

215 Izrael u. a. 2009.

216 Ebd.: 272.

217 Mooney 2009, siehe auch Wikipedia: Yuri Izrael.

218 Wagner 2023: 153.

219 Keith 2013: 61 f..

220 Vgl. Rickels u. a. 2011: 151.

221 Goodell 2010.

222 ETC Group u. a. 2018: 52.

223 Caldeira, Bala 2017: 14.

224 Blackstock, Battisti u. a. 2009: 24.

225 Smith, Henly 2021: 38 f..

226 ETC Group u. a. 2018: 27.

227 Ebd..

228 Stratospheric Particle Injection for Climate Engineering, dt.: Stratosphärische Partikelinjektion für das Klima-Engineering.

229 Pidgeon 2013: 542.

230 Ebd..

231 Ebd..

232 Stilgoe 2015: 2.

233 Ebd.: 13; vgl. Owen 2014.

234 Stratospheric controlled Perturbation Experiment: Stratosphärisches kontrolliertes Störexperiment.

235 Wagner 2023: 92.

236 Keith, Wagner 2017, vgl. Dykema u. a. 2014: 15.

237 Dykema u. a. 2014: 17.

238 Pierrehumbert 2017.

239 Abibiman Foundation u. a. 2019.

240 Dykema u. a. 2014: 1.

241 Dykema u. a. 2014: 15.

242 Keith, Wagner 2017.

243 Abgeleitet von „Goldfinger", dem Namen eines exzentrischen Milliardärs und des Bösewichts im gleichnamigen James-Bond-Film.

244 Pierrehumbert 2017.

245 Abibiman Foundation u. a. 2019.

246 Ebd..

247 Ebd..

248 Rickels u. a. 2011: 153.

249 Ebd..

250 Schneider 2021.

251 Böck 2021.

252 Henriksen u. a. 2021.

253 Goode u. a. 2021.

254 Possner nach Lorenz-Meyer 2021: 14.

255 Seitz 2011, [in Klammer ergänzt durch AS].

256 AR6 WGI: 624.

257 Benford 1997.

258 Osterhage 2016: 14.

259 AR6 WGII: 2475.

260 DFG 2019: 40.

261 ABFT 2014: 75 f..

262 Gaskill, Reese 2003, Gaskill 2004.

263 Marshall 2010.

264 AR6 WGII: 2475.

265 Bala, Nag 2012: 1540.

266 Seitz 2011.

267 AR6 WGII: 2475.

268 DFG 2019: 40.

269 AR6 WGII: 2475.

270 Lorenz-Meyer 2021: 13.

271 Genaue Übersetzung: „Wolken säen", auf dt. auch oft „Wolken-Impfen" genannt.

272 Lee 2021. Vgl. Fleming 2010.

273 Goode u. a. 2021.

274 Lorenz-Meyer 2021.

275 Die gesamte Seeschifffahrtsflotte besteht aus über 50 000 Schiffen. (Possner u. a. 2018: 17476)

276 Der Effekt, bei dem sich durch das Einbringen von Aerosolen mehr und kleinere Wassertröpf-

chen bilden, wird auch Two-mey-Effekt genannt. Es gibt noch zusätzliche „kühlende" Effekte.

277 Lohmann 2006, Diamond u. a. 2020.

278 AR6 WGI: 62; AR6 WGII: 2475.

279 Latham 2012.

280 gemeinsam mit Latham, Salter et al. 2008.

281 Salter u. a. 2008: 4004.

282 Fund for Innovative Climate and Energy Research; dt.: Fonds für innovative Klima- und Energieforschung.

283 Z. B. ETC Group 2010.

284 ETC Group u. a. 2018: 29.

285 Latham u. a. 2012.

286 Dt.: Ostpazifisches Experiment zu emittierten Aerosolwolken.

287 Russell 2012.

288 Ebd.: 23.

289 Ebd., vgl. Deutscher Bundestag 2014: 74.

290 Ebd.: 26.

291 Ebd.

292 Dt.: Ozean-Wolke-Atmosphäre-Land-Studie Regionales Experiment.

293 Possner u. a. 2018.

294 Toll u. a. 2019: 51.

295 Das Projekt „Cloud and Sky Brightening Development" (dt. Entwicklung der Wolken und Himmelsaufhellung) ist norma-

ler Bestandteil der Projektliste der *Great Barrier Reef Foundation* (2022).

296 AR6 WGI: 624.

297 Friends of the Earth Australia 2019.

298 AR6 WGI: 624.

299 Rosen 2020.

300 AR6 WGII: 2475.

301 AR6 WGI: 769.

302 Salter u. a. 2008.

303 Ebd.: 4004.

304 Keith 2013: 115.

305 Salter, Gadian 2013: 2, vgl. Salter 2008: 4004.

306 Jones u. a. 2019: 1.

307 siehe z. B. *Friends of the Earth Australia* 2020.

308 Rickels u. a. 2011: 154.

309 Genau genommen finden immer beide Prozesse statt: die Absorption kurzwelliger Strahlung von der Sonne und die Emission von langwelliger Strahlung von der Erde weg. Hier, bei CCT, soll ein Ungleichgewicht zugunsten der langwelligen Strahlung, die Wärme weg von der Erdoberfläche transportiert, erreicht werden.

310 Lee 2021.

311 Tagsüber reflektieren sie auch Sonnenlicht. Für einen erdkühlenden Effekt sollte es am Tage mehr und in der Nacht weniger Zirruswolken geben. Der

kühlende Effekt dieser kondens-streifen-induzierten Zirruswolken am Tag ist aber zu gering, um als kühlender Climate-Engineering-Effekt zu funktionieren (Halthore 2017: 2).

312 AR6 WGII: 2475.

313 Mitchell, Finnegan 2009.

314 White House 1965: 127.

315 Manabe, Strickler 1964: 380.

316 Halthore 2017: 5.

317 Muri u. a. 2014.

318 Ebd..

319 AR6 WGI: 624.

320 Geoengineering Monitor (CCT) 2021.

321 Muri u. a. 2014.

322 AR6 WGII: 2475.

323 ABFT 2014: 76 f..

324 Gasparini, Lohmann 2016.

325 Geoengineering-Monitor (CCT) 2021; Kristjánsson u. a. 2015.

326 Kristjánsson u. a. 2015.

327 AR6 WGI: 104.

328 Keith u. a. 2017.

329 ABFT 2014: 62. Außerdem sind die Eingriffe in den kurzwelligen Teil des Strahlungshaushaltes mit größeren regionalen und zeitlichen Schwankungen verbunden, als es der langwellige, durch Treibhausgase verursachte Anteil hat (AR5 WGI: 630).

330 Schmidt et al. 2012, S.68 f..

331 AR5 WGI: 630.

332 Rosen 2020.

333 AR6 WGII: 2475, vgl. Keith 2013: 51.

334 ABFT 2014: 10, vgl. Deutscher Bundestag 2014: 10.

335 AR6 WGII: 2474.

336 David Keith wird u. a. deswegen zu den „vorsichtigen Befürwortern" des Climate Engineering gezählt (Ott 2018: 9).

337 Keith 2013, Irvine u. a. 2019.

338 Muri u. a. 2014.

339 Caldeira, Bala 2017: 13.

340 Bala 2009: 46. Siehe mehr dazu unten im Kapitel „Nichtaufhebbare Sicherheit".

341 Ebd..

342 AR6 WGII: 2478.

343 Abibiman Foundation u. a. (2019); ETC Group 2010, ETC Group u. a. 2018; Friends of the Earth Australia 2019/2020 usw.

344 AfriTAP 2022.

345 Ebd.

346 Hands off Mother Earth, dt.: Hände weg von Mutter Erde.

347 Zit. ebd..

348 AR6 WGI: 105.

349 Warum diese Option auch bei einer Hoffnung auf ein späteres Zurückführen der Temperaturen unverantwortlich ist, schildern bspw. Spangenberg u. a. 2020: 3 ff – bezogen auf Klimakippelemente und irreversible Schäden an Ökosystemen.

350 Teller u. a. 1997: 18.
351 Ebd.: 17.
352 Ebd.: 1.
353 Teller u. a. 2002: 5.
354 Delbrück 2023: 16.
355 Runge-Metzger 2023: 7.
356 Wenn auch andere Treibhausgase wieder aus der Atmosphäre entnommen werden, wird der allgemeinere Begriff Treibhausgasentfernung (Greenhouse Gas Removal (GGR)) verwendet.
357 AR6, WGI: 2221.
358 European Commission 2022.
359 Meyer-Ohlendorf u. a. 2023: 10.
360 Smith et al. 2023: 11.
361 Ebd.
362 Ebd.: 52.
363 Schlimm genug, dass dieses Wort im *Konjunktiv II*, d. h. als etwas Vorgestelltes, nur möglicherweise Existierendes formuliert werden muss.
364 Smith et al. 2023: 8, 65 ff..
365 Ebd.: 61.
366 Diese Werte sind Mittelwerte mit noch extrem großen Unsicherheiten, wobei der Wert für die zuletzt genannte Option bis zu 15 Gt CO_2 (pro Jahr) reicht.
367 Ebd.: 10, 86.
368 BMWK 2022: 145.
369 Chalmin 2022.
370 Vgl. IEA 2015; BMWK 2022: 57 ff..
371 Norhasyima, Mahlia 2018.

372 CIEL 2019: 15.
373 Berenblyum 2018.: 4.
374 Vgl. CIEL 2019: 59.
375 Hoffert u. a. 2018: 983.
376 IEA 2015: 8.
377 Ebd.: 9.
378 BMWK 2022: 18.
379 Ebd.: 19.
380 Dt. „Saubere Kohle"
381 Ebd.: 24.
382 Kahlert 2011: 4.
383 Vgl. Deutscher Bundestag 2018: 60.
384 Ebd.: 56 f.
385 Robertson 2022.
386 Ebd.
387 Beispiele aus einem Projekt in Australien siehe Robertson, Mousavian 2022.
388 DIW 2012.
389 Christian von Hirschhausen, zit. in DIW 2012.
390 Robertson u. a. 2022: 11.
391 BMWK 2022: 82.
392 EOR: Enhanced Oil Recovery, Robertson 2022, siehe auch Übersicht in BMWK 2022: 83 und Deutscher Bundestag 2018: 46.
393 Siehe Abb. IEA 2015: 13.
394 BMWK 2022: 121.
395 AR6 WGIII SPM-32, C.3.
396 Holz u. a. 2021: 1.
397 AR5 Syn 25.
398 Ebd.: 24.

399 Siehe Abbildung in Deutscher Bundestag 2018: 43.

400 Europäischer Rechnungshof 2018: 10.

401 Deutscher Bundestag 2018: 50.

402 Spangenberg u. a. 2020: 8.

403 IPCC CSS 2005.

404 BMWK 2022.

405 Greenpeace 2008, BMWK 2022: 20. Im IPCC-Sonderbericht wird nur ein 10-14 prozentiger Energiemehrverbrauch genannt (IPCC CCS: 4). Und: „CCS-Technologien erfordern je nach Art der verwendeten Technologie etwa 15 bis 25 % mehr Energie, so dass Anlagen mit CCS mehr Brennstoff benötigen als herkömmliche Anlagen."

406 Spangenberg u. a. 2020: 8.

407 Bildung von Kalkstein aus dem CO_2 und Wasser, als eine Form der Bindung/Speicherung von CO_2, die zum Recyclen von Beton verwendet werden kann.

408 IPCC CCS: 14.

409 Greenpeace 2008, BMWK 2022: 40.

410 Ebd.

411 Krupp nach Lenz 2023a.

412 Ebd.

413 BMWK 2022: 44.

414 Chalmin 2022.

415 Greenpeace 2008.

416 Robertson 2022.

417 Ebd.

418 ETC Group u. a. 2018: 21-22.

419 IPCC CCS: 14.

420 Ebd.: 15.

421 BMWK 2022: 23 nach § 31 Abs. 1 KSpG.

422 Deutscher Bundestag 2023a.

423 BMWK 2023.

424 BMWK 2022: 149.

425 Deutscher Bundestag 2018: 36.

426 Ebd.: 39.

427 Lenz 2023.

428 Deutscher Bundestag 2023b.

429 Scientist for Future, zit. nach Lenz 2023b.

430 UBA 2011: 21.

431 Gebald nach ARD alpha 2023.

432 Mann, Tole 2016: 126.

433 Ebd.

434 Kolbert 2021: 181.

435 House u. a. 2011: 20433.

436 Carbon Engineering 2019.

437 Erp 2020.

438 House u. a. 2011: 20428.

439 Lackner, Wendt 1995: 55 f..

440 Ebd.: 77.

441 Ebd.: 79.

442 „*Schranken* sind überwindbar, an den *Grenzen* wird das Gewünschte jedoch unmöglich." (Hegel HW 5: 142-143)

443 Archer u. a. 1998.

444 Kheshgi 1995.

445 Haroon Kheshgi leitet das Global Climate Change Program (dt.: Programm zum Kli-

mawandel) bei ExxonMobil. Von 108 zivilgesellschaftliche Organisationen appellierten 2017 an den IPCC, Autoren wie Kheshgi aus der Ölindustrie nicht auch noch als Autor der IPCC-Berichte zuzulassen (ETC Group 2017). Zwei Autoren der Konzerne ExxonMobil und Saudi Aramco vertreten die zwei Firmen, die die zweit- und drittgrößten Emittenten von Treibhausgasen darstellen. ExxonMobil betreibt ein Viertel der bestehenden CCS-Anlagen und hält die meisten CCS-Patente, woraus unmittelbar ökonomische Interessen entspringen.

446 EASAC 2018: 8, Stefler u. a. 2018: 7.
447 UBA 2011: 28.
448 AR6 WGIII: 12-58.
449 Ebd.
450 Strefler u. a. 2018: 7.
451 AR6 WGIII: 12-58.
452 Oschlies in ARTE 2022.
453 Spangenberg u. a. 2020: 8.
454 Vgl. Kleidon 2012: 1022 f..
455 Lovelock 1972.
456 Kleidon 2023: 435.
457 Sabine u. a. 2004: 367.
458 in Baez 2010, Metzger, Benford 2001.
459 Sabine u. a. 2004: 368.
460 Spangenberg u. a.: 2020: 7.

461 Revermann 2014b: 8.
462 AR5 WGI: 549.
463 Deutscher Bundestag 2009: 17.
464 Vinke 2022: 66.
465 Engl. Ozean Fertilization (OF).
466 nach Benford 1997.
467 Deutscher Bundestag 2014: 41.
468 Ebd.: 8.
469 DFG 2019: 35.
470 Vgl. Tsung-Hung u. a. 1992.
471 Ebd.
472 Tsung-Hung u. a. 1992, Bowie u. a. 2001.
473 Deutscher Bundestag 2014: 42.
474 UBA 2011: 25.
475 Aus dem indischen Wort LOHA für Eisen und FEX für „Fertilization EXperiment" (dt. Düngungsexperiment). Am Experiment nahmen 29 indische Forschende teil. Es wurde 2007 im Beisein der deutschen Bundeskanzlerin Angela Merkel und des indischen Premierministers Singh mit Partnern aus Indien vereinbart.
476 Martin u. a. 2013.
477 Fuss u. a. 2018: 24.
478 Ebd.
479 Spangenberg u. a. 2020: 7.
480 Spangenberg u. a. 2020: 7; AWI 2014.
481 Deutscher Bundestag 2009: 17.
482 Du u. a. 2022.
483 AR5 WGI: 549, vgl. AR6 WGIII: 12-58.

484 UBA 2011: 26

485 Trick u. a. 2010.

486 Deutscher Bundestag 2014: 41.

487 Karin Lochte nach Stieler 2009.

488 Ebd.

489 Es wurde vor allem diskutiert, ob das Experiment durch das *Londoner Protokoll zum Schutz der Meere* und nach der Ächtung der Eisendüngung von Meeren durch die UNO-Konferenz zum Erhalt der biologischen Vielfalt 2008 in Bonn verboten oder als reines Forschungsprojekt unter strengen Voraussetzungen erlaubt sei.

490 Kurth u. a. 2009.

491 Deutscher Bundestag 2009.

492 Stieler 2009, Helfrich 2009.

493 Ebd.: 14.

494 Zitiert nach Helfrich 2009.

495 Tollefson 2012.

496 Zumindest jene nach dem *Clean Development Mechanism* (CDM) des Kyoto-Protokolls.

497 Strong u. a. 2009: 348.

498 Paull 2009. Es muss ergänzt werden, dass es Ende der 90er-Jahre auch von der australischen Regierung unterstützte Eisen-Dünge-Experimente gab (Boyd, Law 2001).

499 Ebd.

500 Ebd.

501 Doughty u. a. 2016.

502 Ebd.

503 Eisenstein 2021: 176.

504 Droughty u. a. 2016.

505 Ebd.

506 Lovelock, Rapley 2007.

507 Ebd.

508 Oschlies u. a. 2010: 3.

509 DFG 2019: 36.

510 AR5 WGI: 549.

511 UBA 2011: 27.

512 Ebd.

513 Vgl. Oschlies u. a. 2010: 1.

514 Nellemann u. a. 2009: 6.

515 Steiner 2009: 5.

516 Nellemann u. a. 2009: 7.

517 Ebd.

518 IPCC SROCC A6.1, SPM-13.

519 Ebd.: B6.2, SPM-29.

520 Chalmin 2022.

521 IPCC SROCC A6, SPM-13/14.

522 Ebd.: C.2.4, SPM-36.

523 Hilsenbeck 2023.

524 Chalmin 2022.

525 Hilmi u. a. 2016.

526 Nellemann 2009: 41.

527 AR6 WGIII: 22-59.

528 AR6 WGIII: 22-59.

529 Johannessen, Macdonald 2016.

530 Hilmi u. a. 2021.

531 Ebd.

532 Ebd.

533 Barbesgaard 2017.

534 Chalmin 2022.

535 Ebd.

536 Hilmi u. a. 2021.

537 Ebd.

538 Eisenstein 2021: 152.

303

539 Crowther u. a. 2015.

540 Eisenstein 2021: 142.

541 DFG 2019: 33.

542 „negativ" im Sinne des Entziehens des Kohlendioxids aus der Atmosphäre.

543 Spangenberg u. a. 2020: 12.

544 Mahowald u. a. 2017.

545 Chalmin 2022.

546 Anderson, Peters 2016: 183.

547 Ebd.

548 Englisch: „Representative Concentration Pathway".

549 Boysen u. a. 2017a: 463.

550 Searchinger u. a. 2023: 54.

551 Smith, Torn 2013: 92

552 Smith u. a. 2015: 47.

553 Searchinger 2023: 55.

554 IPCC SR1.5 SPM: 14.

555 Smith, Torn 2013: 95.

556 CSLF 2018: 3.

557 Boysen u. a. 2017a: 470.

558 Eisenstein 2021: 242 ff..

559 Boysen u. a. 2017b: 4309.

560 AR5 WGI: 549.

561 AR6 WGIII: 12-59, vgl. Smith u. a. 2015: 46.

562 Anderson, Peters 2016: 183.

563 Shell 2018.

564 Ebd.: 50.

565 CSLF 2018: 47.

566 Anderson, Peters 2016: 183.

567 CIEL 2019: 32.

568 CSLF 2018: 3; CIEL 2019: 32.

569 Chalmin 2022.

570 UBA 2011: 22.

571 IPCC SR1.5, 2018.

572 Ebd.: 343.

573 Cassidy 2023.

574 Crowther u. a. 2015-

575 UBA 2011: 21.

576 Boulton u. a. 2022.

577 Qui u. a. 2021.

578 Verkerk u. a. 2022: 9.

579 Ebd.: 11.

580 NAS 192: 58.

581 EASAC 2018: 17.

582 UBA 2011: 23.

583 Kehl 2014: 27.

584 Ebd.: 28-29.

585 Target GmbH 2023: 7.

586 Lenton 2010: 151. Die durch Landnutzungsänderungen hervorgerufenen THG-Emissionen sind natürlich nicht die einzigen Emissionen, sie machen ungefähr nur ein Achtel der gesamten anthropogenen Treibhausgasemissionen aus. Diese (fast) optimistische Aussage geht auch davon aus, dass zusätzlich Fläche für diese CDR-Maßnahmen gewonnen werden kann, indem landwirtschaftliche Flächen nicht mehr gebraucht, die Wüsten begrünt werden können und auf den Verlust an Biodiversität durch Energie-Pflanzen- und ggf. Waldmonokulturen dabei nicht geachtet wird.

587 Das ist nur jene Menge unserer Emissionen, die nicht bereits

304

an Land und in den Ozeanen durch natürliche Prozesse aufgenommen werden (vgl. Rahmstorf 2019).

588 Bastin u. a. 2019b, siehe auch Bastin u. a. 2019a.
589 Nach Rahmstorf 2019.
590 Ebd..
591 Searchinger u. a. 2023: 52.
592 Chu 2020.
593 Castaneda u. a. 2009.
594 Es würde mehr der eingestrahlten Sonnenenergie, vermittelt über die Photosynthese, genutzt werden können, statt dass sie „nur" Wärme erzeugt.
595 Kleidon 2023: 441.
596 Ornstein u. a. 2009: 410.
597 Schmidt 2012: 96.
598 Ebd..
599 Ebd..
600 Ebd.: 98.
601 Pausata u. a. 2020: 245 ff..
602 UBA 2011: 13.
603 AR5 WGI: 549.
604 Smith, Torn 2013: 95.
605 Smith, Torn 2013: 92, Lesch, Scott 1997.
606 Cao 2011.
607 Eisenstein 2021: 168, vgl. Cao 2011, Luoma 2012.
608 Jobbágy und Jackson 2004.
609 Nach Kramer 2020: 47.
610 Camill u. a. 2004.
611 Englisch 2007.
612 BMEL 2023.

613 UBA 2022: 538.
614 Kehl 2014: 30.
615 AR6 WGIII: 12-60.
616 Paul, Read 2019: 113.
617 ETC Group u. a. 2018: 15.
618 Der Begriff Land Grabbing (dt. „Land-Greifen") wird häufig verwendet für die Aneignung von Land durch private oder staatliche Akteure, die es früheren Nutzungsformen entziehen. Beim Green Grabbing geschieht das, u. a. auch von Umweltorganisationen, für die eben genannte Kompensation von CO_2-Emissionen und andere ökologische „Ausgleiche".
619 Ebd.: 31.
620 Fischer, Knuth 2023.
621 Ebd.
622 AR6 WGIII: 12-61.
623 Davidson 2014.
624 Waycott u. a. 2009.
625 Fears 2013.
626 Eisenstein 2021: 152.
627 Ebd.: 153.
628 AR6 WGIII: 12-60.
629 Spangenberg u. a. 2020: 17, Närmann u. a. 2021.
630 AR6 WGIII: 12-60.
631 AR6 WGI: 866.
632 Ebd.: 69.
633 Ebd.: 708.
634 Ebd.: 763.
635 Siehe Levin u. a. 2019.
636 AR6 WGI: 763.

305

637 AR6 WGIII: 12-61; BMWK 2022: 46.

638 Ebd.

639 AR5 WGI: 763.

640 „4 per 1000" Initiative: 2015.

641 Sanders, Hess 2019: iv.

642 Es fällt auf, dass der ökologische Landbau in den Szenarien des IPC-Berichts zur Einhaltung des 1,5-Grad-Ziels gar nicht als Möglichkeit berücksichtigt wird. Es wird stattdessen von einer „Intensivierung der landwirtschaftlichen Flächen" ausgegangen. (IPCC SR1.5: 144 ff., vgl. Spangenberg u. a. 2020:15).

643 Sanders, Hess 2019: iv.

644 Ebd.: 165.

645 Eisenstein 2021: 153. Zimov 2005.

646 Abibimman Foundation u. a. 2009.

647 Unter Ausschluss von Sauerstoff wird entweder bei Normaldruck und hoher Temperatur (400 °C) (= Pyrolyse) gearbeitet oder mit hohem Druck und nicht so hoher Temperatur (200 °C) (hydrothermale Karbonisierung = HTC). Bei der Pyrolyse muss die Biomasse trocken sein, bei der hydrothermalen Karbonisierung kann auch feuchte Gülle oder Mist verarbeitet werden. Mehr zur Abhängigkeit des Pro-

zesses von der Temperatur siehe Teichmann 2014: 5.

648 AR6 WGI: 763.

649 Atkinson u. a. 2010, vgl. Major u. a. 2010.

650 Form einer Symbiose von Pilzen und Pflanzen.

651 Smolker 2020: 2.

652 Ebd.: 3.

653 Schmidt u. a. 2011: 49.

654 Spangenberg u. a. 2020: 11.

655 Abibimman Foundation u. a. 2009.

656 Zu den Nährstoffgehalten der unterschiedlichen Formen von Biokohle siehe differenzierter in Haubold-Rosar 2016: 46 ff. und 81 ff..

657 Ebd..

658 Haubold-Rosar 2016: 35.

659 Lenton 2010. Smolker 2020: 4-5.

660 AR5 WGI: 549.

661 AR6 WGIII: 12-60, vgl. Smolker 2020: 5.

662 Mehr zu möglichen Schadstoffen siehe Haubold-Rosar 2016: 55 ff. und 89 ff..

663 Spangenberg u. a. 2020: 11.

664 Smolker 2020: 4.

665 Teichmann 2014: 5.

666 Ebd.: 11.

667 Deutscher Bundestag 2014: 9.

668 Ebd..

669 Woolf u. a. 2010: 3.

670 Geoengineering Monitor (Biochar) 2021: 2.

671 AR6 WGIII: 12-60.

672 Haubold-Rosar u. a. 2016: 35, vgl. Ernsting u. a. 2011.

673 Teichmann 2014: 3.

674 Geoengineering Monitor (Biochar) 2021: 2.

675 Smolker 2020: 4.

676 Abibimman Foundation u. a. 2009.

677 Smolker 2020: 6.

678 Pousi 2021: 36.

679 Außer, wie oben genannt, z. B. bei der Methode des künstlichen Auftriebs in den Meeren oder anderen Düngungsmethoden.

680 Eisenstein 2021: 52.

681 Bundesinformationszentrum Landwirtschaft 2021.

682 Lenton 2010. Sehr viel umfassender ist demgegenüber die Studie von Woolf u. a. 2010. Sie bezieht die biologische Vielfalt und Stabilität der Ökosysteme explizit mit ein.

683 Pousi 2021: 43.

684 Ebd.: 44.

685 Abibimman Foundation u. a. 2009.

686 Lenton 2010: 1: 148.

687 Görg 1999.

688 Schlemm 2021a.

689 Godelier 1990: 128.

690 Teichmann 2014:12.

691 Übersichten in AR5 WI: 549, AR6 WGIII: 12-58 und SR1.5: 270, 344.

692 Nach IPCC SR1.5: 344.

693 IPCC SR1.5.

694 Siehe dazu den Vergleich bei Woolf u. a. 2010.

695 Lenton 2010: 154 f..

696 Ebd.: 157.

697 Ebd.

698 Ebd.: 146.

699 Ebd.

700 AR5 WGI: 633.

701 Boysen u. a. 2017b: 4313.

702 AR5 WGI: 633.

703 Jones u. a. 2016; Rahmstorf 2019; Spangenberg u. a. 2020: 69.

704 Jones u. a. 2016: 10.

705 Keith 2013: XV.

706 AR6 WGI: 775.

707 Ebd.: 776.

708 Abibimman Foundation u. a. 2009.

709 IPCC SR1.5.

710 Schlemm 2020.

711 Dt. „Systemwandel statt Klimawandel".

712 Zakaria 2009.

713 Die Annahme, eine wachsende Wirtschaft wäre ein guter Indikator für Lebensqualität, kann zumindest für die früh industrialisierten Länder nicht mehr als erwiesen gelten. Zumindest seit einigen Jahrzehnten stag-

niert hier die Lebenszufriedenheit, und im Gegensatz zu dieser Erwartung werden viele grundlegende Bedürfnisse immer schlechter erfüllt (Kuhnhenn 2018: 12 f.). Allerdings scheint ein „wachsender Kuchen" notwendig zu sein, um innerhalb von Klassenverhältnissen den Ausgebeuteten immer noch ein Stück zuweisen zu können, das ihre Unzufriedenheit eindämmt. „Umverteilung statt wachsender Kuchen" ist ein dem IPCC unbekanntes Konzept.

714 Kuhnhenn 2018.

715 Ebd.: 23.

716 Spangenberg u. a. 2019: 203.

717 Ebd.

718 Ebd.: 205.

719 AR5 WGIII: TS 48.

720 Sehr viel ausführlicher dazu siehe Schlemm 2022b und Schlemm 2023/2024.

721 Ott 2018: 6.

722 Hier werden die Errungenschaften der Entwicklung nicht gleich mit den Entwicklungsverbrechen verworfen, sondern z. B. ein hochentwickeltes Gesundheitssystem, die mögliche Vielfalt von individuellen Entwicklungswegen, eine doch recht hohe Arbeitsproduktivität und vieles mehr wertgeschätzt.

723 Dt. Arbeits- und Lebensweise als Erweiterung der Redewendung vom „(American) Way of Life".

724 Oxfam 2020: 1.

725 Oxfam 2022.

726 Ein anderer Machtbegriff ist jener, bei der es um die Macht „zu etwas" geht, d. h. darum, zu etwas fähig zu sein. John Holloway nennt diese eine „kreative Macht", die andere die „instrumentelle Macht" (Holloway 2002: 40 ff.).

727 Eisenstein 2021: 196.

728 Sachs 2010: 118.

729 Klein 2009.

730 Zit. in Klein 2009: 14.

731 Zit. in ebd.: 15.

732 Dieses Recht soll durch eine „Verkündung" in die Welt gebracht werden: Demnach „verkünden die Staaten ihr Recht, solares Geoengineering nur dann einzusetzen, wenn sie ihre eigenen Minderungsziele erreichen und die übrigen Länder der Welt ihre Ziele nicht erreicht haben." (Reynolds 2020) Schon rein sachlich steht dem entgegen, dass wir wissen, wie leicht eine „MinderungszielErfüllung" manipuliert werden kann (so durch den Kauf

308

von Zertifikaten, die der Natur nichts nützen, und die Nichteinberechnung von Emissionen, die nicht auf dem eigenen Territorium entstehen, sondern mit den Konsumprodukten „importiert" werden). Deshalb ist das mehr als fragwürdig.

733 Reynolds 2020.

734 Eisenstein 2021: 169.

735 Unterhalb des Horizonts einer Revolution lässt sich dieser Widerspruch nicht lösen. Ob er praktisch je gelöst wird, steht in den Sternen …

736 Klein 2012.

737 Johnson 1962. Mehr zu den Wetterveränderungs-Politiken siehe Fleming 2010.

738 Pierrehumbert 2017.

739 Scheffran 2018: 74.

740 *Environmental Protection Agency* (EPA). Zu Schnares Engagement dort siehe Vergano 2016.

741 Halpern 2016, zur Finanzierung aus der Kohleindustrie siehe Halpern 2015, Fang 2015.

742 Schnare 2007.

743 Dazu argumentiert er im selben Text auf S. 5 auch.

744 Schnare 2008: 1.

745 Mann, Toles 2016: 118.

746 BHP Group gehört nach Wikipedia zu den größten Bergbaukonzernen der Welt und den drei weltgrößten Eisenerzproduzenten.

747 Geoeingineering-Monitor (GBM) 2021, vgl. Great Barrier Reef Foundation 2020, Taylor 2018.

748 Zundel 2017.

749 Zit. in Mooney 2016, vgl. Associated Press 2012 mit Video einer Rede von Rex Tillerson.

750 ETC Group u. a. 2018: 32.

751 Liebelson, Mooney 2013.

752 Parker u. a. 2018.

753 Keith 2013: 155.

754 US-Senat 1972: 5. In einem Bericht zur Technikfolgenabschätzung des Climate Engineering des Deutschen Bundestags wird davon ausgegangen, dass zwischen 1967 und 1972 in einem militärischen Geheimprojekt in 2 600 Flügen insgesamt 47 000 Silberjodidgeschosse zwecks Wettermodifikation über Vietnam, Laos und Kambodscha abgeschossen wurden (Deutscher Bundestag 2014: 35).

755 US-Senat 1972: 9.

756 Dt.: Luft-Wetter-Dienst.

757 Convention on the Prohibition of Military or Any Other Hostile Use of Environmental Modification Techniques = dt.: Konvention über das Verbot der militärischen oder sonstigen feindlichen Nutzung von

Umwelt Modifikationstechniken (kurz: Umweltkriegsübereinkommen).

758 Goddell 2010.

759 Das Wort „Chemtrail" setzt sich zusammen aus Teilen der Worte „Chemicals" (Chemikalien) und „Contrails" (Kondensstreifen). Siehe zum Zusammenhang von Verschwörungsgedanken und Climate Engineering Debnath u. a. 2023: „Wir finden, dass #chemtrail in vielen Twitter-Gesprächen über Geoengineering eine zentrale Rolle spielt" (ebd.: 8).

760 Vgl. Tingley, Wagner 2017.

761 Hamilton 2013: 133.

762 Scheffran 2018: 76.

763 Fonds für innovative Klima- und Energieforschung.

764 Vgl. Vidal 2012.

765 Caldeira nach Vidal 2012.

766 Royal Society 2009: 51.

767 Caldeira nach Vidal 2011.

768 Ebd.

769 Vgl. auch Smith, Wagner 2018: 9.

770 Keith, Dykema 2018.

771 Keith 2016: XXII, vgl. Wagner 2023: 74.

772 Stephens, Surprise 2019.

773 Ott 2018: 1.

774 Ebd.: 2.

775 Ebd.

776 Foyster 2016.

777 Szerszynski u. a. 2013: 2814.

778 Jay, Ribeiro 2020.

779 Foyster 2016: 6.

780 Ott 2018.

781 Ebd.: 3.

782 Ebd.: 4.

783 Ebd.: 5.

784 Ebd.: 8.

785 Gunther 2011.

786 Zit. in ebd. Zu weiteren Engagements von Menschen aus der fossilen Industrie in Debatten über Climate Engineering siehe beispielsweise CIEL 2019: 43 ff.. „Viele der Personen und Institutionen, die sich mit Fördermitteln aus fossilen Brennstoffen finanzieren, engagieren sich in diesem Bereich." (ebd.: 45)

787 Kolbert 2021: 181.

788 Lackner, Jospe 2017.

789 Ebd.

790 EASAC 2018: 14.

791 Meyer-Ohlendorf u. a. 2023: 11.

792 Van Nostrand 2011.

793 Ott 2018: 10 f..

794 Siehe dazu Schlemm 2023/2024.

795 Kuhnhenn 2018, Spangenberg u. a. 2019, 2020.

796 Eisenstein 2021: 52.

797 Ebd.: 248.

798 Grenzkosten sind jene Kosten, die jeweils bei einer Einheit zusätzlichem Nutzen entstehen,

nicht die über die Zeit hinweg aufaddierten Kosten.

799 Keith und Dowlatabati sehen ihre Beschränktheit durchaus ein, wenn sie in der den Artikel abschließenden Bemerkung zugeben, dass sie „wichtige ethische Fragen ignoriert" haben (Keith, Dowlatabati: 292).

800 AR5 Syn: 24.

801 Siehe AR5 Syn: 25.

802 Vgl. Spangenberg u. a. 2020: 21.

803 Wagner 2023: 26.

804 NASA 2007: 11.

805 IPCC SR1.5: 113.

806 AR6 WGIII TS-96-97.

807 EASAC: European Academies Science Advisory Council.

808 EASAC 2018: 1.

809 Spangenberg u. a. 2020: 16.

810 Vgl. Deutscher Bundestag 2014: 80.

811 Schmidt u. a. 2011: 75.

812 Wagner 2023: 15.

813 Oschlies, Klepper 2017: 4.

814 Ebd.

815 Zürn, Schäfer 2013: 1.

816 Schellnhuber 2011: 20278.

817 Schmidt u. a. 2012.

818 König 2013.

819 Ebd.

820 Vgl. EASAC 2018: 12.

821 NERC 2010: 4.

822 Sauruggo. J.

823 Rayner u. a. 2009, Rayner u. a. 2013.

824 Meint: Regularien innerhalb von festgelegten institutionellen Gremien für die Entscheidungsfindung.

825 Asimolar International Conference on Climate Intervention 2010.

826 UBA 2011: 37 ff..

827 Olson 2012: 30.

828 Royal Society 2009: 58.

829 Ebd.

830 Vgl. Honegger u. a. 2021.

831 VDI 3780: 2000-09.

832 Strunk o. J.: 46.

833 Mann, Tole 2016: 127.

834 Owen 2014: 237.

835 Wikipedia: Politik.

836 Winner 1980: 125.

837 Nicht alle Beispiele sind angemessen, siehe zur Kritik „Die Brücken des Robert Moses" bei Prechelt 2017.

838 Ebd.: 124- 125.

839 Ebd.: 126.

840 Ebd.: 127.

841 Ebd.

842 Ebd.: 129.

843 Caldeira in Biello 2010.

844 Teller, Wood, Hyde 1997.

845 Teller, Hyde, Wood 1999: 1.

846 Wobei Nathan Myhrvold noch 2009 für die Ausbringung von Schwefeldioxid in die Stratosphäre (SAI) behauptete: „Und es gibt keine ernsthaften Wet-

terverschiebungen" (im Interview mit Zakaria 2009).

847 Ich verwende die männliche Form, wenn als Autoren der entsprechenden Paper keine Frauen oder Menschen, die nicht als männlich verstanden werden wollen, genannt sind.

848 „Wir definieren Klimanotstand als eine Situation, in der schwerwiegende Folgen des Klimawandels zu schnell eintreten, als dass sie selbst durch unmittelbare Abmilderungsbemühungen signifikant abgewendet werden könnten." (Blackstock, Battisti u. a. 2009: 1)

849 Ebd.: VI.

850 Ebd. Das fällt diesen Autoren auch leicht, da sie vor allem die Aerosoleinbringung in die Atmosphäre (SAI) befürworten, von der sie annehmen, dass sie in diesem Fall besonders geeignet sei.

851 Zit. nach Revkin 2009.

852 Wagner 2023: 13.

853 Gingrich 2008, Wagner 2021: 17.

854 ETC Group u. a. 2018: 43.

855 Benford 1997.

856 Fleming 2010: 8.

857 Ich kann es mir nicht verkneifen, es lustig zu finden, dass die Spielzeugfirma *Technofix* ausgerechnet von Brüdern mit

dem Namen *Einfalt* gegründet wurde. Die Bezeichnung des „technologischen Fixes" wurde nach Fleming von Alvin Weinberg 1966 eingeführt (Fleming 2010: 8).

858 Nach Mooney 2016.

859 Teller, Caldeira u. a. 1999.

860 Goodell 2006a.

861 Jimmy 2011.

862 Asafu-Adjaje u.a. 2015, vgl. Hartmann 2028.

863 Hamilton 2016.

864 Clive Hamilton, „The Theodicy of the „Good Anthropocene"", a.a.O..

865 Abgekürzt mit TINA, dt.: Es gibt keine Alternative – wofür es im Deutschen keine so prägende Abkürzung gibt.

866 Pousi 2021: 38.

867 Stephens, Surpruse 2019.

868 Gunther 2011.

869 Ott 2018: 9 f..

870 Ott 2018: 8.

871 Vgl. ebd..

872 Paul, Read 2019: 127.

873 Jonas 1979/2003: 277.

874 Aktuelle Konzepte einer Alternative zum Kapitalismus können sich also schon deshalb nicht mehr von den realsozialistischen Konzepten leiten lassen – aber es gibt eben mehr als zwei (falsche) Alternativen!

875 A. Budyko, Yu. A. Izreal, vgl. auch Fleming 2017.

876 Klein 2012.

877 Krohn 1976: 43.

878 Vgl. Schlemm 2011.

879 Grunwald 2008b: 46.

880 Grunwald 2008b: 46, kursiv AS.

881 Ebd.: 51.

882 Ebd.: 97 ff..

883 Ebd.: 98.

884 Ebd.: 136.

885 Deutscher Bundestag 2014: 161. Vgl. Grunwald 2002: 32.

886 Royal Society 2009: 37.

887 Ebd.

888 Foyster 2016.

889 Nach Specter 2012.

890 Goodell 2006a.

891 Zit. ebd..

892 Ebd.

893 Goodell 2006a.

894 Brand 2009: 1.

895 Turney 2010.

896 Goodell 2006a.

897 Nach ebd.

898 Ebd.

899 Brand 2010: 275.

900 In Carrington 2010.

901 Paul, Read 2019: 117.

902 Flohn 1969: 306.

903 Flohn 1965: 278.

904 Flohn 1969: 306.

905 Ebd.: 307

906 Strunk o.J.: 46.

907 White House 1965.

908 Johnson 1965.

909 Ebd.: 127.

910 CIEL 2019: 11 f..

911 Keith 2000: 280.

912 Granger Morgan u. a. 2013.

913 Keith, Parker 2013.

914 Vgl. Keith, Irvine 2016.

915 Granger Morgan u. a. 2013.

916 Siehe Kolbert 2021: 185-186.

917 Als Abkürzung von „Weblog" und laut Duden heißt es „das Blog".

918 http://thereluctantgeoengineer. blogspot.com/.

919 Nach Specter 2012.

920 Bloch 1997: 15.

921 Keith 2013: 110.

922 Bloch 1997: 15.

923 Wagner 2023: 91.

924 Ebd.

925 Schrag, zit. in Kolbert 2021: 202.

926 „Stratospheric Particle Injection for Climate Engineering", siehe oben.

927 Watson 2011.

928 Gooddell 2010.

929 Muri u. a. 2014.

930 Schwerpunktprogramm (SPP) 1689 der Deutschen Forschungsgemeinschaft (DFG) ab 2013, siehe Bericht 2019 (DFG 2019). Es ging dort nur um „Bewertung – nicht Entwicklung! – des Climate Engineering unter Berücksichtigung wissenschaftlicher, sozialer, politischer, rechtlicher und ethi-

scher Aspekte" (Oschlies, Klepper 2017).

931 Oschlies, Klepper 2017: 1.

932 Diese Bezeichnung wurde nach eigenen Angaben erstmals von David Keith verwendet (in Keith 2000: 275 f.; Keith 2013: 128). Ich verwende im Folgenden weiter die englische Bezeichnung, weil die Debatte vorwiegend auf Englisch stattfindet und dabei der Begriff mit seiner hier dargestellten Bedeutung verschweißt wurde, während das bei der „Moralischen Gefahr" nicht der Fall ist und auch erst über die im Englischen bekannte Bedeutung erschlossen werden müsste.

933 Klein 2012, kursiv AS.

934 Benford 1997.

935 Ebd..

936 Ebd..

937 Merk u. a. 2019: 237.

938 Benford 1997.

939 Lane 2006: 73.

940 Dalmia 2017.

941 Dt. „Ausweich- bzw. Rückzugsstrategie".

942 Keith, Dowlatabadi 1992: 290. Die Autoren sehen diese „alternativen Abhilfemaßnahmen" nicht nur als Notfall, sondern sie suchen geradezu danach, weil sie davon ausgehen, dass es „sehr unwahrscheinlich ist, dass die THG-Emissionen um 40 % (vom Wert 1990) reduziert werden können, wie es notwendig wäre, um einen Klimawandel zu verhindern" (ebd.: 289).

943 Merk u. a. 2019.

944 McClellan u. a. 2012: 6. Dabei sind, wie McClellan und seine Mitautoren selber schreiben, die Kosten, die sich aus „Neben"-Wirkungen ergeben, nicht miterfasst.

945 Ebd.

946 Lackner u. a. 1999: 2.

947 Ebd.: 4.

948 Lackner, Jospe 2017.

949 Oldham u. a. 2014: 14.

950 Wie etwa bei David Keith 2013: 131.

951 IPCC SR1.5.

952 Smith u. a. 2023: 73.

953 NERC 2010: 1.

954 Merk u. a. 2016.

955 Ebd.

956 Ott 2018: 11.

957 Doerenbruch 2021: 277.

958 Merk in ARTE 2022.

959 Wagner 2023: 160.

960 IPCC SR1.5.

961 Ott 2018: 2.

962 Neuber 2018: 125.

963 Doerenbruch 2021: 155.

964 Blackstone, Battisti u. a. 2009: V, vgl. Barrett 2008.

965 Klein 2012.

966 Rickels u. a. 2011: 132.

967 Blackstock, Battisti 2009: 44.

968 Keith 2013: 153.

969 Szerszynski u. a. 2013: 2812.

970 Blackstock, Battisti u. a. 2009: 44.

971 Dt.: „Initiative zur Regulierung/Steuerung des Solar Radiation Management".

972 Owen 2014: 239.

973 Ebd.: 214.

974 Stephens, Surprise 2019.

975 Szerszynski u. a. 2013: 2810.

976 Ebd.: 2812.

977 Snider 2018. Die wissenschaftliche Literatur, auf die sich diese Aussage stützt, formuliert wesentlich vorsichtiger: „Alle hier dargestellten Ergebnisse stammen aus einem Modell, und die reale Welt wird sich anders verhalten." (MacMartin u. a. 2017) Und: „Die hier gezeigten spezifischen Ergebnisse, insbesondere für den Temperaturausgleich, sollten mit Vorsicht interpretiert werden." (ebd.)

978 Nach Rendon 2010.

979 Suarez, van Aalst 2016: 6.

980 Ebd.: 10.

981 Ebd.

982 CBD 2012.

983 Keith 2013: 137.

984 Dixxon-Decléve u. a. 2022.

985 Suarez, van Aalst 2016: 6: 16.

986 Vgl. Schäfer u. a. 2015: 79.

987 Ebd.

988 Rockström u. a. 2009.

989 Owen 2014: 227.

990 In Biello 2010.

991 Bengtsson 2006: 229.

992 Morton 2016.

993 Mathesius u. a. 2015.

994 Zitiert in Odenwald 2015.

995 Godelier 1990: 128.

996 Aneignung von Land durch die Mächtigen für ihre eigene Nutzung, die meist gegen die Interessen der ursprünglichen Landnutzer*innen durchgesetzt wird. Vg. Táíwò 2019.

997 Grunwald 2008b: 46.

998 Die Kosten pro erzeugtem Gut verringern sich, je mehr gleichartige Güter hergestellt werden – ein wichtiger Grund für die Einführung der Massenproduktion.

999 Bundesinformationszentrum Landwirtschaft 2021.

1000 Rockström u. a. 2009.

1001 Dabei kann dieses Konzept, gerade weil es quantitativ bestimmbare Grenzen der Belastung zu ermitteln sucht, die nicht quantitativ bestimmbaren Werte nicht enthalten. Charles Eisenstein kritisiert solche Einschränkungen: „Im Dienste dieser *messbaren* Dinge sind wir zu opfern gewillt, was in unseren Augen unsichtbar oder unwichtig ist: Generationen alte soziale Praktiken, die es traditionell lebenden Menschen erlauben, mit dem Land zu koexistieren; die Unversehrtheit heiliger Orte; komplexe ökologische Abhängigkeiten, die wir bisher noch nicht zu sehen oder zu messen gelernt haben." (Eisenstein 2021: 323)

1002 Heck u. a. 2018.

1003 Ebd.: 151.

1004 Ebd.

1005 Ebd.: 152.

1006 CDM: Clean Development Mechanism; Mechanismus für umweltverträgliche Entwicklung.

1007 Kehl 2014: 31.

1008 Vgl. Boysen u. a. 2017b: 4305.

1009 Eisenstein 2021: 52.

1010 Bengtsson 2006.

1011 „wie Terroranschläge, Naturkatastrophen oder politische Maßnahmen" oder „einem globalen Atomkrieg oder einer beispiellosen Pandemie" (Parker, Irvine 2018: 456).

1012 Jones u. a. 2013; IPCC SR15: 351; Keller, Oschlies 2014: 6.

1013 Gonzáles u. a. 2018. Zu weniger starken Terminationseffekten bei anderen Techniken siehe zusammenfassend Keller, Oschlies 2014: 6.

1014 Jones u. a. 2013: 9751.

1015 Keller u. a. 2014: 6.

1016 Vgl. Trisos u. a. 2018.

1017 Brovkin u. a. 2009.

1018 Parker, Irvine 2018: 456.

1019 Reynolds, Irvine 2016: 564.

1020 Vgl. Zürn, Schäfer 2013: 9.

1021 Hörz, Paul 1989/2014: 27.

1022 Genauer vgl. Gramelsberger 2010: 154 ff..

1023 Genau genommen werden Klimamodelle, die mit physikalischen Zusammenhängen zwischen der Atmosphäre, den Ozeanen und dem Eis an Land und im Meer arbeiten, und Erdsystemmodelle, die auch weitere Stoffkreisläufe (Kohlenstoff, Stickstoff, Phosphor …) berücksichtigen, unterschieden. (Oschlies 2018: 17)

1024 NAS 1992: 60: 435.

1025 „Wenn in diesen Fällen eine physikalische Variable geändert wird, ändert das System seinen Zustand auf eine bestimmte Weise, aber wenn dieselbe physikalische Variable wieder auf ihren Ausgangswert zurückgesetzt wird, geht das System nicht den gleichen Weg zurück, sondern ändert seinen Zustand auf einem anderen Weg." (NAS 1992: 436)

1026 Ebd.: 436.

1027 Salter, Gadian 2013: 14.

1028 Gemeint sind „viele Dekaden".

1029 James Risbey, zit. in Seynsche 2014.

1030 Gramelsberger 2010: 207.

1031 Genau genommen kann noch unterschieden werden zwischen der „Präzision" (Ergebnisse sind umso präziser, als ihre Abweichung untereinander kleiner sind) und der „Genauigkeit" (hier muss Präzision vorliegen und zusätzlich noch eine maximale Übereinstimmung der Ergebniswerte mit den wirklichen). In beiden Dimensionen kann es Abweichungen und mögliche Abweichungen (Unsicherheiten) geben.

1032 Allgemein zu Unsicherheiten in der wissenschaftlichen Erkenntnis und der Klimawissenschaft siehe bspw. Janich, Stumpf 2018.

1033 Kaeser 2021.

1034 Zu den Methoden der Verifizierung bei computerbasierten Theorien siehe insb. Gramelsberger 2010: 53, 207, 196, 246.

1035 AR6 WGI: 519.

1036 Dt. Gekoppelte Modellvergleiche.

1037 Carbon Dioxide Removal Model Intercomparison Project, dt.: Projekt zum Vergleich von Modellen zum Abbau von Kohlendioxyd.

1038 Keller u. a. 2018.

1039 Ebd.

1040 Wer sich an die Unterscheidung von Klimaprojektion und Klimaprognose von eben erinnert, kennt die Antwort schon.

1041 Vgl. Knutti, Sedláček 2013. Die CMIP5-Modelle berücksichtigen im Unterschied zu den CMIP3-Modellen solare und vulkanische Antriebe sowie indirekte Aerosoleffekte (ebd.). Die Szenarien sind nicht direkt vergleichbar, weil zuerst noch die „Emissions-Szenarien" B1, A1b und A2 verwendet wurden, später dann die neuen repräsentativen Konzentrationspfade (RCPs). Dabei gilt: „Es gibt, trotz besseren Prozessverständnisses in CMIP5 kaum Hinweise darauf, dass sich unsere Fähigkeit, die großräumigen Klima-Rückkopplungen einzuschränken, deutlich verbessert hat." (ebd.)

1042 Ebd..

1043 Roe, Baker 2007.

1044 Gramelsberger 2010: 81 f., Oschlies 2018: 17 f..

1045 Vgl. auch LfU 2014: 41.

1046 Knutti, Sedláček 2013: 4.

1047 Blackstock, Battisti u. a.: 2009: V.

1048 ETC Group u. a. 2018: 11,

1049 Ebd.: 30.

1050 Holly Jean Buck in Baez 2010.

1051 Wikipedia: Ethik, vgl. Schlemm 2010.

1052 Grunwald 2008a: 102, vgl. 50 f..

1053 Ebd.: 115.

1054 Grunwald 2008a: 55, Grunwald 2008b: 32 ff..

1055 Grunwald 2008a: 319.

1056 Ebd.: 329.

1057 Grunwald 2008a: 84 ff.; Grunwald 2008b: 332 ff..

1058 Grunwald 2008b: 335.

1059 Gethmann 1994: 20.

1060 Ebd.: 25.

1061 Grunwald 2008b: 335.

1062 ARTE 2022.

1063 Wagner 2023: 82.

1064 Ebd.

1065 Ebd.: 160, kursiv im Orig.

1066 Keith 2013: 72.

1067 Schäfer u. a. 2015: 78.

1068 Deutscher Bundestag 2014: 200.

1069 Gethmann 1994: 26.

1070 Ebd.

1071 Ebd.

1072 A. Proelß in ARTE 2022.

1073 „Da die Risiken des Klimawandels der Grund für die Erwägung von SRM sind, können die Vorteile und Risiken des Einsatzes von SRM nur sinnvollerweise gegen die Risiken eines Nicht-Einsatzes abgewogen werden." (Reynolds u. a. 2016: 565) „Pascal Lamy, der ehemalige Leiter der Welthandelsorganisation, der einer Kommission vorsitzt, die sich mit der Frage befasst, was zu tun ist, wenn die Temperaturen die 1,5°C-Grenze überschreiten, sagte voraus, dass schwierige Entscheidungen anstehen, wenn sich der Planet erwärmt und es zu extremeren Wetterlagen kommt. ‚Selbst, wenn es offensichtliche Risiken (beim SRM) gibt, gibt es auch enorme Risiken bei der globalen Erwärmung', sagte er. ‚Es steht Risiko gegen Risiko.'" (Doyle 2023)

1074 Watzlawick 2002: 82.

1075 Vgl. Spangenberg u. a. 2020.

1076 „Wenn jedoch eine zu erwartende Katastrophe von beiden Seiten als Drohmittel eingesetzt wird, führt dies zu einer Beliebigkeit der Konklusionen und illustriert treffend das *Höchstmaß an Unsicherheit*." (Grunwald 2008b: 120)

1077 Vgl. Grunwald 2008a: 172.

1078 EU 2000. Zu Unterschieden der Debatte in den USA siehe von Schomberg 2005: 97, Fußnote 20.

1079 Von Schomberg 2005: 97.

1080 Kommission 2000.

1081 Vgl. von Schomberg 2005: 99 ff.

1082 Von Schomberg 2005: I: 99-100.

1083 Von Schomberg 2005: 104; Grunwald 2008a: 162 ff.;

Grundwald 2008b: 125 ff., Royal Society 2009: 37 ff. Keine Vorsorgesituation liegt übrigens vor, wenn die Argumente auf reinen Mutmaßungen beruhen und es keinen wissenschaftlichen Hinweis auf das mögliche Auftreten der Gefahren gibt.

1084 Von Schomberg 2005: 115, kursiv im Original.

1085 Grunwald 2008a: 168, vgl. Matzner, Barben 2018: 155.

1086 Rio 1992, Grundsatz 15.

1087 EU 2012: C 326/132, Artikel 191.

1088 Jonas 1979/2003: 248.

1089 Ebd.: 36.

1090 Ebd.: 7-8.

1091 Ebd.: 267.

1092 ETC Group 2009.

1093 Watzlawick 2002: 82.

1094 Klein 2012.

1095 Foyster 2016.

1096 Dies ist die interessanteste Erfahrung, wenn man mit den im Internet abrufbaren „CO2-Fußabdruckrechnern" spielt.

1097 IPCC SR1.5.

1098 Lawrence u. a. 2018.

1099 Ebd.: 13

1100 Schellnhuber 2011: 20278.

1101 Vgl. Mace u. a. 2021.

1102 Deshalb ist es auch wenig angemessen, Climate Engineering-Techniken pauschal abzulehnen, wie es die Organisationen *ETC Group* und *H.O.M.E.* (u.

a. 2011) praktizieren. Pragmatischer sind demgegenüber sog. „ökopragmatische" NGOs wie *Environmental Defense Fund* (EDF). Sie „fordern dagegen einen pragmatischen und verantwortlichen Umgang mit CE- Unsicherheiten" (Matzner, Barben 2018: 159). Eine Grenze der möglichen Realisierung von Climate Engineering-Tests und Anwendungen sehe ich aber konsequent dort, wo indigene Menschengruppen nicht darüber informiert wurden bzw. sich dagegen wehren, wo also „Klima-Kolonialismus" betrieben wird. Diese Menschen werden i. a. von der eben erwähnten *ETC Group* und *H.O.M.E.* unterstützt. Von H.O.M.E., das ausgeschrieben bedeutet: Hands Off Mother Earth, gibt es einen Aufkleber mit der Losung: „Stop Geoengineering! Our home is not a laboratory" (Dt.: „Stoppt Geoengineering! Unser Zuhause ist kein Labor").

1103 Deutscher Bundestag 2023c: 3.

1104 Im Sinne der oben verwendeten Technik-Definition, die betont, dass gesetzte Zwecke regelmäßig „immer wieder" erreicht werden, sind auch diese natürlichen Maßnahmen „technisch", allerdings bedürfen sie der Einpassung in den jeweiligen natürlichen Kontext und sind weniger verallgemeinerbar als z. B. industrielle landwirtschaftliche Methoden.

1105 BMWK 2022: 17-18.
1106 AR4 WGIII: 818.
1107 Schäfer u. a. 2015: 20.
1108 Ebd.
1109 Schmidt u. a. 2012: 97.
1110 In Deutschland war der Kampf um die Erhaltung des Hambacher Forstes erfolgreich, in Lützerath nicht. Aber das ist nicht das Ende …
1111 Abibiman Foundation u. a. 2019.
1112 Kolbert 2021: 18.
1113 Eisenstein 2021: 178.
1114 Paul, Read 2019: 117.
1115 Stephens, Surprise 2019.
1116 Jonas 1979/2003: 27.
1117 Revermann 2014a: 6.
1118 Kolbert 2021: 123.
1119 Ebd.: 99.
1120 Ebd.: 113.
1121 Zit. ebd.: 124.
1122 Ebd.: 91.
1123 Kleidon 2023: 435, siehe oben.
1124 Lovelock 1972.
1125 Vgl. Keith 2013: XII.
1126 Schlemm 2021b.
1127 Siehe Frank, Alberti, Kleidon 2017.
1128 Vernadsky 1938/2012.

1129 Frank 2018: 220.
1130 Ebd.: 219.
1131 Schellnhuber 1998: 30.
1132 Frank et al. 2017: 2.
1133 Binswanger 1994: 189.
1134 AR6 WGIII, SPM-56, D.3.2.
1135 Dixxon-Decléve u. a. 2022: 19.
1136 Jonas 1979/2003: 259.
1137 Bloch 1985: 813.
1138 Schlemm 1996.
1139 Ebd.: 813.
1140 Ebd.: 805.
1141 Fichte 1845: 413.
1142 Vinke 2022: 122.
1143 Schlemm 2021b.
1144 Ornstein et al. 2009, Frank et al. 2017: 18 f., Kleidon 2012.
1145 Bloch, Maier 1984.
1146 Kleidon 2023: 441.
1147 Ebd.: 439.
1148 Grunwald 2008a: 288.
1149 Grunwald 2008a: 290.
1150 Lee 1985: 193.
1151 Eisenstein 2021: 240 ff..